U0265899

全国高职高专教育土建类专业教学指予委贝会规划推荐教材

安装工程施工组织与管理

（供热通风与空调工程技术专业适用）

本教材编审委员会　组织编写

孙　岩　高喜玲　主编

中国建筑工业出版社

图书在版编目（CIP）数据

安装工程施工组织与管理/孙岩，高喜玲主编. —北京：中国建筑工业出版社，2015.12（2024.1重印）
全国高职高专教育土建类专业教学指导委员会规划推荐教材（供热通风与空调工程技术专业适用）
ISBN 978-7-112-18721-8

Ⅰ.①安… Ⅱ.①孙… ②高… Ⅲ.①建筑安装-施工组织-高等职业教育-教材 ②建筑安装-施工管理-高等职业教育-教材 Ⅳ.①TU758

中国版本图书馆 CIP 数据核字（2015）第 278281 号

本书是全国高职高专教育土建类专业教学指导委员会规划推荐教材，主要内容包括：安装工程施工组织与管理基本知识、流水施工组织、网络计划技术、施工组织设计、建设工程施工招投标、施工合同管理、施工项目管理、施工项目收尾管理及施工文件档案管理、通风与空调工程施工组织设计实例。

本书以建设管理为主线，理论与工程实践紧密结合，同时引用新规范与新技术，附有详实的工程实际案例。编入了建筑通风与空调工程施工组织设计实例，在每教学单元中均编入实践训练项目或案例分析项目。

本书可作为高职高专建筑设备类各专业、给排水工程技术专业、消防工程技术专业等的教学教材，也可作为工程设计、建设、施工、咨询等单位有关技术人员的参考书。

需要本书课件请发邮件至 jckj@cabp.com.cn，电话：010-58337285，建工书院http://edu.cabplink.com。

* * *

责任编辑：张 健 朱首明 李 慧
责任校对：李美娜 党 蕾

全国高职高专教育土建类专业教学指导委员会规划推荐教材
安装工程施工组织与管理
（供热通风与空调工程技术专业适用）
本教材编审委员会 组织编写
孙 岩 高喜玲 主编

*

中国建筑工业出版社出版、发行（北京西郊百万庄）
各地新华书店、建筑书店经销
北京红光制版公司制版
建工社（河北）印刷有限公司印刷

*

开本：787×1092毫米 1/16 印张：15 字数：364千字
2016年6月第一版 2024年1月第四次印刷
定价：**29.00**元（赠教师课件）
ISBN 978-7-112-18721-8
（27966）

供热通风与空调工程技术专业教材
编审委员会名单

3

序　言

近年来，建筑设备类专业分委员会在住房和城乡建设部人事司和全国高职高专教育土建类专业教学指导委员会的正确领导下，编制完成了高职高专教育建筑设备类专业目录、专业简介。制定了"建筑设备工程技术"、"供热通风与空调工程技术"、"建筑电气工程技术"、"楼宇智能化工程技术"、"工业设备安装工程技术"、"消防工程技术"等专业的教学基本要求和校内实训及校内实训基地建设导则。构建了新的课程体系。2012年启动了第二轮"楼宇智能化工程技术"专业的教材编写工作，并于2014年底全部完成了8门专业规划教材的编写工作。

建筑设备类专业分委员会在2014年年会上决定，按照新出版的供热通风与空调工程技术专业教学基本要求，启动专业规划教材的修编工作。本次规划修编的教材覆盖了本专业所有的专业课程，以教学基本要求为主线，与校内实训及校内实训基地建设导则相衔接，突出了工程技术的特点，强调了系统性和整体性；贯彻以素质为基础，以能力为本位，以实用为主导的指导思想；汲取了国内外最新技术和研究成果，反映了我国最新技术标准和行业规范，充分体现其先进性、创新性、适用性。本套教材的使用将进一步推动供热通风与空调工程技术专业的建设与发展。

本次规划教材的修编聘请全国高职高专院校多年从事供热通风与空调工程技术专业教学、科研、设计的专家担任主编和主审，同时吸收具有丰富实践经验的工程技术人员和中青年优秀教师参加。该规划教材的出版凝聚了全国高职高专院校供热通风与空调工程技术专业同行的心血，也是他们多年来教学工作的结晶和精诚协作的体现。

主编和主审在教材编写过程中一丝不苟、认真负责，值此教材出版之际，谨向他们致以崇高的敬意。衷心希望供热通风与空调工程技术专业教材的面世，能够受到高职高专院校和从事本专业工程技术人员的欢迎，能够对土建类高职高专教育的改革和发展起到积极的推动作用。

全国高职高专教育土建类专业教学指导委员会

建筑设备类专业分委员会

2015 年 6 月

前　　言

施工组织与管理是职业岗位课程，主要研究建筑安装工程施工组织设计与施工管理，实践性很强。

本教材以建设管理为主线，详细介绍了流水施工组织、网络计划、施工组织设计编制、施工招投标、合同管理及施工项目管理等内容。内容设计上，以职业素养为基础，强调职业技能的培养，并附有详实的工程案例。本书图文并茂、语言精练、通俗易懂，突出科学性、综合性与实践性。

本教材根据高职高专教育土建类专业教学指导委员会建筑设备类专业分指导委员会制定的《高等职业教育供热通风与空调工程技术专业教学基本要求》编写而成。通过本课程的学习，旨在使学生了解施工项目管理的内容、方法；熟悉组织施工的方式方法；掌握流水计划、网络计划的编制方法；具备编制施工组织设计与施工管理控制的能力。

本教材适合高职高专供热通风与空调工程技术、建筑设备工程技术、给排水工程技术、建筑电气工程技术、楼宇智能化工程技术、消防工程技术等专业的学生学习，也可作为各类工程设计、建设、施工、咨询等单位有关技术人员的参考书。

本书由孙岩、高喜玲主编。教学单元1中的1.1由辽宁城市建设职业技术学院安一宁编写；教学单元1中的1.2、1.4由辽宁城市建设职业技术学院宋梅编写；教学单元1中的1.3、教学单元2、教学单元4由辽宁城市建设职业技术学院孙岩编写；教学单元3、教学单元7由江苏建筑职业技术学院高喜玲编写；教学单元5由辽宁城市建设职业技术学院霍然编写；教学单元6、教学单元8由江苏建筑职业技术学院王文杰编写；教学单元9由辽宁省建筑设计研究院辛峰、沈阳国兴建筑工程有限公司杜景雷编写。全书由孙岩统稿，黑龙江建筑职业技术学院邢会义、辽宁清润房地产开发有限公司薛利军主审。

施工组织管理理论和实践联系紧密，发展较快，作者虽然希望在教材中能反映我国施工组织与管理的先进技术和经验，但限于作者水平，加之时间仓促，错误之处在所难免，我们恳切希望广大读者批评指正。

目　　录

教学单元1　安装工程施工组织与管理基本知识

【知识目标】
掌握建设项目组成、划分。
熟悉安装工程建设基本程序。
了解施工组织设计分类、编制程序。
熟悉项目管理基本知识。

【职业能力目标】
能够准确进行建设项目的划分。
具备确定施工组织设计应用类别能力。

1.1　建设项目基本知识

1.1.1　基本建设项目

1. 基本建设活动

基本建设是指国民经济各部门为扩大再生产和新增社会效益而进行的固定资产的建设工作，主要指建筑、购置和安装固定资产以及与此相联系的其他经济活动。其内容主要包括：

（1）固定资产的建筑与安装工程

建筑工程包括建筑物、构筑物、矿井开凿、水利工程等的建造；安装工程包括生产设备、动力设备、运输设备、实验设备以及与设备相连的工作台的装设。

（2）固定资产的购置

主要包括购置设备、工具和器具等。

（3）其他基本建设

主要包括勘察、设计、科学研究实验、征地、拆迁、试运转、生产职工培训和建设单位管理等工作。

基本建设是促进社会生产发展和提高人民生活水平的重要手段。对国民经济各部门新增固定资产和扩大生产能力，为社会提供住宅和科研、文教卫生设施以及城市基础设施，提高人民物质文化生活水平等方面，具有重要意义。

2. 基本建设项目

基本建设项目是指按照一个总体设计兴建的，由一个或若干个有内在联系的单项工程所组成，建成后经济上可以独立经营，行政上可以统一管理的建设单位。简称建设项目。

一般以一个企业、事业或行政单位作为一个基本建设项目。例如，一个企业，或一个工厂、一条铁路线路、一个港口、一所学校等。同一总体设计内分期进行建设的若干工程项目，均应合并算为一个建设项目；不属于同一总体设计范围内的工程，不得作为一个建设项目。

1.1.2 建设项目分类

为了适应科学管理的需求，从不同角度反映基本建设项目的地位、作用、性质、投资方向等方面，基本建设项目可以从不同角度进行分类，常见分类方式有：

1. 按建设阶段分类

(1) 筹建项目：指尚未开工，成立了筹建机构，正在进行论证、选址、规划、设计等施工前的各项准备工作的建设项目。

(2) 施工项目：指工程已经正式开工直到建成投产的项目。

(3) 投产项目：指已建成设计规定的内容，形成设计规定的生产能力并经验收合格，正式投入使用的项目。

(4) 收尾项目：指已经验收投产，设计生产能力全部建成，但是还遗留少量收尾工程的项目。

2. 按建设性质分类

(1) 新建项目：指从无到有，新开始建设的项目。有的建设项目原有规模很小，经扩大建设规模后，其新增固定资产价值超过原有固定资产价值3倍以上也称新建项目。

(2) 扩建项目：指企业、事业单位，为扩大原有产品生产能力或增加新的品种生产能力及效益的工程项目。

(3) 改建项目：指现有企业、事业单位等，为提高生产效率，改变产品方向，提高产品质量，减低消耗，对原有设备或工程进行技术改造和更新的项目。进行填平补齐而增建不直接增加本单位主要产品生产能力的车间等，也属于改建。

(4) 恢复项目：因自然灾害、生产事故或战争等原因，使原有固定资产全部或部分报废，在原地又投资重新恢复建设的项目。

(5) 迁建项目：指原有企业、事业单位，因各种原因经上级批准搬迁到另外的地方进行建设的项目。

3. 按在国民经济中的用途分类

(1) 生产性项目：指直接用于物质生产或直接为物质生产服务的建设项目，主要包括工业建设、建筑业、水利建设、运输建设等。

(2) 非生产性项目：指满足人民物质和文化生活需要的建设项目，主要包括住宅建设、卫生建设、公用事业建设等。

4. 按建设规模大小分类

按照上级批准的建设总规模或计划总投资，基本建设项目可分为大型项目、中型项目、小型项目三类。

在国家标准中，按总投资额标准划分的项目，能源、交通、原材料工业项目投资额在5000万元以上，其他项目投资额在3000万元以上作为大中型项目，在此标准以下的为小型项目。

5. 按投资主体分类

可分为国家投资、地方政府投资、企业投资、合资企业以及各类投资主体联合投资的建设项目。

1.1.3 建设项目的构成

一个建设项目为了工程管理与控制的需求，通常可以由以下工程内容构成：

1. 单项工程

单项工程是建设项目的组成部分。一个建设项目可以由几个单项工程组成，也可以由一个单项工程组成。单项工程是指具有独立的设计文件，可以独立施工，建成后可以独立发挥设计文件所规定的效益或生产能力的工程。例如，一所学校的教学楼、文体馆等，都可以称为一个单项工程。

2. 单位工程

单位工程是单项工程的组成部分，按其构成又可以分解为建筑工程和安装工程。单位工程是指有独立的设计文件，能独立组织施工，但建成后不能独立发挥生产能力或效益的工程。例如，学校的实验楼是一个单项工程，又可以分解为建筑工程和建筑给排水工程、供热工程、通风工程、建筑电气工程、机械设备安装工程、工业管道工程等单位工程。由于单位工程既有独立的设计文件，又能独立施工，所以编制工程量清单或施工图预算、安排施工计划、工程竣工结算等都是按单位工程进行的。

3. 分部工程

分部工程是单位工程的组成部分，应按专业性质、建筑部位确定。例如，一幢房屋的建筑单位工程是按其结构与构造部位划分，可以分为地基及基础工程、主体工程、楼地面工程、装饰工程、门窗工程及屋面工程等分部工程；按工种划分可以分为土石方工程、桩基工程、混凝土工程、砌筑工程、防水工程、抹灰工程等分部工程。

4. 分项工程（施工过程）

组成分部工程的若干个施工过程称为分项工程。

（1）建筑工程是按主要工种划分的。例如，砖混结构基础工程可以划分为挖土、混凝土垫层、砖基础、回填土等分项工程。

（2）安装工程是按用途、种类、输送不同介质以及设备组别划分的。例如建筑供热工程属分部工程，可以划分为供热管道安装、散热器安装、管道保温等分项工程。又如室内照明是一个分部工程，可以划分为照明配管、配线、灯具安装等分项工程。

1.1.4 工程项目建设程序

一个基本建设项目从计划、评估、决策、设计、施工、竣工验收到投入使用的整个建设过程中，各项工作必须遵循的先后顺序，称为基本建设程序。这个顺序反映了整个建设过程必须遵循的客观规律，是工程项目科学决策和顺利进行的重要保证。

基本建设程序一般可分为项目决策阶段、勘察设计阶段、建设准备阶段、项目施工阶段、竣工验收阶段五个阶段。

1. 项目决策阶段

这个阶段是根据国民经济中、长期发展规划，进行建设项目的可行性研究。主要工作包括调查研究、进行可行性论证，选择与确定建设项目的性质、地址、规模和时间等，编制可行性研究报告。

（1）项目建议书

项目建议书是业主单位向主管部门提出的要求建设某一项目的建议性文件，是对拟建项目的轮廓设想。项目建议书应论证拟建项目的必要性、可行性和获利的可能性。内容包括5个方面：①建设项目提出的必要性和依据；②拟建项目产品方案、拟建规模和建设地点的初步设想；③建设项目所需资源情况、建设条件、协作关系等的初步分析；④投资估算和资金筹措的方案；⑤经济效益、社会效益，环境效益的初步估算。

项目建议书编制完成后，报送有关部门审批，经审批后，就可以进行详细的可行性研究工作。

（2）可行性研究

可行性研究是项目决策的核心，是对建设项目在技术上与经济上是否可行进行科学的分析和论证，为项目决策提供技术经济支持。最终要形成可行性研究报告，编制好的可行性研究报告报送有关部门进行审批，审批通过，就可以正式立项，同时作为初步设计的依据。报告一般应包括以下几方面内容：①建设项目的背景和依据；②拟建项目规模、产品方案、市场预测；③项目设计方案、建设地点、占地估算；④资源综合利用，环境保护措施；⑤建设工期和进度建议；⑥劳动定员及培训；⑦投资估算和资金筹措方案；⑧资源供应条件及协作配套条件；⑨经济效益和社会效益分析。

2. 勘察设计阶段

工程勘察范围包括工程地质勘察、水文地质勘察和工程测量等。通常所说的设计勘察工作是在严格遵守技术标准、规范的基础上，对工程地质条件做出及时准确的评价，为设计乃至施工提供可供遵循的依据，结果要提供地质勘察报告。

设计文件是建设项目的重要指导性文件，一般由建设单位通过招标或直接委托设计单位编制。编制设计文件时，应根据批准的可行性研究报告，将建设项目的要求逐步具体化为指导建筑施工的工程图纸及其说明书。

一般项目采用两阶段设计，即扩大初步设计（或称初步设计）和施工图设计；对技术复杂的大型项目，可采用三阶段设计，即初步设计、技术设计和施工图设计。

（1）初步设计是对批准的可行性研究报告所提出的内容所做的具体实施方案，要含有建设项目的概算。

（2）技术设计是在初步设计的基础上，根据更详尽的调查资料，进一步解决初步设计中技术问题，使建设项目设计更具体、更完善，同时修正总概算。

（3）施工图设计是在前阶段的基础上进一步具体化、明确化，完成建设项目全部施工图纸以及设计说明书等，文件应满足材料和设备的采购，非标准件加工与施工的需求，应含工程预算书。

3. 建设准备阶段

建设项目的准备工作在可行性研究报告批准后就可以进行，包括物质、技术、组织等方面的准备工作，其主要内容是：①组织图纸会审，协调图纸与技术资料的有关问题；②征地、拆迁和施工现场三通一平；③设备、材料订货；④准备必要的施工图纸；⑤委托造价咨询单位组织施工招投标，择优选定施工单位；⑥办理开工报建手续等。

4. 项目施工阶段

项目经批准开工建设后，就可以进入施工阶段，这也是项目建设耗时最长、工作量做大、资源消耗最多的阶段。建设项目能否达到预期目标、达到预期经济效益，取决于此阶段的施工质量。这个阶段主要是根据设计图纸和标准规范，合理地组织施工，保证工程符合设计要求和质量标准。

5. 竣工验收阶段

竣工验收是基本建设的最后一个环节，是全面考核建设成果，是否符合设计要求和质量标准的重要步骤。按批准的设计文件和合同规定的内容建成的工程项目，其中生产性项目经负荷试运转和测试合格，并能够生产合格产品的；非生产性项目符合设计要求，能够正常使用的，都要及时组织验收，办理移交固定资产手续。

1.2 安装工程基本知识

1.2.1 建筑业与建筑工程

建筑业是独立的物质生产部门，主要从事土木工程、房屋建设和设备安装以及工程勘察设计工作，生产活动的产品主要是各种建筑物与构筑物。如为社会生产、人民生活和文化娱乐等生产与生活活动用的各种建筑物，工厂、住宅以及影剧院、运动场等公共设施；为生产领域各部门提供的各种构筑物，如矿井工程、铁路工程、桥梁工程、港口、道路工程、管线工程等设施。新中国成立后，人们习惯于将建筑业所从事的工作划归为基本建设类。

工程是将自然科学原理应用到工农业生产部门中去而形成的各学科的总称。通常就建筑行业来说，建设工程与建筑工程不做过细的区分，但是他们之间也是有区别的。建筑工程就比较具体，建筑是指建筑物、构筑物的统称，一般涵盖所有土木建筑的工程内容，具体包括：建筑学、结构学、电气设备、给排水工程、供暖通风空调等。而建设工程内涵上比建筑工程广泛得多。建设指设置、发展、设立、布置的意思，除建筑工程外，还包含交通设计、道桥设计与建造、涵洞隧道坝坝及海上平台的建设内容等。

1.2.2 建筑产品特点

1. 建筑产品在空间上的固定性

建筑产品——各种建筑物和构筑物，必须在建设单位选定的地方建造与长期使用，它通过基础与作为地基的土地连接起来，因此建筑产品只能在固定地点生产与使用，造就了建筑产品在空间上固定的属性。

2. 建筑产品的多样性

由于建筑产品的用途不相同，使其在建设标准、建设规模、建筑外形、建筑结构、装饰装修等各方面均有所不同。即使是同一类型的建筑物，在建造时根据各地区的施工条件，也会采用不同的施工方法和施工组织，这就表现出建筑产品的多样性。因此，建筑产品不能像一般工业产品那样批量生产。

3. 建筑产品的体积庞大性

建筑产品为满足人们生活和生产活动中要求的使用功能，要占用大片土地和大量的空间，因此体积庞大，生产过程中所需建筑材料数量巨大，品种复杂，规格繁多。

4. 建筑产品的综合性

建筑产品是一个完整的固定资产实物体系，是由多种材料、构配件和设备组成，它不仅综合了建筑艺术风格、建筑功能、结构构造、室内装饰等多方面的建筑因素，而且综合了工艺设备、采暖通风与空调、建筑给排水、建筑供配电、建筑智能化等各类设备和设施，使建筑产品成为一个错综复杂的综合体。

1.2.3 安装工程内容及施工特点

1. 安装工程的内容

安装工程一般专指与（工艺）设备、（工艺）管道等有关的安装及其辅助装置等的装设和安装，包括工业设备安装以建筑设备安装（通常意义所指的建筑工程安装工程）。建筑安装工程是建设工程重要的组成部分，包含建筑给排水工程、建筑电气工程、供热工程、通风与空调工程、智能建筑工程、建筑燃气工程、电梯工程等。安装工程施工是指工业与建筑工程项目中根据设计设置的环境功能与各生产系统的成套设备等，按施工程序有计划地组织管道、电气、仪表、设备、金属结构和储罐、智能化系统等分部分项工程安装，然后进行检测、调试、试运行，直至满足使用和投产的预期要求。

离开安装工程的配合，任何一个现代建筑工程项目都不能形成完整的使用功能和生产能力，建筑物和构筑物功能的扩展和提高主要体现在设备安装工程上。随着社会不断进步与发展，高等级建筑物越来越多，其配套的建筑设备不断丰富与完善，安装工程造价越来越高，在整个基建投资中的比重也在迅速增长。

建筑安装工程施工离不开建筑工程施工的配合，建筑工程施工进行到一定条件时，才能进行安装工程施工。因此，建筑工程施工组织是主线，安装工程施工组织是辅线，两者应以建筑工程施工组织为核心，协调配合。

对于工业安装工程来讲，则要依据生产工艺流程、各类动力系统和工艺管道的投产运行来组织施工。因此，安装工程施工组织处于主线地位，建筑工程施工组织处于辅线地位。安装工程施工组织要具有全局性、主导性，建筑工程施工组织应配合安装工程施工组织。

2. 安装工程的技术经济特点

安装工程与土建工程相辅相成，其施工特点具有相似性。

（1）作为建筑工程附属的安装工程，只能在一个地点完成安装任务后，再转移到另一个地点从事安装工作。建筑设备分散于建筑物内的每一空间位置，因此比建筑工程相对更为分散，流动性更大。

（2）安装工程比土建工程施工周期短，专业工种多，工程批量小。安装工程施工内容与施工项目较多，涉及工种繁多，每一项目工程量少，施工周期相对短，但专业工种多，流动性大，施工所用机具设备繁多，增加施工组织的困难，并导致管理费用的增加。

（3）安装工程常常涉及室外管道与大、中型设备的安装与吊装，作业极易受到风、雪、雨、雾等气候变化的影响。在制定施工方案和安排进度时，必须从工程所在地区的气象站了解准确的气象预报资料，妥善组织施工。

（4）安装工程的标准化和定型化程度较低。基于以上原因，目前安装工程的标准化和定型化程度远低于土建工程。

（5）在许多高技术领域内，某些工业项目决定采用的新技术、新工艺和新设备，首先要经过安装调试，把它形成实际的生产能力，然后交付投产，所以要求精心组织，精心施工。

（6）对从事安装工作的技术人员要求高。由于安装工程内容广泛，新技术、新工艺发展较快，要求从事安装工作的技术人员，必须具备多种学科的专业知识，需要更多的精力和时间去研究掌握新技术和新工艺的应用。在组织现代化设备安装工程前，技术培训工作应及早列入施工准备计划中。

1.2.4　安装工程施工程序

施工程序是指工程项目在整个施工阶段各项工作必须遵循的先后顺序，它是多年施工实践经验的总结，是施工工作必须遵守的客观规律，也是编制施工组织设计的依据之一。安装工程施工程序从接受施工任务到竣工验收为止，可按以下5个阶段进行：

1. 承接施工任务，签订工程施工合同

建筑安装施工企业承接施工任务的方式主要有三种：一是国家或上级主管单位统一安排，直接下达的任务；二是建筑安装施工企业接受业主委托的任务；三是企业参加公开的招投标而中标得到的任务。前两种承接任务的方式已逐渐减少，在市场经济条件下，建筑安装施工企业都会凭借自身的实力，通过参与招投标承接建筑安装施工任务。

无论哪种方式承接施工项目，施工单位均必须同建设单位签订符合《经济合同法》、《建筑安装工程承包合同条例》等有关规定及要求的施工合同，签订了施工合同的施工项目才算落实了的施工任务。

2. 统筹安排，做好施工规划

施工企业与业主签订施工合同后，施工单位调查、分析、收集与施工有关的资料，进行现场勘查，在全面了解施工任务的基础上，拟订施工规划、编制施工组织总设计、统筹安排，做好全面施工规划，施工组织设计经批准后，组织施工先遣人员进入现场，与业主密切配合，做好施工规划中确定的各项全局性施工准备工作，为顺利开工创造条件。

3. 做好施工准备工作，提出开工报告

要保证工程项目的顺利进行，在施工组织设计经批准后，施工单位与业主要密切配合，做好开工前各项准备工作，如：图纸会审、技术资料收集、材料与机具准备、人员组织、施工现场"三通一平"和施工场外有关单位的协调配合等。当一个施工项目按规定完成施工准备工作，具备开工条件后，即可向主管部门提出开工报告，开工报告批准后，即可正式开工，进入下一阶段全面施工阶段。

4. 组织全面施工，加强施工管理

施工阶段是把设计产品变成现实的建筑产品的生产制作过程，所以组织拟建工程项目的全面施工是建筑施工全过程中最重要的阶段，也是施工组织与管理工作的重点所在。必须严格按照设计图纸的要求进行，采用施工组织设计规定的施工方案、进度安排，完成全部的分部、分项工程施工任务。

这个过程决定了施工工期、产品的质量、成本以及建筑施工企业的经济效益。因此。在施工中要进行协调、检查、监督、控制等指挥调度工作，加强人员、技术、材料、机具等管理工作，做好进度、质量、成本和安全的控制，保证达到预期的目的。

安装工程施工项目、人员、工种繁多，不仅需要与土建工程密切配合，各项目工种之间也要从整个施工现场的全局出发，按照施工组织设计精心组织施工，加强互相之间的配合与协作，协调解决各方面的问题，使施工活动顺利开展。

5. 竣工验收，交付使用

这是施工全过程的最后一道程序，也是工程项目管理的最后一项工作，同时又是工程项目建设的最后阶段，是建设投资成果转入生产或使用的标志，是考察建设项目是否符合设计要求，施工质量是否合格的重要阶段。

在交工验收前，施工单位内部应先进行预验收，检查各分部分项工程的施工质量，整理各项交工验收的技术经济资料，在此基础上填写竣工报验单，将全部材料送交监理单位，申请竣工验收，监理单位审查合格后，向建设单位提出质量评估报告，经审查符合竣工验收条件后，由建设单位组织竣工验收，经主管部门验收合格后，办理《竣工验收签证书》，并交付使用。

竣工验收也是施工组织与管理工作的结束阶段，这一阶段主要做好竣工文件的准备工作和组织好工程的竣工收尾，同时也必须搞好施工组织与管理工作的总结，以积累经验，不断提高管理的水平。

1.3 施 工 组 织 设 计

施工组织设计以施工项目为对象编制，用以指导施工全过程的技术、经济和管理的综合性文件，是沟通工程设计和施工之间的桥梁。它既要体现拟建工程的设计和使用要求，又要符合建筑施工活动的客观规律。它的任务是对拟建工程的整个施工过程，在人力和物力、时间和空间、技术和组织上，做出一个全面而合理的计划安排，使施工生产过程保持连续性、均衡性和协调性，并提出确保工程质量和安全施工的有效技术措施，以实现生产活动的最终经济效果。

1.3.1 施工组织设计的作用

施工组织设计是施工准备工作的重要组成部分，又是做好施工准备工作的主要依据和重要保证；是对施工全过程进行科学管理的重要手段；是编制工程施工概预算的依据之一，也是编制企业生产计划和施工作业计划的主要依据；是建筑企业施工管理的重要组成部分。

编制并贯彻好施工组织设计，对于按建筑客观规律组织施工，建立正常的施工程序，有计划地开展各项施工过程；对于及时做好各项施工准备工作，保证劳动力和各种资源的供应和使用；对于协调各施工单位之间、各工种之间、各种资源之间以及资金和时间安排、施工现场布置等关系方面；对于保证拟建项目施工顺利进行，优质、高效、按时、低耗地完成工程施工任务起着重要的、积极的、决定性的作用。

1.3.2 施工组织设计的分类

1. 根据编制时间与目的不同分类

施工组织设计依据招投标的时间，分为标前施工组织设计和标后施工组织设计。

标前施工组织设计是在投标前编制的施工项目管理规划，在投标阶段通常被称为技术标。但它不仅包含技术方面的内容，同时也涵盖了施工管理和造价控制方面的内容，是一个综合性的文件，以取得工程任务为目的。也是中标后承包单位进行合同谈判、提出要约和承诺的根据和理由。

标后施工组织设计是在工程项目中标以后编制的，以标前施工组织设计和已签订的施工合同为依据，以要约和承诺的实现为目的，指导施工全过程的详细的实施性施工组织设计。两类施工组织设计之间有先后次序、单向制约关系，具体区别见表1-1。

种类	服务范围	编制时间	编制者	主要特征	追求目标
标前施工组织设计	投标与签约	投标前	经营管理层	规划性	中标、经济效益
标后施工组织设计	施工全过程	签约后、开工前	项目管理层	指导性、操作性	施工效率与效益

从另一个角度讲，施工组织设计是根据合同文件来编制的，根据编制的时间和目的，又可以划分为指导性施工组织设计、实施性施工组织设计和特殊工程施工组织设计。

（1）指导性施工组织设计

指导性施工组织设计是指施工单位在参加工程投标时，根据工程招标文件的要求，结合本单位的具体情况，编制的施工组织设计。中标后，在施工开始之前，施工单位还要进行重新审查、修订，这个阶段的施工组织设计称为指导性施工组织设计。

指导性施工组织设计的任务是：①确定最合适的施工方法和施工程序，以保证在合同工期内完成或提前完成施工任务；②及时而周密地做好施工准备工作、供应工作和服务工作；③合理地组织劳动力和施工机具，使其需要量均衡、连续，尽量发挥其工作效率；④在施工场地内最合理地布置生产、生活、交通等一切设施，最大限度地节约临时用地，节省生产时间，同时方便生活；⑤以月为单位安排施工进度计划及资源供应计划，便于进行组织供应工作。

指导性施工组织设计是编制施工预算的主要依据，是组织施工的总计划，所以应使其尽可能符合客观实际，并随时根据客观情况的变化不断调整和修改。

（2）实施性施工组织设计

工程中标后，对于单位工程和分部工程，应在指导性施工组织设计的基础上分别编制实施性的施工组织设计。

实施性施工组织设计的任务是：①直接指挥施工，因此制订时按工作日程安排施工进度计划；②根据施工进度计划，计算出劳动力、机具、材料等的日程需要量，并规定工作班组及机械在作业过程中的移动路线及日程；③在选择施工方法时，要考虑到工程项目的施工细节；④要根据施工方法的需要，划分工序、进行人员的组织及机具的配备，同时考虑工作班组的组织结构和设备情况，要最有效地发挥班组的工作效率，便于实行分项承包和结算，还要切实保证工程质量和施工安全；⑤计划要有调节的余地，如因意外，项目的施工停止时，要准备机动工程，调动原安排的班组继续工作，避免窝工。

实施性施工组织设计必须具体、详细，以达到具体指导施工的目的，但不要过于复杂、繁琐。

（3）特殊工程的施工组织设计

在某些特定情况下，针对工程的具体情况有时还需要编制特殊的施工组织设计，如：

1）某些特别重要和复杂，或者缺乏施工经验的分部、分项工程，为了保证其施工的工期和质量，有必要编制专门的施工组织设计。但是，编制这种特殊的施工组织设计，其开工与竣工的工期，要与总体施工组织设计一致。

2）对一些特殊条件下的施工，如严寒、雨季、沼泽地带和危险地区等，需要采取一些特殊的技术措施，有必要为之专门编制施工组织设计，以保证施工的顺利进行，以及质量要求和人员的安全。

指导性项目施工组织设计是整个项目施工的龙头，是总体的规划。在这个指导文件规划下，再深入研究各个单位工程，从而制定实施性的施工组织设计和特殊的施工组织设计。在编制指导性施工组织设计时，可能对某些因素和条件未预见到，而这些因素或条件却是影响整个部署的。这就需要在编制了局部的施工设计组织后，有时还要对全局性的指导性施工组织设计作出必要的修正和调整。

2. 根据编制对象不同分类

施工组织设计是一个总的概念，根据拟建工程的设计施工阶段和规模的大小、结构特点和技术复杂程度及施工条件，应该相应地编制不同范围和深度的施工组织设计。由此，建筑安装工程的施工组织设计可分为施工组织总设计、单位工程施工组织设计和分部分项工程施工组织设计三种。

(1) 施工组织总设计

施工组织总设计以若干单位工程组成的群体工程或特大型项目为主要对象编制的施工组织设计，对整个项目的施工过程起统筹规划、重点控制的作用。施工组织总设计根据初步设计或扩大初步设计，由总承包单位的项目总工程师主持进行编制，由总承包单位技术负责人审批。

(2) 单位工程施工组织设计

以单位（子单位）工程为主要对象编制的施工组织设计，对单位（子单位）工程的施工过程起指导和制约作用，直接指导单位工程的施工管理和技术经济活动。根据施工图设计，在项目开工前，由该单位工程的项目负责人组织人员进行编制，由施工单位技术负责人或技术负责人授权的技术人员审批。

基于安装工程特点，本书教学单元 4 施工组织设计的介绍以单位工程为主，后述不再说明。

(3) 分部分项工程施工组织设计

以分部（分项）工程或专项工程为主要对象编制的施工技术与组织方案，用以具体指导其施工过程，亦称施工方案或专项工程施工组织设计。分部分项工程施工组织设计一般与单位工程施工组织设计的编制同时进行，并由单位工程的技术人员进行编制；由项目技术负责人审批；重点、难点分部（分项）工程和专项工程施工方案应由施工单位技术部门组织相关专家评审，施工单位技术负责人批准。

三种施工组织设计之间存在以下关系：

施工组织总设计是对整个工程项目的全局性战略部署，其内容和范围比较概括；单位工程施工组织设计是在施工组织总设计的控制下，以施工组织总设计为依据编制的，它针对具体的单位工程，将施工组织总设计的有关内容具体化；分部分项工程施工组织设计是以施工组织总设计和单位工程施工组织设计为依据编制的，它针对具体的分部分项工程，将单位工程施工组织设计的有关内容进一步具体化，是施工组织设计的补充，施工组织设计的某些内容在施工方案中不需赘述，是专项工程的具体组织施工的设计。

1.3.3 施工组织设计的内容

不论哪一类施工组织设计都必须具有以下相应的基本内容：工程概况；施工技术方

案；施工进度计划；技术物资需用量及供应计划；施工准备工作计划；施工平面规划；主要经济技术指标计算和分析。

虽然由于编制时间、编制对象、工程复杂程度不同，施工组织设计所包含的内容有所不同，各类施工组织设计编制的内容和深度，根据编制对象和使用要求，其繁简程度和侧重点应是有区别的，但都应从实际出发，真正解决工程施工中的具体问题，在施工中确实起到指导作用。

1. 施工组织总设计编制的内容

施工组织总设计的内容和深度，视拟建工程的性质、工程规模、施工的复杂程度、工期要求、施工条件而有所不同，但都应突出"规划"和"控制"的特点，一般应包括以下内容：

（1）工程概况

① 工程名称、建设地点、建设单位及监理机构、设计单位、质监站名称、工程内容、性质、主要工程数量、工程总造价、合同开工日期和建设总工期、合同价（中标价）；②上级对该工程的批件；③建设地区的自然及技术经济条件；简要介绍拟建工程的地理位置、地形地貌、水文、气候、降雨量、雨季、交通运输、水电等情况。④工程特征、工艺要求、主要工艺流程，涉及的新工艺、新技术及技术难点；⑤合同特殊要求，如业主提供结构材料、指定分包商等；⑥组织机构设置及职责部门之间的关系。

（2）施工部署和主要单位工程施工方案

主要包括施工任务的组织分工和安排，主要单位工程施工方案，主要分项工程的施工方法，重点叙述技术难度大、工种多、机械设备配合多、经验不足的工序和关键部位。

（3）施工总进度计划

根据施工总部署和施工方案，合理确定工程项目的控制工期，以及各单位工程或各工序之间的搭接关系和时间，即为进度计划。包括建设工程总进度、主要单位工程综合进度和土建配合施工进度。

（4）机械、物资配置计划

按照编制的施工总进度计划，编制资源配置计划。

1）物资配置计划：用表格表示，并将施工材料和施工用料分开；计划应注明由业主提供或自行采购；计划一般按月提出物资需用量，以分项工程为单位计算需用量；计划应同时附有物资计划汇总表，将各品种、规格、型号的物资汇总。

2）机械配置计划：计划应说明施工所需机械设备的名称、规格、型号和数量；计划应标明最迟的进场时间和总的使用时间；必要时，注明某一种设备是租用外单位或自行购置。

（5）劳动力组织、技术培训和各工种劳动力需用计划

劳动力需用量计划以表格表示；应将各技术工种和普杂工分开，根据总进度计划需要，按月列出需用人数，并统计各月工种最多和最少人数；应说明本单位各工种自有人数和需要调配或雇用人数。

（6）质量保证计划

要明确工程质量目标与确定工程质量保证措施。根据工程实际情况，按分项工程项目分别制订质量保证技术措施，并配备工程所需的各类技术人员；对于工程的特殊过程，应

对其连续监控和持证上岗作业，并制订相应的措施和规定；对于分包工程的质量要制订相应的措施和规定。

（7）安全劳保等主要技术措施

主要包括各项技术措施、安全措施、降低成本措施和环境污染防护措施、现场文明施工措施等。

安全合同、安全检查机构、施工现场安全措施、施工人员安全措施；水上作业、高空作业、夜间作业、起重安装和机械作业等的安全措施；安全用电、防水、防火、防风、防洪、防震的措施；机械、车辆多工种交叉作业的安全措施；保证操作者安全环保的工作环境所需要采取的措施；拟建工程施工过程中工程本身的防护和防碰撞措施，维持交通安全的标志。措施应遵守行业和公司各类安全技术操作规程和各项预防事故的规定；应由项目部的安全部门负责人审核后定稿。

（8）施工准备工作计划

主要包括对建设地区自然条件及经济技术条件等的调研，掌握设计进度和意图，编制施工组织设计和研究有关施工技术措施，新工艺、新技术、新材料的试验、技术培训，物资和机具的申请和准备等。

（9）附属企业及大型临时设施工程规划

大型临时工程一般指大型围堰、大型脚手架和模板、大型构件吊具、塔吊、施工便道和便桥等。大型临时工程均应进行设计计算、校核和出具施工图纸，编制相应的各类计划和制订相应的质量保证和安全劳保技术措施。需要单独编制施工方案的大型临时设施工程，其设计前后均应由公司或项目部组织有关部门和人员对设计提出要求并进行评审。

（10）施工总平面图

简要说明可供使用的土地、设施，周围环境、环保要求，附近房屋、农田、鱼塘等需要保护或注意的情况。施工总平面布置必须以平面布置图表示，并应标明拟建工程平面位置、生产区、生活区、预制场、材料场位置。施工总平面布置可用一张图，也可用多张相关的图表示，图上无法表示的，应用文字简单叙述。

（11）主要经济技术指标分析

用以评价该施工组织设计的技术经济效果并作为今后考核的依据。

2. 单位工程施工组织设计编制的内容

单位工程施工组织设计是以单位工程为对象，根据现场施工的实际条件及施工组织总设计对该单位工程所提出的条件和要求编制的指导该单位工程施工的文件，是施工组织总设计的具体化。

单位工程施工组织设计一般应包括以下内容：

（1）工程概况：单位工程地点、建筑面积、结构型式、工程特点、工程量、工作量、工期要求等。

（2）施工技术方案：包括确定主要项目的施工顺序和施工方法的选择，主要安装施工机械的选择及有关技术、质量、安全、季节施工措施等。

施工顺序一般以流程图表示各分项工程的施工顺序和相互关系，必要时附以文字简要说明。施工方法是施工组织设计重点叙述的部分，它包含主要分项工程的施工方法，重点叙述技术难度大、工种多、机械设备配合多、经验不足的工序和关键部位，对于常规的施工工序则简要说明。

（3）施工进度计划：包括划分施工项目、计算工程量、计算劳动量和机械台班量，确定分部、分项工程的作业时间，并考虑各工序的搭接关系，编制施工进度计划并绘制施工进度图表等。

（4）各工种劳动力需用计划及劳动组织。

（5）材料、构配件需用计划及施工机械需用计划。

（6）施工准备工作计划：包括为该单位工程施工所作的技术准备、现场准备、机械、设备、工具、材料、构配件的准备等，并编制施工准备工作计划图表。

（7）施工平面布置图：用来表明单位工程所需施工机械、加工场地、材料和加工件堆放场地及临时运输道路、临时供水、供电、供热管线和其他临时设施的合理布置并绘成施工平面图，以便按图进行布置和管理。

（8）确定技术经济指标。

3. 施工方案编制的内容

施工方案是简化的施工组织设计，它的编制对象是难度较大，施工工艺比较复杂，技术及质量要求较高，或采用新技术、新工艺的分部、分项工程或专业工程。如锻压车间的2000t 水压机安装，因水压机属大型设备，技术、质量要求高，安装工艺复杂，因此就必须编制水压机安装施工方案，对一条地形复杂的大口径给水外线，也可编制施工方案。施工方案的内容基本上与单位工程施工组织设计内容相同，但比单位工程施工组织设计简单，内容上应突出技术、组织措施和施工方法。

施工方案一般应包括以下内容：

（1）工程概况简要说明。

（2）主要施工方法和技术组织措施。

（3）施工进度计划。

（4）保证工程质量和安全生产的措施。

（5）主要劳动力、材料、机具、构配件计划。

（6）施工区域的平面布置图。

1.3.4 施工组织设计编制

1. 施工组织设计编制要求

项目负责人应组织有关施工技术人员，学习并熟悉合同文件和设计文件，将编制任务分工落实；施工组织设计应有目录，并应在目录中注明各部分的编制者；施工组织设计表达方式应灵活多样，可以用图表表示；应有施工现场平面布置图；若工程地质情况复杂，可附上必要的地质资料（或图件、岩土力学性能试验报告）；编制人员较多时，应由项目负责人统一审核，避免重复或遗漏等；如果选择的施工方案与投标时的施工方案有较大差异，应征得监理工程师和业主的认可；施工组织设计应在施工开始前完成。

2. 编制基本原则

为保证施工组织设计符合建设工程的实际情况，充分达到指导施工的目的，施工组织设计一般应遵循以下基本原则：

（1）与建设总目标一致

符合施工合同或招标文件中有关工程进度、质量、安全、环境保护、造价等方面的要求，项目各参建单位虽然存在利益的不一致甚至冲突，但目标应该是一致的，就是项目成功获得社会效益与经济效益。

（2）坚持科学的施工程序和合理的施工顺序

施工顺序的科学合理，能够使施工过程在时间上、空间上得到合理安排。尽管施工顺序随工程性质、施工条件不同而变化，但经过合理安排还是可以找到其可供遵循的共同规律。施工程序和顺序反映客观规律的要求，其安排应符合施工工艺，满足技术要求，有利于组织立体交叉、流水作业，有利于为后续工程施工创造良好的条件，有利于充分利用空间、争取时间。

（3）合理安排施工计划，实现连续、均衡而紧凑地施工

一切从实际出发，做好人力、物力的综合平衡，组织均衡施工，使各专业机构、各工种工人和施工机械能够不间断、有秩序地进行施工，尽快地由一个项目转移到另一个项目上去，从而实现在全年中能够连续、均衡而又紧凑地组织施工。

（4）采用先进技术，提高建筑工业化、机械化程度。积极开发、使用新技术和新工艺，推广应用新材料和新设备，减轻施工人员的劳动强度。

施工机械化是安装工程实现优质、快速的根本途径，扩大预制装配化程度和采用标准构件是安装施工的发展方向。只有这样，才能从根本上改变安装施工手工操作的落后面貌，实施快速施工。

（5）合理安排冬、雨期施工项目

对进入冬、雨期要正常施工的项目，应落实季节性施工技术与组织措施。一般只把那些确有必要，且不会因为冬、雨期施工而使施工项目过于复杂或增加成本过多的项目，列入冬、雨期施工。

（6）合理布置施工现场，推广建筑节能和绿色施工

在进行施工现场平面布置时，尽量利用正式工程、原有或就近已有设施，以减少各种暂设工程；就地取材，减少消耗，降低成本，尽量利用当地资源，合理安排运输、装卸及储存作业，减少物资运输量，避免二次搬运，在保证正常供应前提下，储备物资数额要尽可能减少，以减少仓库与堆场的面积；精心规划布置场地，节约施工用地；做好现场文明施工和环境保护工作。

（7）注重工程质量，确保施工安全

应严格按设计要求组织施工，严格按施工规程进行操作，严格按各专业施工质量验收标准进行检查把关，确保工程质量为先。

同时要贯彻"安全为生产、生产必须安全"的思想方针，确保施工顺利进行。为此在进行施工组织设计时，要有确保工程质量和安全施工的措施，在施工过程中进行检查与监督。

3. 施工组织设计编制的资料准备

在编制施工组织设计之前，了解安装工程的性质与类型，项目地区的自然条件与经济条件、施工条件及本单位施工力量；调查、研究与收集资料，对缺失内容可进行实地勘测，从而为施工组织设计的编制提供可靠的第一手资料。

（1）合同文件及标书的研究

合同文件是承包工程项目的施工依据，也是编制施工组织设计的基本依据，对招标文件的内容要认真研究，重点弄清以下几方面的内容：

1）承包范围：对承包项目进行全面了解，弄清各单项工程和单位工程的名称、专业内容、工程结构、开竣工日期等。

2）设计图纸供应：要明确甲方交付的日期和份数，以及设计变更通知办法。

3）物资供应方式：分析合同，明确主要材料及安装的设备等资源的供应方式，可以由施工方自行供应、建设单位指定品牌由施工方供应，也可由建设单位直接供应。由甲方负责的，要弄清何时能供应或何时指定，以便制订需用量计划和节约措施，安排好施工计划。

4）合同及标书制订的技术规范和质量标准：了解指定的技术规范和质量标准，以便为制订技术措施提供依据。

（2）施工现场环境调查与分析

在编制施工组织设计之前，要对施工现场环境作深入的实际调查。调查的主要内容有：

1）核对设计图纸，进行施工图纸会审（形成会审记录），准备有关标准图。

2）收集施工地区内的自然条件资料，如气象、水文、地质资料。

3）了解施工地区场地征购、拆迁、通信电力设备、给排水管道、坟地、有无房屋可以利用及施工许可证等情况。

4）调查施工区域的技术经济条件：了解当地水电的供应条件及可提供的能力，允许接入的条件等；了解资源供应情况和当地条件，有无劳动力可以利用，地方建材的供应能力、价格、质量、运距、运费；了解交通运输条件，如铁路、公路、水运的情况，公路桥梁承载通过的最大能力。

（3）各种定额及概预算资料

编制施工组织设计时，收集施工项目当地有关的定额及概算（或预算）资料等，以施工图预算提供的工程量作为确定施工任务的依据。

（4）施工技术资料

合同条款及国家规定的各种施工技术规范、施工操作规程、施工安全作业规程、施工手册等，此外还应收集施工新工艺、新方法，操作新技术以及新型材料、机具等资料。

（5）其他资料

其他资料指施工组织与管理工作的有关政策规定、环境保护条例、上级部门对施工的有关规定和工期要求等。

4．编制步骤

施工组织设计的编制程序如图 1-1 所示。

（1）计算工程量。在指导性施工组织设计中，通常是根据概算定额或类似工程计算工程量，不要求很精确，也不要求作全面的计算，只要抓住几个主要项目就基本上可以满足要求。而实施性施工组织设计则要求计算准确，这样才能保证劳动力和资源需求量计算得正确，便于设计合理的施工组织与作业方式，保证施工生产有序、均衡地进行。同时，许多工程量在确定方法以后可能还需修改，比如土方工程的施工由利用挡土板改为放坡以后，土方工程量即应增加，而支撑工料就将全部取消。这种修改可在施工方法确定后一次

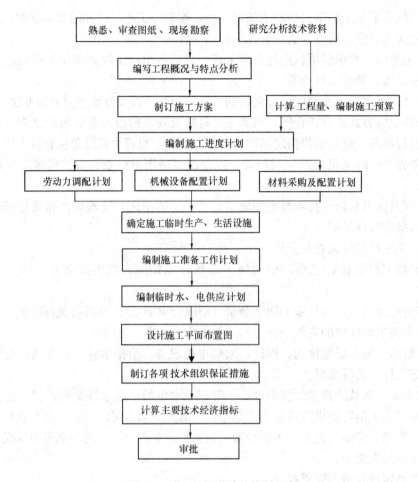

图 1-1 施工组织设计的编制程序

进行。

（2）确定施工方案。在指导性施工组织设计中一般只需对重大问题作出原则性规定即可，在工期上只规定开工与竣工日期，在各单位工程中规定它们之间的衔接关系和使用的主要施工方法。实施性施工组织设计则是对指导性施工组织设计的原则规定进一步具体化，着重研究采用何种施工方法，确定选用何种施工机械。

（3）确定施工顺序，编制施工进度计划。除按照各安装部分之间具有依附关系的固定不变的施工顺序外，还要注意组织方面的施工顺序。不同的顺序对工期有不同的结果。合理的施工顺序可缩短工期。

（4）计算各种资源的需要量和确定调配、配置计划。指导性施工组织设计可根据工程和有关的指标或定额计算，并且只包括最主要的内容，计算时要留有余地，以避免在单位工程施工前编制实施性施工组织设计时与之发生矛盾。实施性施工组织设计可根据工程量按定额或过去积累的资料，决定每日的工人需要量；按机械台班定额决定各类机械使用数量和使用时间；计算材料的主要种类和数量及其配置计划。

（5）平衡劳动力、材料物资和施工机械的需要量，并修正进度计划。

（6）设计施工现场的各项业务，如水、电、道路、仓库、施工人员住房、修理车间、机械停放库、材料堆放场地等的位置和临时建筑。

（7）设计施工平面图，使生产要素在空间上的位置合理、互不干扰，加快施工进度。

1.4 工程项目管理

1.4.1 项目管理

1. 项目

项目是指在一定的约束条件下（可以是限定资源、限定时间、限定预算），具有特定目标的一次性任务或管理对象。可以是建设一项工程，如建造一栋商务楼、一座饭店、一座工厂、一座电站；也可以是完成某项科研课题，或研制一项设备，这些都是一个项目，都有一定的时间、质量要求，也都是一次性任务。项目一般具有以下特征：

（1）项目的一次性；

（2）项目目标的明确性；

（3）项目作为管理对象的整体性。

项目是一个外延很大的概念，在企业、事业、社会团体、国家机关中都有项目的问题。工程建设是典型的项目问题，本书以下内容中所提的"项目"，均指建设工程项目。

2. 项目管理

项目管理是为使项目取得成功（在规定的时限、批准的费用预算内，达到限定的质量标准）而对项目进行的全过程、全方位的规划、组织、控制与协调。项目管理的目的是为了保证项目目标的实现；项目管理的对象是项目；项目管理的职能同所有管理的职能均是相同的。需要特别指出的是，项目的一次性，要求项目管理具有针对性、系统性、程序性和科学性。只有用系统工程的观点、理论和方法对项目进行管理，才能保证项目的圆满完成。

1.4.2 工程项目管理

1. 建设工程项目管理

（1）建设工程项目管理的内涵

建设工程项目管理，是指从事工程项目管理的企业，受工程项目业主方委托，对工程建设全过程或分阶段进行专业化管理和服务的活动。

建设工程项目管理的内涵是：自项目开始至项目完成，通过项目策划和项目控制，以使项目的费用目标、进度目标和质量目标得以实现。

"自项目开始至项目完成"指的是项目的实施期；"项目策划"指的是目标控制前的一系列筹划和准备工作；"费用目标"对业主而言是投资目标，对施工方而言是成本目标。项目决策期管理工作的主要任务是确定项目的定义，而项目实施期管理的主要任务是通过管理使项目的目标得以实现。

（2）建设工程项目管理类型

按建设工程生产组织的特点，一个项目往往由众多参与单位承担不同的建设任务，而各参与单位的工作性质、工作任务和利益不同，因此形成了以下不同的建设工程项目管理类型：

1）业主方的项目管理（它是建设工程项目管理的核心，是建设工程项目生产的总组织者）：投资方、开发方和由咨询公司提供的代表业主方利益的项目管理服务都属于业主方的项目管理。

2）设计方的项目管理：设计方作为项目建设的一个参与方，其项目管理主要服务于项目的整体利益和设计方本身的利益。

3）施工方的项目管理：施工总承包方和分包方的项目管理都属于施工方的项目管理。

4）供货方的项目管理：材料和设备供应方的项目管理都属于供货方的项目管理。其项目管理主要服务于项目的整体利益和供货方本身的利益。

5）建设项目总承包方的项目管理：建设项目总承包有多种形式，如设计和施工任务综合的承包；设计、采购和施工任务综合的承包（简称承包）等，它们的项目管理都属于建设项目总承包方的项目管理。由于建设工程项目总承包方是受业主方的委托而承担工程建设任务，其项目管理主要服务于项目的整体利益和建设项目工程总承包方本身的利益。

6）其他建设工程项目管理。

1.4.3　施工项目管理

1. 施工项目

施工项目是建筑业企业自施工投标承包开始到保修期满为止的全过程中完成的产品，也就是建筑施工企业的生产对象。它是建设项目或其中的单项工程或单位工程的施工任务，该任务的范围是由工程承包合同界定的。只有单位工程、单项工程和建设项目的施工才谈得上是项目，因为其可形成建筑施工企业的产品。分部、分项工程不是完整的产品，因此不能称作"项目"。

2. 施工项目管理

施工项目管理是指施工项目主体（建筑企业）为了实现项目目标，运用系统的观点、理论和科学技术对施工项目进行的计划、组织、监督、控制、协调的全过程管理。施工项目管理的对象是施工项目。

1.4.4　施工项目管理内容

1. 建立施工项目管理组织

（1）由企业采用适当的方式选聘称职的施工项目经理。

（2）根据施工项目组织原则，选用适当的组织形式，组建施工项目管理机构，明确责任、权限和义务。

（3）在遵守企业规章制度的前提下，根据施工管理的需要，制定施工项目管理制度。

2. 编制施工项目管理规划

施工项目管理规划是对施工项目管理的目标、组织、内容、方法、步骤、重点等进行预测和决策，做出具体安排的文件。

3. 施工项目的合同管理

合同管理的效果直接关系到项目管理及工程施工的技术经济效果和目标的实现，因此要从招投标开始，加强工程施工合同的签订、履行和管理。合同管理是一项执法、守法活动，市场有国内市场和国际市场，因此合同管理势必涉及国内和国际上有关法规和合同文本、合同条件，在合同管理中应予以高度重视。为了取得经济效益，还必须注意搞好索赔，讲究方法和技巧，提供充分的证据。

4. 进行施工项目的目标控制

施工项目的目标有阶段性目标和最终目标。实现各项目标是施工项目管理的目的所在，因此应当坚持以系统论和控制论原理和理论为指导，进行全过程的科学控制。施工项目的控制目标有以下几项：进度控制目标、质量控制目标、成本控制目标、安全控制目标。

由于在施工项目目标的控制过程中，会不断受到各种客观因素的干扰，各种风险因素随时可能发生，故应通过组织协调和风险管理对施工项目目标进行动态控制。

5. 对施工项目施工现场的生产要素进行优化配置和动态管理

施工项目的生产要素是施工项目目标得以实现的保证，主要包括人力资源、材料、设备、资金和技术（即5M）。生产要素管理的内容包括三项：分析各项生产要素的特点；按照一定原则、方法对施工项目生产要素进行优化配置，并对配置状况进行评价；对施工项目的各项生产要素进行动态管理。

6. 施工项目现场管理

项目现场管理是对施工现场内的活动及空间所进行的管理，包括：规范场容；环境保护；防火保安；卫生防疫；其他事项，如保险、现场管理考评等。

7. 施工项目的组织协调

组织协调指以一定的组织形式、手段和方法，对项目管理中产生的关系不畅进行疏通，对产生的干扰和障碍予以排除的活动。协调为顺利"控制"服务，协调与控制的目的都是保证目标实现。

8. 施工项目的风险管理

风险管理是为了减少施工项目在施工过程中不确定因素的影响。项目的风险管理包括施工全过程的风险识别、风险评估、风险影响和风险控制。

9. 施工项目的信息管理

现代化管理要依靠信息。施工项目管理是一项复杂的现代化的管理活动，更要依靠大量的信息及大量的信息管理。施工项目的目标控制、动态管理，必须依靠信息管理，并利用电子计算机进行辅助管理。

10. 施工项目后期管理

施工项目全过程收尾时的管理活动，是对管理计划、执行、检查阶段出现的问题与经验的提炼、总结，从而为新的施工项目管理提供信息资源。包括：施工项目的竣工检查、验收、资料整理；竣工结算与决算；考核评价；回访保修；管理分析与总结；技术总结。

1.4.5 施工项目组织管理机构

施工项目管理组织机构是指为实施施工项目管理而建立的组织机构。它是根据项目管理目标，通过科学设计而建立的组织实体。该机构是由一定的领导体制、部门设置、层次划分、职责分工、规章制度、信息管理系统等构成的有机整体。

一个以合理有效的组织机构为框架的权力系统、责任系统、利益系统、信息系统是实施施工项目管理并实现最终目标的保证。

1. 施工项目管理组织机构的作用

（1）组织机构是施工项目管理的组织保证

项目经理在启动项目实施之前，首先要做组织准备，建立一个能完成管理任务、令项目经理指挥灵便、运转自如、效率很高的项目组织机构—项目经理部，其目的就是为进行施工项目管理提供组织保证。

（2）形成一定的权力系统以便进行集中统一指挥

组织机构的建立，首先是以法定的形式产生权力。权力是工作的需要，是管理地位形成的前提，是组织活动的反映。没有组织机构，便没有权力，也没有权力的运用。

（3）形成责任制和信息沟通体系

责任制是施工项目组织中的核心问题。没有责任不能形成项目管理机构，也就不存在项目管理。一个项目组织能否有效地运转，取决于是否有健全的岗位责任制。

信息沟通是组织力形成的重要因素。信息产生的根源在组织活动之中，下级（下层）以报告的形式或其他形式向上级（上层）传递信息；同级不同部门之间为了相互协作而横向传递信息。有了充分的信息才能进行有效决策。

2. 施工项目经理部

施工项目经理部是由公司或分公司委托授权代表企业履行工程承包合同，进行施工项目管理的工作班子，属于技术、管理型组织，是施工企业组织生产经营的基础。施工项目经理部对施工项目从开工到竣工的全过程进行管理，以业主满意的最终建筑产品来对业主全面负责，对分包（或作业层）具有进行管理和服务的职能。因此设计并组建一个好的施工项目经理部，使之正常有效地运营，非常重要。

项目经理部是项目经理的办事机构，为项目经理决策提供信息依据，当好参谋，同时又要执行项目经理的决策意图，向项目经理全面负责。

项目经理部是一个组织体，其作用包括：完成企业所赋予的基本任务——项目管理和专业管理任务；凝聚管理人员的力量，调动其积极性，促进管理人员的合作；协调部门之间，管理人员之间的关系，发挥每个人的岗位作用，为共同目标进行工作；影响和改变管理人员的观念和行为，使个人的思想、行为变为组织文化的积极因素；贯彻组织责任制，搞好管理；沟通部门之间、项目经理部与作业队之间、与公司之间、与环境之间的信息。

3. 施工项目经理部的机构设置和人员配备

施工项目经理部机构设置和人员配备主要依据项目规模与施工难易程度决定。一般可设四部一室。

经营核算部门，主要负责预算、合同、索赔、资金收支、成本核算、劳动配置及劳动分配等工作。

工程技术部门，主要负责生产调度、文明施工、技术管理、施工组织设计、计划统计等工作。

物资设备部门，主要负责材料的询价、采购、计划供应、管理、运输、工具管理、机械设备的租赁配套使用等工作。

测试计量部门，主要负责计量、测量、试验等工作。

一室即办公室。

单 元 小 结

本教学单元主要阐述了安装工程施工组织与管理的基本知识，包括基本建设项目概念、分类、建设项目组成、划分以及工程项目建设程序；建筑产品的特点、安装工程内容、施工特点以及施工程序；施工组织设计的概念、作用、分类方法以及设计步骤；施工项目管理内容以及施工项目组织管理机构。

复 习 思 考 题

1. 建筑产品及特点是什么？
2. 简述安装工程施工程序？
3. 建设项目如何进行分类与组成划分？
4. 施工组织设计的分类有哪些？
5. 施工组织设计包括哪些内容？
6. 施工组织设计的编制程序？
7. 什么是施工项目管理？
8. 施工项目管理内容包括哪些？
9. 施工项目管理的组织机构是什么？

教学单元 2 流 水 施 工 组 织

【知识目标】

理解流水施工的特点及基本参数。

熟悉组织施工的基本方式。

掌握流水施工组织方式。

掌握横道图计划的编制方法。

【职业能力目标】

能根据工程实际情况合理选择流水施工组织方式。

会流水法组织施工的各种参数计算。

会正确绘制进度计划（横道图）。

2.1 组织施工基本方式

流水施工方法是科学、有效的工程项目施工组织方法之一。它建立在分工协作的基础上，实行专业化施工，充分地利用工作时间和操作空间，减少非生产性劳动消耗，提高劳动生产率，保证工程施工连续、均衡、有节奏地进行，从而对提高工程质量、降低工程造价、缩短工期有着显著的作用。

2.1.1 组织施工的基本方式

组织施工时通常有顺序施工法、平行施工法和流水施工法三种方式。这三种组织施工的方式各具有不同的优缺点。为了清楚说明这三种方法的特点，现以某安装工程为例，比较它们在施工期限和劳动力数量之间的关系。

某工程要安装 4 台型号、规格相同的设备，设每台设备安装需进行二次搬运、现场组装、吊装就位和调试运行 4 个施工过程。每个施工过程需要劳动力如下：二次搬运需工人6 人，拖车 1 台；现场组装需工人 9 人，组装机具 3 套；吊装就位需工人 6 人，吊车 1 台；调试运行需工人 3 人，调试仪器 1 套；且每个施工过程皆需要 3 天。试组织施工。

1. 依次施工法

在上例中，一种组织施工方式是，这 4 台设备一台一台地依次安装，即安装完一台设备后，才开始安装下一台设备，则施工的总工期为：$T=48$ 天，其施工进度计划安排见图2-1。

依次施工也称顺序施工，是按施工组织先后顺序或施工对象工艺先后顺序逐个进行施工的一种施工组织方式。它是一种最基本、最原始的施工组织方式。

依次施工的组织方法有以下特点：

（1）使用劳动力少，但周期性起伏大；工作面与机具有停歇，且工期较长。

（2）若按专业成立工作队，各专业队不能连续作业，有时间间歇，劳动力和物资的使用不均衡。

（3）若由一个工作队完成全部施工任务，不能实现专业化生产，不利于提高劳动生产率和工程质量。

（4）单位时间需要的劳动力、材料和机具的数量与种类比较少，资源供应工作简单。

（5）施工现场的组织、管理工作简单。

2. 平行施工法

在上例中，第二种组织施工方式可以是，这4台设备同时开始安装，同时结束安装工作，则施工的总工期为：$T = 12$ 天，其施工进度计划安排见图2-1。

平行施工是指在有若干个相同的施工任务时，组织几个相同的工作队，在同一时间、不同的空间上依照施工工艺要求完成各自的施工任务。

平行施工的组织方法有以下特点：

（1）充分利用工作面，且工期较短。

（2）若按专业成立工作队，需要劳动力较多。

（3）由一个工作队完成一个施工任务，不能实现专业化生产，不利于提高劳动生产率和工程质量。

（4）单位时间需要的劳动力、材料和机具的数量与种类成倍增加，资源供应任务重。

（5）施工安排与组织管理困难。

3. 流水施工法

在上例中，第三种组织施工方式可以是，按专业成立工作队，二次搬运工作队搬运第一台设备后，去搬运第二台设备，与此同时现场组装工作队在现场组装第一台设备，结束后二次搬运工作队去搬运第三台设备，现场组装工作队在现场组装第二台设备，吊装就位工作队吊装第一台设备，以此类推，完成所有设备安装工作。则施工的总工期为：$T = 21$ 天，其施工进度计划安排见图2-1。

流水施工就是把拟建工程每一个施工对象分解成若干个施工过程，分别由固定的专业工作队来完成，各专业队按照施工顺序依次完成各个施工对象的施工过程，同时要保证施工在时间和空间上的连续、均衡和有节奏地进行，直到完成所有施工任务。不同工作班组完成工作的时间尽可能相互搭接起来。

流水施工的组织方法有以下特点：

（1）科学地利用了工作面，且工期合理。

（2）实现专业化生产，各班组在一定时期内保持相同的施工操作和连续、均衡的施工，提高了劳动生产率和工程质量。

（3）单位时间需要的劳动力、材料和机具的数量均衡，资源供应任务合理。

（4）施工安排与组织管理合理。

4. 案例中三种组织方式的比较

（1）工期

依次施工为48天，平行施工12天，流水施工21天。

（2）施工队伍

依次施工需1个队伍，平行施工需4个队伍，流水施工需4个专业队伍。

（3）工具

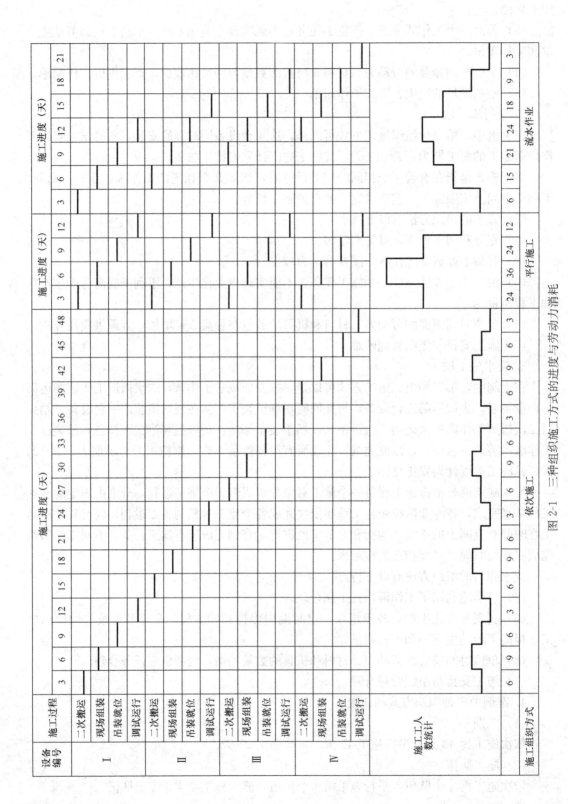

图 2-1 三种组织施工方式的进度与劳动力消耗

依次施工需 1 组，平行施工需 4 组，流水施工需 1 组。

（4）专业性

依次和平行施工要求人员"全才"，流水施工为"专才"。

从三种施工组织方式的对比中可以发现，流水施工组织方式是一种先进的、科学的施工组织方式。

2.1.2 流水施工的施工条件

流水施工的实质是分工协作与成批生产。组织流水施工的条件主要有以下几点：

1. 划分施工过程。根据工程特点及施工要求，将工程任务划分为若干个分部工程；每个分部工程又根据施工工艺要求、工程量大小、施工班组的组成情况，划分为若干个施工过程（即分项工程）。

2. 划分施工段。根据组织流水施工的需要，将拟建工程在平面或空间上，划分为工程量大致相等的若干个施工段。

3. 每个施工过程组织独立的施工班组。每个施工过程尽可能组织独立的施工班组，配备必要的施工机具，按施工工艺的先后顺序，依次、连续、均衡地从一个施工段移到另一个施工段完成本施工过程相同的施工操作。

4. 主要施工过程必须连续、均衡地施工。对工程量较大、施工时间较长、对工期影响大的施工过程，必须组织连续、均衡施工；对其他次要施工过程，可考虑与相邻的施工过程合并，不能合并的，为缩短工期可安排间断施工。

5. 不同的施工过程尽可能组织平行搭接施工。按施工先后顺序要求，在有工作面的条件下，除必要的技术与组织间歇（如混凝土养护等）外，尽可能组织平行搭接施工。

2.1.3 流水施工的分类

1. 按照流水施工组织范围划分

（1）分项工程流水（细部流水）

当一个班组使用统一的生产工具，依次连续不断地在各施工段中重复完成同一施工过程的工作，就形成了细部流水。例如厂区下水道施工中的挖槽班组，依次在不同施工段连续完成开槽工作，即是细部流水。

（2）分部工程流水（专业流水、工艺组合流水）

在一个分部工程内部，各分项工程之间，把若干个在工艺上密切联系的细部流水组合使用，就形成了专业流水。如采暖工程中把干管安装，散热器组对安装，立支管安装三个细部流水组合。

（3）单位工程流水（工程对象流水、综合流水施工）

当流水范围扩大，应用到整个单位工程的所有施工过程中，所有专业流水施工的综合就形成了工程对象流水。

（4）群体工程流水（工地工程流水、大流水施工）

若干个单位工程之间组织起来的全部综合流水施工的总和。

2. 按照施工过程的分解程度划分

（1）彻底分解流水

彻底分解流水施工是指将拟建工程的某一分部工程分解成均由单一工种完成的施工过程，并由这些分解程度不同的施工过程组织而成的流水施工方式。这种组织方式的特点在于各专业施工队任务明确，专业性强，便于熟练施工，能够提高工作效率，保证工程质量。但由于分工较细，对每个专业施工队的协调配合要求较高，给施工管理增加了一定的难度。

（2）局部分解流水

局部分解流水施工是指划分施工过程时，考虑专业工种的合理搭配或专业施工队的构成，将其中部分的施工过程不彻底分解而交给多工种协调组成的专业施工队来完成施工。

3. 按照流水施工的节奏特征划分

根据流水施工的节奏特征，流水施工可划分为有节拍流水施工和无节拍流水施工，有节拍流水施工又可分为等节拍流水施工和异节拍流水施工，此内容将在后续章节中具体介绍。流水施工方式之间关系如图2-2所示。

图2-2　流水施工方式关系图

2.1.4　流水施工的技术经济效果

流水施工在工艺划分、时间安排和空间布置上的统筹计划，必然会带来显著的技术经济效果，具体可归纳为以下几点：

1. 施工工期比较理想

由于流水施工的连续性，加快了各专业施工队的施工进度，减少了施工间歇，充分地利用了工作面，因而可以缩短工期（一般能缩短1/3左右），使拟建工程尽早竣工。

2. 有利于提高劳动生产率

由于流水施工实现了专业化的生产，为工人提高技术水平、改进操作方法以及革新生产工具创造了有利条件，因而改善了工人的劳动条件，促进了劳动生产率的不断提高（一般能提高30%～50%）。

3. 有利于提高工程质量

专业化的施工提高了工人的专业技术水平和熟练程度，为全面推行质量管理创造了条件，有利于保证和提高工程质量。

4. 有利于施工现场的科学管理

由于流水施工是有节奏的、连续的施工组织方式，单位时间内投入的劳动力、机具和材料等资源较为均衡，从而为实现施工现场的科学管理提供了必要条件。

5. 能有效降低工程成本

由于工期缩短、劳动生产率提高、资源供应均衡，各专业施工队连续均衡作业，降低了临时设施费用和物资消耗，实现合理储存与供应，从而可以节约人工费、机械使用费、材料费和施工管理等相关费用，有效地降低了工程成本（一般能降低6%～12%），取得良好的技术经济效益。

2.1.5　流水施工的表达方式

流水施工的表示方式，一般有横道图、垂直图表和网络图三种。

1. 横道图

即甘特图（图 2-3），也称水平图表，是建筑安装工程中安排施工进度计划常用的一种表达方式。

水平图表的优点是：绘制简单，施工过程及其先后顺序清楚，时间和空间状况形象直观，进度线的长度可以反映流水施工速度，使用方便。

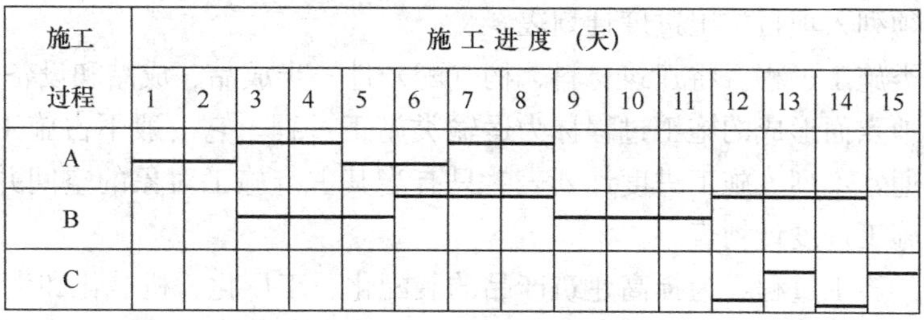

施工过程	施工进度（天）														
	1	2	3	4	5	6	7	8	9	10	11	12	13	14	15
A															
B															
C															

图 2-3　流水施工横道图

2. 垂直图表

垂直图表（图 2-4）的优点是：施工过程及其先后顺序清楚，时间和空间状况形象直观，斜向进度线的斜率可以明显地表示出各施工过程的施工速度；利用垂直图表研究流水施工的基本理论比较方便，但编制实际工程进度计划不如横道图方便，一般不用其表示实际工程的流水施工进度计划。

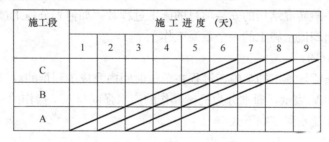

施工段	施工进度（天）								
	1	2	3	4	5	6	7	8	9
C									
B									
A									

图 2-4　流水施工垂直图表

3. 网络图

流水施工的网络图表示方式，详细内容见教学单元 3。

2.2　流水施工的主要参数

表达流水施工在工艺流程、时间安排及空间布置方面开展状态的参数，称为流水参数。流水参数是影响流水施工组织的节奏和效果的重要因素，表明流水施工在空间和时间上的开展情况及相互依存关系。流水参数一般包括三类，工艺参数、空间参数和时间参数。

2.2.1　工艺参数

工艺参数主要是指在组织流水施工时，用以表达流水施工在施工工艺方面的进展状态的参数，一般包括施工过程和流水强度。

1. 施工过程（施工项目）

在组织工程流水施工时，将拟建项目分解为若干个子项，称为施工过程，其数目用"n"表示，也称工序，是流水施工的主要参数。根据工艺性质和特点不同，施工过程可以分为三类：

（1）砌筑安装类施工过程：是指在施工对象的空间上直接进行建筑产品加工而形成的施工过程，如砌筑工程、装饰工程和水电安装工程等施工过程。它占有施工对象的空间并影响工期，必须列入项目施工进度计划表。

（2）运输类施工过程。将建筑材料、构（配）件、半成品、成品和设备等运到项目仓库或施工操作地点而形成的施工过程称为运输类施工过程。它一般不占施工对象的空间、不影响工期，通常不列入施工进度计划表。只有当其占有施工对象的空间并影响工期时，才被列入项目施工进度计划表。

（3）制备类施工过程：为提高建筑产品的装配化、工厂化、机械化和生产能力而成的施工过程称为制备类施工过程。如混凝土的加工、配电箱的组装、门窗框等的制备过程。制备类施工过程一般不占施工对象的空间和工作面，不影响工期，因此不列入项目施工进度计划表。只有当其占有施工对象的空间并影响工期时，才列入项目施工进度计划表，例如散热器的现场组对等。

施工过程所包含的工作内容，既可以是分部分项工程，也可以是单位工程或者单项工程。施工过程划分的数目多少、粗细程度一般与施工计划的性质和作用，施工方案、工程结构，劳动组织、劳动量大小，施工内容的性质与范围等有关。通常工业安装项目的施工过程数量要多于一般砖混结构的安装项目的施工过程数。如何划分施工过程，合理地确定"n"的数值，是组织流水施工的一个重要工作。

2. 流水强度（V_i）

流水强度是指流水施工的某施工过程在单位时间内完成工程量的数量，又称为流水能力或生产能力，用V_i表示，通常分为机械操作的流水强度与人工操作的流水强度。

（1）机械操作流水强度如下式

$$V_i = \sum_{i=1}^{x} R_i \times S_i \tag{2-1}$$

式中　R_i——投入施工过程 i 的某种施工机械的台数；

　　　S_i——投入施工过程 i 的该种施工机械的产量定额；

　　　x——该施工过程所用施工机械的种类。

（2）人工操作流水强度如下式

$$V_i = R_i \times S_i \tag{2-2}$$

式中　R_i——投入施工过程 i 的专业班组工人数；

　　　S_i——投入施工过程 i 的专业班组平均产量定额。

2.2.2 空间参数

空间参数是指在组织流水施工时，用以表达流水施工在空间布置上开展状态的参数，主要包括：工作面、施工段和施工层。

1. 工作面

工作面是指提供给专业工种的工人进行操作或者施工机械设备进行施工的活动空间，其大小表明能安排的人数与机械的台数的多少，确定的合理与否，直接影响专业工作队的生产效率。工作面根据专业工种的计划产量定额、安全技术规程和施工技术规程确定，反映工人操作、机械运转在空间布置上的具体要求。

在流水施工中，有的施工过程在施工一开始，就在整个操作面上形成了施工工作面；有的工作面是随着前一个施工过程的结束而形成的。工作面有一个最小数值的规定，它对应能够安排的施工人数和机械数的最大数量，决定了专业施工队人数的上限。因此，工作面确定的合理与否，将直接影响专业施工队的生产效率。

2. 施工段（m）

为了有效地组织流水施工，通常把拟建工程项目在平面上划分成若干个劳动量大致相等的施工段落，这些施工段落称为施工段。施工段的数目以"m"表示，它是流水施工的基本参数之一。

建筑安装工程产品具有单件性，不像批量生产的工业产品那样适于组织流水生产。但是，建筑安装工程产品的体积庞大，如果在空间上划分为多个区段，形成"假想批量产品"，就能保证不同的专业施工队在不同的施工段上同时进行施工，一个专业施工队能够按一定的顺序从一个施工段转移到另一个施工段依次连续地进行施工，实现流水作业的效果。

施工段数量的多少直接影响流水施工的效果，划分的基本原则如下：

（1）施工段分界线应尽可能与结构自然界线相一致，如建筑物、构筑物的伸缩缝、沉降缝等处；单元式的住宅工程，可以按单元为界分段；道路、管线等线性工程可按一定长度作为施工段分界线。

（2）各施工段上的劳动量（或工程量）应大致相等，其相差幅度不宜超过 10%～15%。

（3）每个施工段有足够的工作面，充分发挥工人（或机械）生产效率，不仅要满足专业工程对工作面的要求，还要满足劳动组织优化要求。

（4）施工段的数目要满足合理组织流水施工的要求。施工段过多，会降低施工速度，延长工期；施工段过少，不利于充分利用工作面，宜造成窝工。对于多层或高层建筑物，应使 $m \geqslant n$。

（5）对于多层建筑物，既要在平面上划分施工段，又要在竖向上划分施工层，保证专业工作队在施工段和施工层之间，有组织有节奏、均衡连续地流水施工。

（6）施工段数的划分与是否有层间施工也有关系：

1）当组织流水的施工对象无层间施工时

由于施工班组不需返回第一施工段顶部施工，不存在在楼层面上施工的工作问题，因此施工段数原则上不受限制。一般情况下，可取施工段数等于施工过程数，即 $m = n$。

2）当组织流水的施工对象分层间施工时

为使各施工班组能连续施工，上一层施工必须在下一层对应部位完成后才能开始，因而每一层的施工段数 m 必须大于或等于其施工过程数 n，即 $m \geqslant n$。

【实践训练】

任务 2-1：有层间施工时施工段数的确定

1. 背景资料

某三层砖混结构房屋的主体工程，在组织流水施工时将主体工程划分为两个过程，即砌筑砖墙和安装楼板，设每个施工过程在各个施工段上施工所需时间均为 3 天。

2. 问题

分析施工段数与施工过程数的关系。

3. 分析如下：

（1）当 $m=n$ 时，若每层分 2 段施工，施工进度安排表如图 2-5 所示，各专业工作队能连续施工，施工段、工作面无停歇、等待现象，工人无窝工，比较理想。（这是理论上最为理想的流水施工组织方式，如果采用，必须提高管理水平，不允许有任何时间的拖延。）

施工过程	施工进度 /天						
	3	6	9	12	15	18	21
砌筑墙体	Ⅰ-1	Ⅰ-2	Ⅱ-1	Ⅱ-2	Ⅲ-1	Ⅲ-2	
安装楼板		Ⅰ-1	Ⅰ-2	Ⅱ-1	Ⅱ-2	Ⅲ-1	Ⅲ-2

图 2-5　$m=n$ 时的施工进度计划安排
Ⅰ、Ⅱ、Ⅲ—楼层；1、2—施工段

（2）当 $m>n$ 时，若每层分 3 段施工，施工进度安排表如图 2-6 所示，每个专业班组在完成第一层的三段施工任务后，可以连续地进入第二层继续施工；但一层第一段楼板安装完成后，二层第一段并没有马上砌筑砖墙，砌筑砖墙班组还在一层第三段施工，即第一层第一施工段完成作业与第二层第一施工段开始作业之间存在一段空闲时间，相应其他施工段也存在这种闲置时间。

所以当 $m>n$ 时各专业工作班组均能连续施工；施工段上的工作面有轮流停歇现象，但这时工作面的停歇并不一定有害，有时还是必要的，可以利用停歇时间做养护、备料、弹线等工作。

施工过程	施工进度/天									
	3	6	9	12	15	18	21	24	27	30
砌筑墙体	Ⅰ-1	Ⅰ-2	Ⅰ-3	Ⅱ-1	Ⅱ-2	Ⅱ-3	Ⅲ-1	Ⅲ-2	Ⅲ-3	
安装楼板		Ⅰ-1	Ⅰ-2	Ⅰ-3	Ⅱ-1	Ⅱ-2	Ⅱ-3	Ⅲ-1	Ⅲ-2	Ⅲ-3

图 2-6　$m>n$ 时的施工进度计划安排
Ⅰ、Ⅱ、Ⅲ—楼层；1、2、3—施工段

（3）当 $m<n$ 时，若每层 1 段施工，施工进度安排表如图 2-7 所示，每个专业班组在完成第一层施工任务后，不能连续地进入第二层继续施工，因为第一层没有安装楼板，第二层不能进行砌筑墙体。但第一层完成所有作业与第二层开始作业之间没有空闲时间。工作队不能连续施工而出现窝工，施工段没有闲置，因此，对一个建筑物组织流水施工是不适宜的。

3. 施工层（j）

在组织流水施工时，为了满足专业工种对操作高度和施工工艺的要求，将拟建工程在竖向上划分为若干个操作层，这些操作层称为施工层。施工层一般以 j 表示。通常安装工程、装饰工程以建筑物的结构层作为施工层；有时为方便施工，也可以按一定高度划分一个施工层，例如砌筑工程以 1.2～1.4m（即一步脚手架的高度）划分为一个施工层。

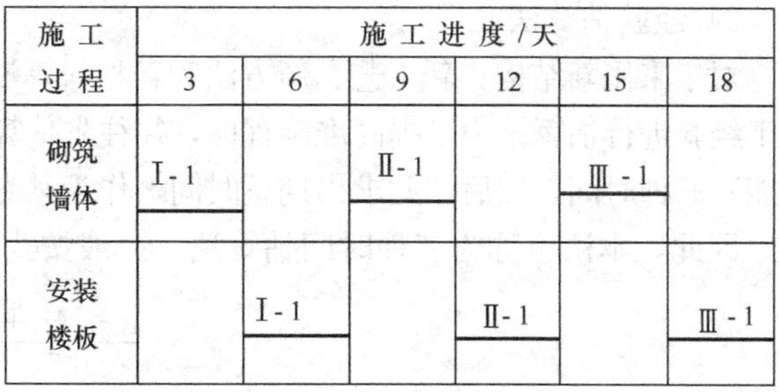

施工过程	施工进度/天					
	3	6	9	12	15	18
砌筑墙体	Ⅰ-1		Ⅱ-1		Ⅲ-1	
安装楼板		Ⅰ-1		Ⅱ-1		Ⅲ-1

图 2-7 $m < n$ 时的施工进度计划安排
Ⅰ、Ⅱ、Ⅲ—楼层；1—施工段

2.2.3 时间参数

时间参数是指在组织流水施工时，用以表达流水施工在时间排列上所处的状态。主要包括：流水节拍、流水步距、间歇时间和搭接时间及工期。

1. 流水节拍（t_i）

流水节拍是指在组织流水施工时，一个专业班组在一个施工段上完成工作任务所必须的持续时间，一般用 "t_i" 来表示。

流水节拍反映流水施工的速度、节奏、资源消耗的多少，以及工期的长短。流水节拍大小，决定着劳动力、材料、机械等的供应强度，流水节拍的确定在流水施工组织中具有重大意义。

（1）确定流水节拍考虑的因素

1）专业班组人数既要符合最小劳动力组合人数要求，又要满足最小工作面的要求。

2）考虑各种机械台班的效率或机械台班的产量大小。

3）考虑各种材料、构件制品的供应能力、现场堆放能力等相关限制因素。

4）满足施工技术的具体要求。

5）数值宜为整数，一般为 0.5 天（台班）的整数倍。

（2）流水节拍确定方法

流水节拍确定方法有定额计算法、经验估算法、工期计算法三种。

1）定额计算法

根据各施工段的工程量、投入的劳动力、材料、机械台班以及工作班次的多少，由下式确定

$$t_i = \frac{Q_i}{S_i R_i N_i} = \frac{P_i}{R_i N_i} \tag{2-3}$$

式中　t_i——某专业施工队在施工段 i 的流水节拍；

　　　Q_i——某专业班组在施工段 i 上要完成的工程量；

　　　R_i——某专业班组的人数或机械台数；

　　　N_i——某专业班组工作班次；

　　　S_i——某专业班组的人工或机械的产量定额；

　　　P_i——施工段 i 上的劳动量（工日或台班）。

2）经验估算法

对于采用新结构、新工艺、新方法和新材料等没有定额可循的工程项目，可根据以往的施工经验进行估算。为了提高准确程度，往往先估算出该流水节拍的最长、最短和正常（最可能）三种时间，然后据此求出期望时间，作为某专业工作队在某施工段上的流水节拍。

因此，本法也称为三种时间估算法。一般按式（2-4）进行计算：

$$t_i = \frac{a + 4c + b}{6}$$ (2-4)

式中 t_i——在某施工段上的流水节拍；

a——某专业班组在某施工段上的最短估算时间；

b——某专业班组在某施工段上的最长估算时间；

c——某专业班组在某施工段上的正常估算时间。

3）工期计算法

有些工程项目要求在规定日期内必须完成某些施工任务，可以采用倒排进度法。步骤如下：

根据工期倒排进度，确定某施工过程的工作持续时间；确定某施工过程在某施工段上的流水节拍。若同一施工过程的流水节拍不等，则用估算法，若流水节拍相等，则按式（2-5）进行计算：

$$t = \frac{T}{m}$$ (2-5)

式中 t——流水节拍；

T——某施工过程的工作持续时间；

m——某施工过程划分的施工段数。

通常情况下，流水节拍越大，工程的工期越长，反之工期越短。当所确定流水节拍值与施工段的工程量、作业班组人数有矛盾时，必须进一步调整人数或重新划分施工段。如果工期紧，节拍小，工作面又不够时，就应增加工作班次（两班制或三班制）。

2. 流水步距（$K_{i,i+1}$）

流水步距是指相邻两个专业班组在同一施工段相继开始施工的最小时间间隔。一般用"$K_{i,i+1}$"来表示（i表示前一个施工班组，$i+1$表示后一个施工班组）。若有n个施工过程，则有（$n-1$）个流水步距。确定流水步距的原则如下：

（1）相邻两个专业工作队按各自的流水速度施工，要始终保持施工工艺的先后顺序。

（2）各专业班组尽可能保持连续作业。

（3）相邻两个专业班组在满足连续施工的条件下，能最大限度地实现合理搭接。

（4）要保证工程质量，满足安全生产。

3. 间歇时间（$Z_{i,i+1}$，$G_{i,i+1}$）

间歇时间是指在组织流水施工时，由于施工过程之间工艺上或组织上的需要，相邻两个施工过程在时间上不能衔接施工而必须留出的时间间隔。根据原因的不同，又分为技术间歇时间和组织间歇时间。

技术间歇时间是指流水施工中，同一施工段上相邻两个施工过程之间必须留有的工艺技术间隔，一般用"$Z_{i,i+1}$"表示。技术间歇时间与材料的性质和施工方法有关。例如，焊接钢管刷完防锈漆后要等到干燥后再刷银粉漆。

组织间歇时间是指流水施工中，施工组织上需要增加的时间间隔。一般用"$G_{i,i+1}$"表示。例如，某些隐蔽工程完成后，在隐蔽前必须留出进行检查验收的时间。

4. 平行搭接时间（$C_{i,i+1}$）

组织流水施工时，在某些情况下，如果工作面允许，为了缩短工期，前一个专业班组在完成部分作业后，空出一定的工作面，后一个专业班组提前进入这一施工段，在空出的工作面上进行作业，形成两个专业班组在同一个施工段的不同空间上平行搭接施工。这个搭接时间即为平行搭接时间，一般用"$C_{i,i+1}$"表示。

5. 施工工期（T）

第一个专业班组进入流水施工开始，到最后一个专业班组完成所有流水施工任务为止的整个持续时间，用"T"表示，计算公式见式（2-6）：

$$T = \Sigma K_{i,i+1} + T_N + \Sigma Z_{i,i+1} + \Sigma G_{i,i+1} - \Sigma C_{i,i+1} \qquad (2\text{-}6)$$

式中　T——施工工期；

$\Sigma K_{i,i+1}$——流水施工中，所有流水步距之和；

T_N——最后一个专业班组完成所有施工任务所需时间；

$\Sigma Z_{i,i+1}$——所有技术间歇时间之和；

$\Sigma G_{i,i+1}$——所有组织间歇时间之和；

$\Sigma C_{i,i+1}$——所有平行搭接时间之和。

2.3　流水施工组织方式

流水施工主要是采用不同的专业班组相继投入施工，且同时在不同的施工段上进行工作，以达到加快工程进度、均衡消耗资源、尽量减少工人窝工的目的。根据各施工过程时间参数的不同，可将流水施工分为等节拍流水、成倍节拍流水和无节拍流水三大类。

2.3.1　等节拍流水施工

等节拍流水是指参与流水施工的各施工过程在各施工段上的流水节拍都相等，且各施工过程之间的流水节拍也彼此相等的流水施工方式。也称为固定节拍流水、全等节拍流水或同步距流水。

1. 等节拍流水施工的特点

（1）流水节拍彼此相等，$t_1 = t_2 = \cdots\cdots = t_n = C$（常数）。

（2）流水步距彼此相等，且等于流水节拍，$K = C$（常数）。

（3）专业班组数等于施工过程数 n。

（4）各个专业工作队都能够连续施工，施工段没有空闲。

2. 组织步骤

（1）确定施工流水线，分解施工过程，确定施工顺序。

施工流水线，是指为了生产出某种建筑安装产品，不同工种的施工班组按照施工过程的先后顺序，沿着建筑安装产品的一定方向相继对其进行加工而形成的一条工作路线。

（2）划分施工段，其数目 m 的确定如下：

1) 无层间关系或无施工层时，可按划分施工段的原则确定施工段数，理想状态 $m=n$。

2) 有层间关系或分施工层时，施工段数目 m 分下面两种情况确定：

① 无技术及组织间歇时间时，取 $m=n$。

② 有技术及组织间歇时间时，为了保证各专业工作队能连续施工，应取 $m>n$。此时，施工段数 m 可按式（2-7）确定：

$$m = n + \frac{\max\ (\Sigma Z_{i,i+1} + \Sigma G_{i,i+1})}{K} + \frac{\max\ (Z_j + G_j)}{K} \tag{2-7}$$

式中　$\Sigma Z_{i,i+1} + \Sigma G_{i,i+1}$——一个楼层内各施工过程之间技术间歇时间和组织间歇时间之和；

$Z_j + G_j$——楼层间技术间歇时间和组织间歇时间之和。

（3）确定各施工过程班组人数，计算其流水节拍数值。

（4）确定流水步距，$K=t$。

（5）计算流水施工的总工期：

1) 不分施工层时，可按下式进行计算：

$$T = (m+n-1)K + \Sigma Z_{i,i+1} + \Sigma G_{i,i+1} - \Sigma C_{i,i+1} \tag{2-8}$$

2) 分施工层时，可按下式进行计算：

$$T = (mj+n-1)K + \Sigma Z_1 + \Sigma G_1 - \Sigma C_1 \tag{2-9}$$

式中　　　　　　j——施工层数；

ΣZ_1、ΣG_1、ΣC_1——第一个施工层中各施工过程之间的技术间歇时间和组织间歇时间及搭接时间。

（6）绘制等节拍流水施工进度计划图。

【实践训练】

任务 2-2：计算总工期，绘制进度表

1. 背景资料

某项目由Ⅰ、Ⅱ、Ⅲ三个施工过程组成，划分 a、b、c 三个施工段组织流水施工，施工过程Ⅱ完成后，需养护 2 天下一个施工过程才能施工，流水节拍均为 2 天。

2. 问题

为了保证工作队连续作业，试组织流水施工，计算总工期，绘施工进度表。

3. 分析与解答

（1）确定流水步距，$t_i = t = 2$ 天，$K = t = 2$ 天。

（2）确定施工段数 $m=3$。

（3）计算总工期：

$T = (m+n-1)K + \Sigma Z_{i,i+1} + \Sigma G_{i,i+1} - \Sigma C_{i,i+1} = (3+3-1) \times 2 + 2 - 0 = 12$ 天

（4）绘制等节拍流水施工进度计划图（见图 2-8）。

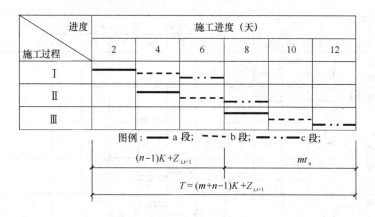

图 2-8 等节拍流水施工进度计划

【实践训练】

任务 2-3：组织等节拍流水施工

1. 背景资料

某单位办公楼，三层，进行通风工程的安装施工，划分三个施工过程：风管制作 3 天，新风系统安装 3 天，漏风试验 3 天，漏风试验完成后需进行风管保温 3 天，才能进行上一层的安装施工。

2. 问题

试组织流水施工，计算总工期，绘施工进度表。

3. 分析与解答

(1) 确定流水步距：

由全等节拍专业流水的特点可知：$K=t=3$ 天

(2) 确定施工段数：

$$m = n + \frac{\max(\sum Z_{i,i+1} + \sum G_{i,i+1})}{K} + \frac{\max(Z_j + G_j)}{K} = 3 + \frac{0}{3} + \frac{3}{3} = 4 \text{ 段}$$

(3) 计算工期：

$$T = (mj+n-1)K + \sum Z_1 + \sum G_1 - \sum C_1 = (4 \times 3 + 3 - 1) \times 3 + 0 + 0 - 0 = 42 \text{ 天}$$

(4) 绘制流水施工进度表如图 2-9 所示。

2.3.2 成倍节拍流水施工

成倍节拍流水也称异节拍等步距流水，是指同一施工过程在各个施工段的流水节拍相等，不同施工过程之间的流水节拍不全部相等，但均为最小流水节拍的整数倍。

1. 成倍节拍流水的特点

(1) 同一施工过程在各个施工段上的流水节拍都彼此相等，不同施工过程在同一施工段上的流水节拍之间存在一个整数倍（或公约数）关系。

(2) 流水步距彼此相等，等于各个流水节拍的最大公约数。

(3) 每个专业班组都能够连续施工，施工段之间没有空闲。

(4) 专业班组数大于施工过程数目。

在组织流水作业时，由于各施工过程的任务性质、复杂程度不同，要求的人力或机械

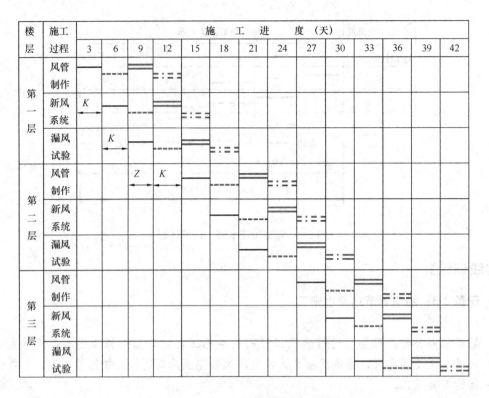

图 2-9　等节拍流水施工进度计划

台班数不尽相同，各施工过程的持续时间就可能不相同。如某工程任务有三个施工过程，同一施工过程在不同施工段上流水节拍都相等，分别为 $t_1 = 2$ 天、$t_2 = 6$ 天、$t_3 = 4$ 天，工程任务分三段完成。此时不能按全等节拍流水的组织方法组织施工，若按全等节拍流水的组织方法组织施工，可能出现图 2-10 所示的几种情况。

图 2-10 说明成倍节拍流水若用全等节拍流水的组织方法。要么出现施工顺序不合理现象；要么施工班组的工作不连续；要么施工段的工作面有空闲。

若采用图 2-11 的方法组织流水施工，第一施工过程投入 1 个工作班组进行施工，第二施工过程投入 3 个工作班组进行施工，第三施工过程投入 2 个工作班组进行施工，每个工作班组相继投入工作的时间间隔为 2 天（流水步距 $K = 2$ 天），则既不违反施工程序，施工班组又能连续工作，且工作面没有空闲，比较理想。

所以当遇到成倍节拍流水时，为使各班组仍能连续、均衡地依次在各施工段上工作，应选取流水步距（K）为各施工过程流水节拍的最大公约数，每个施工过程投入 t_i/K 个工作班组进行施工。这样同一施工过程的每个工作班组就可以依次相隔 K 天投入工作，使整个流水作业能够连续、均衡地施工。

2. 组织步骤

（1）确定施工流水线，分解施工过程，确定施工顺序。

（2）确定各施工过程班组人数，计算其流水节拍数值。

（3）按下式确定流水步距：

$$K_b = 最大公约数\{t_1, t_2, \cdots\cdots, t_n\} \tag{2-10}$$

36

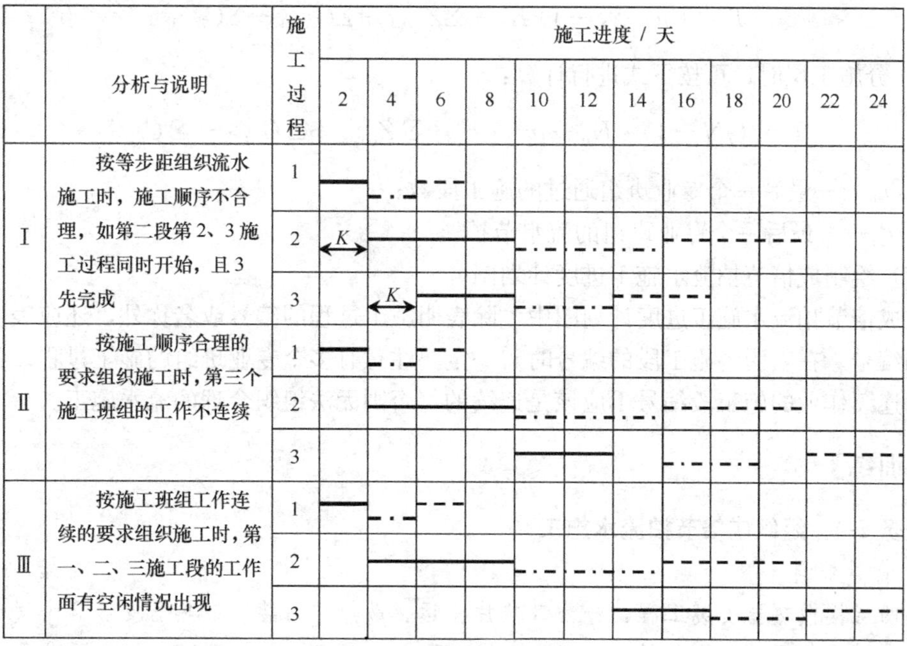

分析与说明		施工过程	施工进度 / 天											
			2	4	6	8	10	12	14	16	18	20	22	24
Ⅰ	按等步距组织流水施工时，施工顺序不合理，如第二段第2、3施工过程同时开始，且3先完成	1												
		2												
		3												
Ⅱ	按施工顺序合理的要求组织施工时，第三个施工班组的工作不连续	1												
		2												
		3												
Ⅲ	按施工班组工作连续的要求组织施工时，第一、二、三施工段的工作面有空闲情况出现	1												
		2												
		3												

图 2-10　成倍节拍流水组织流水施工分析

（4）按下面两式确定专业班组数：

$$b_i = \frac{t_i}{K_b} \qquad (2-11)$$

$$N = \sum_{i=1}^{n} b_i \qquad (2-12)$$

式中　b_i——某施工过程要组织的专业班组数目；

　　　N——专业班组总数。

（5）确定施工段（m）的数目：

1）不分施工层时，可按划分施工段的原则确定施工段数，理想状态 $m=n$。

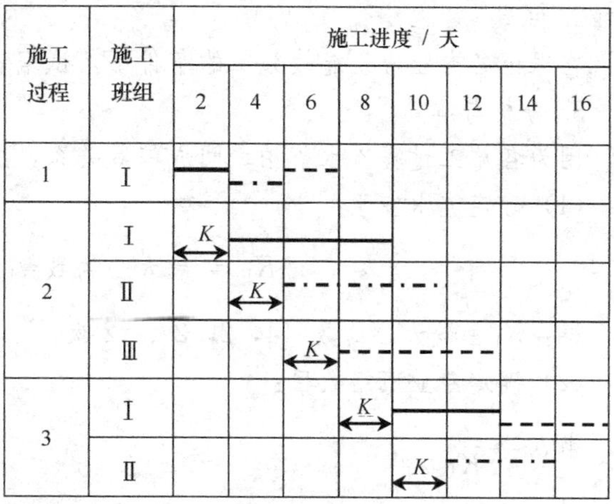

施工过程	施工班组	施工进度 / 天							
		2	4	6	8	10	12	14	16
1	Ⅰ								
2	Ⅰ								
	Ⅱ								
	Ⅲ								
3	Ⅰ								
	Ⅱ								

图 2-11　成倍节拍流水组织方法

2）分施工层时，每层的段数可按下式确定：

$$m = N + \frac{\max (\Sigma Z_{i,i+1} + \Sigma G_{i,i+1})}{K_b} + \frac{\max (Z_i + G_i)}{K_b} \qquad (2-13)$$

式中　N——专业班组总数；

　　K_b——成倍节拍流水的流水步距；

　　其他符号含义同前。

（6）计算流水施工的总工期：

1）不分施工层时，可按下式进行计算：

$$T = (m + N - 1) K_b + \Sigma Z_{i,i+1} + \Sigma G_{i,i+1} - \Sigma C_{i,i+1} \qquad (2\text{-}14)$$

2）分施工层时，可按下式进行计算：

$$T = (jN - 1) \cdot K_b + m^{zh} \cdot t^{zh} + \Sigma Z_{i,i+1} + \Sigma G_{i,i+1} - \Sigma C_{i,i+1} \qquad (2\text{-}15)$$

式中　m_{zh}——最后一个专业班组通过的施工段数；

　　　t_{zh}——最后一个专业班组的流水节拍。

（7）绘制成倍节拍流水施工进度计划图。

在成倍节拍流水施工进度计划图中，除表明施工过程的编号或名称外，还应表明专业班组的编号。在表明各施工段的编号时，一定要注意有多个专业班组的施工过程。各专业工作队连续作业的施工段编号不应该是连续的，否则无法组织合理的流水施工。

【实践训练】

任务 2-4：组织成倍节拍流水施工

1. 背景资料

某两层楼散热器安装工程，分为散热片搬运、散热片组装和散热器安装 3 个过程。已知各施工过程每段的流水节拍分别为：$t_1 = 4$ 天，$t_2 = 2$ 天，$t_3 = 2$ 天。散热器准备去第二层搬运时需要有 2 天组织间歇后才能进行。

2. 问题

在保证各专业班组连续施工的条件下，试编制流水施工方案。

3. 分析与解答

因为各施工过程流水节拍之间成倍数关系，所以宜采用成倍节拍流水组织施工。

（1）确定流水步距：

$$K_b = 最大公约数\{t_1, t_2, \cdots\cdots, t_n\}$$

得：$K_b = $ 最大公约数 $\{4,\ 2,\ 2\} = 2$ 天

（2）确定专业班组数目：

由 $b_i = \dfrac{t_i}{K_b}$

得：$b_1 = 2$ 个　　$b_2 = b_3 = 1$ 个

$$N = \sum_{i=1}^{n} b_i$$
$$N = 2 + 1 + 1 = 4 \text{ 个}$$

（3）确定每层的施工段数：按式（2-13）确定

$$m = N + \frac{\max(\Sigma Z_{i,i+1} + \Sigma G_{i,i+1})}{K_b} + \frac{\max(Z_i + G_i)}{K_b}$$

$$m = 4 + \frac{2}{2} = 5 \text{ 段}$$

(4) 计算施工总工期：

由式 (2-15) 得 $T=(jN-1)\cdot K_b+m^{zh}\cdot t^{zh}+\Sigma Z_{i,i+1}+\Sigma G_{i,i+1}-\Sigma C_{i,i+1}$

$$T=(2\times4-1)\times2+2\times5+2=26 \text{ 天}$$

(5) 绘制成倍节拍流水施工进度计划图，如图 2-12 所示。

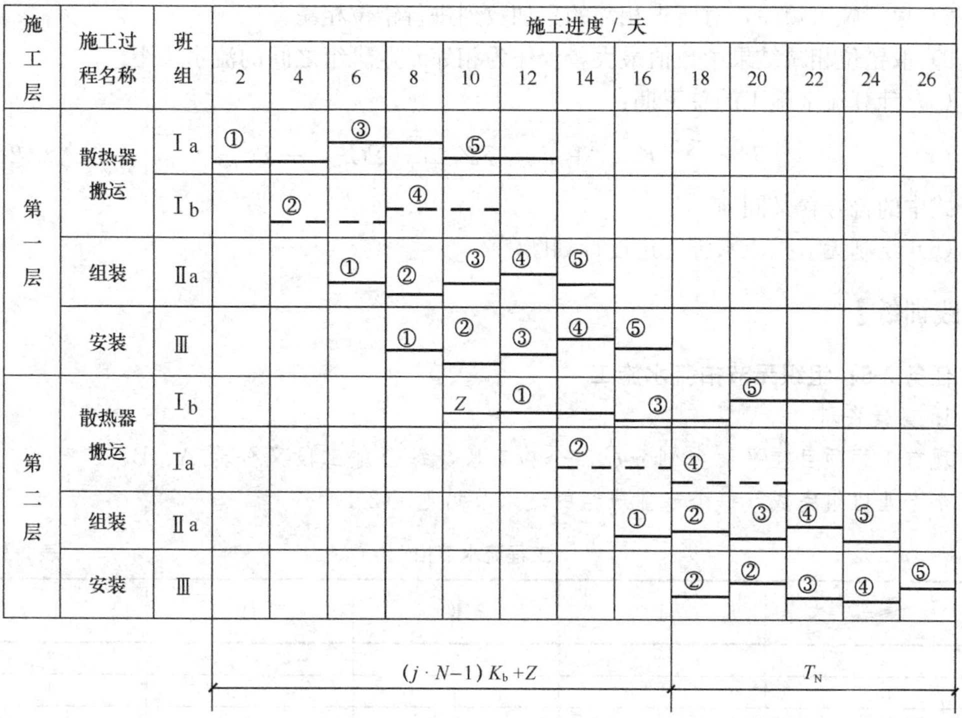

施工层	施工过程名称	班组	施工进度 / 天												
			2	4	6	8	10	12	14	16	18	20	22	24	26
第一层	散热器搬运	Ⅰa	①		③		⑤								
		Ⅰb		②		④									
	组装	Ⅱa		①	②	③	④	⑤							
	安装	Ⅲ		①	②	③	④	⑤							
第二层	散热器搬运	Ⅰb				Z	①	③		⑤					
		Ⅰa						②	④						
	组装	Ⅱa							①	②	③	④	⑤		
	安装	Ⅲ								②	③	④	⑤		

$(j\cdot N-1)K_b+Z$ 　　　　 T_N

图 2-12 成倍节拍流水施工进度计划

2.3.3 无节拍流水施工

无节拍流水是指同一施工过程在各个施工段上的流水节拍不完全相等的一种流水。实际工程中，经常由于工程结构形式、施工条件不同等原因，使得各施工过程在各施工段上的工程量有较大差异，各专业班组的生产效率相差也较大，导致各专业班组的流水节拍随施工段的不同而不同。这时仍可以使各专业班组在满足连续施工的条件下，实现最大限度、合理的搭接，形成各专业班组都能连续作业的无节拍流水，也称分别流水。这种流水施工方式是实际工程中流水施工的普遍方式。

1. 无节拍流水施工的特点

(1) 各施工过程在各个施工段上的流水节拍不尽相等。

(2) 施工过程流水步距不一定相等。

(3) 专业班组数等于施工过程数。

(4) 各专业班组在施工段上能够连续施工，但有的施工段可能有空闲时间。

2. 组织步骤

(1) 确定施工流水线，分解施工过程，确定施工顺序。

(2) 划分施工段。

(3) 计算各施工过程在各个施工段上的流水节拍。

(4) 确定相邻两个专业班组之间的流水步距。

流水步距的确定采用潘特考夫斯基法，也称为"累加数列错位相减取大差法"，简称累加数列法。其计算步骤如下：

1) 根据各专业班组在各施工段上的流水节拍，求累加数列。

2) 根据施工顺序，对所求相邻的累加数列进行错位相减。

3) 取错位相减结果中数值最大者，作为相邻专业班组之间的流水步距。

(5) 计算流水施工的总工期：

$$T = \sum_{i=1}^{n-1} K_{i,i+1} + T_N + \Sigma Z_{i,i+1} + \Sigma G_{i,i+1} - \Sigma C_{i,i+1} \qquad (2-16)$$

式中的符号含义同前。

(6) 绘制无节拍流水施工进度计划图。

【实践训练】

任务 2-5：组织无节拍流水施工

1. 背景资料

现有工程项目在平面上划分成四个施工段，每个施工段又分为 A、B、C 三个工序，由三个专业班组完成，每个专业班组的流水节拍见表 2-1。

工程流水节拍　　　　　　　　　　　　　　　　　　表 2-1

工序 ＼ 施工段	I	II	III	IV
A	4	2	4	3
B	3	4	3	4
C	3	2	2	4

2. 问题

试编制流水施工方案。

3. 分析与解答

从流水节拍特点看，各施工过程在每个施工段上的工作时间不同，为了保证专业班组能连续施工，采用无节拍流水方式组织施工。

(1) 求各专业班组的累加数列：

A：4，6，10，13

B：3，7，10，14

C：3，5，7，11

(2) 错位相减：

A 与 B：　　　　　　　　　　　　　B 与 C：

```
    4  6  10 13              3  7  10 14
一)    3  7  10 14          一)    3  5  7  11
  ─────────────────          ─────────────────
    4  3  3  3  —14            3  4  5  7  —11
```

(3) 求流水步距：

$K_{A.B} = \max\{4, 3, 3, 1, -14\} = 4$ 天

$K_{B.C} = \max\{3, 4, 5, 7, -11\} = 7$ 天

（4）计算总工期：

由式 2-16 得

$$T = \sum_{i=1}^{n-1} K_{i,i+1} + T_N + \sum Z_{i,i+1} + \sum G_{i,i+1} - \sum C_{i,i+1}$$

$$= (4+7) + (3+2+2+4) + 0 + 0 = 22 \text{ 天}$$

（5）绘制流水施工进度计划图，如图 2-13 所示。

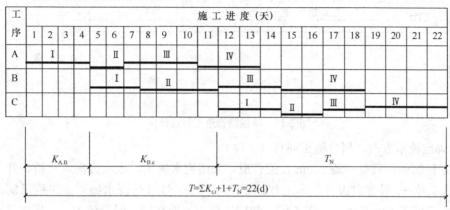

图 2-13　无节拍流水施工进度计划

2.4　流水施工组织实例

在项目施工过程中，需要组织许多施工过程的活动。在组织这些活动的过程中，流水施工是一种行之有效的科学组织施工的计划方法。编制施工进度计划时应根据施工对象的特点，选择适当的流水施工方式组织施工，以保证施工的节奏性、均衡性、连续性和灵活性等。

2.4.1　选择流水施工方式的思路

上节中已经阐述等节拍流水、成倍节拍流水、无节拍流水 3 种流水施工方式，如何正确选择合理的流水施工方式，要根据工程具体情况而定。

通常将单位工程流水分解为分部工程流水，然后根据分部工程各施工过程劳动量的大小、施工班组人数来选择恰当的流水施工方式。若分部工程的施工过程数目不多（3～5 个），可以通过调整班组人数使得各施工过程的流水节拍相等，从而采用等节拍流水施工方式，这是一种较理想和合理的流水方式，若分部工程的施工过程数目较多，要使其流水节拍相等较困难，因此可考虑流水节拍的规律，分别选择成倍节拍或无节拍流水施工方式。

2.4.2　流水施工应用实例

如图 2-14 所示，某地区排水工程系统中的新建路管道工程，由××市政公司第×施工队用流水施工法组织施工。其主要依据是该工程的设计图纸（包括工程设计图和各有关通用图纸）和施工预算中的人工用量分析及其他有关资料，其组织施工方法如下：

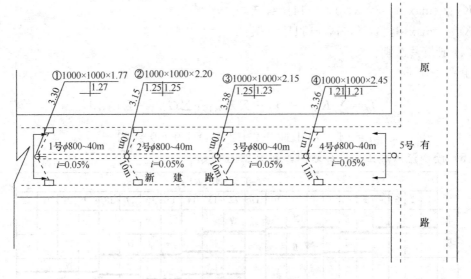

图 2-14　新建路管道工程设计图

1. 确定流水方向，划分施工项目（工序）

本工程简单，只有一条160m长的管道，采用流水施工，流水方向，从检查井1号→4号或是4号→1号方向进行，本工程计划从4号→1号进行流水施工。工程虽简单，但施工中由于施工方法与施工位置不同，相同工序也不能在同一时段施工，工序多且相互之间的关系比较复杂，因此在组织流水施工时，要妥善安排其先后的顺序关系，不能混在一起。如挖土分抓斗挖土（管道）和人工挖土（连接管）；挡土板分支撑与拆除；混凝土基础分基座和管座及混凝土拌和3项；砌砖墙，砂浆抹面等均分检查井和进水井2项，回填土分管道回填与连接管回填等。

本工程根据施工预算中的人工用量分析表，主要施工项目（工序）一览表见表2-2。

施工项目及工日数　　　　　　　　　　　　　　　　　　　　　　表 2-2

施工项目及工日数		施工项目及工日数	
1. 抓斗挖土	174.9	11. 砖砌检查井	33.7
2. 人工挖土	18.9	12. 砖砌进水井	6.3
3. 横板支撑（安装）	73.0	13. 检查井砂浆抹面	21.2
4. 横板支撑（拆除）	49.8	14. 进水井砂浆抹面	4.2
5. 碎石垫层	22.2	15. 检查井盖座安装	1.3
6. 浇捣混凝土基座	31.2	16. 沟槽回填土（沟管）	124.2
7. 浇捣混凝土管座	49.2	17. 沟槽回填土（连管）	15.0
8. 混凝土混凝土搅拌	44.4		
9. φ800混凝土管铺没	39.5		
10. φ300混凝土管铺设	4.8	以上共计	713.8

2. 划分施工段（m）

流水方向确定以后，就要划分施工段。如果在分段时，不可能使各个项目工程量大致相等时，则应照顾主导的和劳动力较多的项目，首先使这些项目每段工程量能大致相等。本工程分段简单，以检查井为界划分为四段，其工程量每段也大致相等。

3. 确定施工过程（n）、组织专业班组

施工过程是根据施工项目在流水线上先后施工的次序来组织施工，如本工程开始施工的是挖土及支撑，最后结束的是回填土及拆撑，所以必须把挖土及支撑，回填土及拆撑分别组成两个混合施工过程，浇捣混凝土必须要基座完成以后，再进行管道铺设，稍后才能浇捣混凝土管座（即窝膀）。因此，必须把混凝土拌和，浇捣混凝土基座和碎石垫层等组合成一个施工过程，管道铺设和浇捣混凝土管座组成另一个施工过程，此外还有检查井、进水井的砌砖墙、砂浆抹面、盖座安装及连管埋设等零星工作，可合并为一个施工过程。这样本工程共有五个施工过程，主要内容及工日数见表2-3，5个过程分别由5个固定专业班组完成。

施工过程工日数（劳动量）　　　　　表2-3

项次	施工过程	施工项目及工日数		共计工日数	每段工日数
1	挖土及支撑	（1）抓斗机挖土	174.9	247.9	62
		（2）横板支撑	73.0		
2	碎石垫层及混凝土基座	（1）碎石垫层	22.2	116.7	29
		（2）浇捣混凝土基座	31.2		
		（3）混凝土拌和	44.4		
		（4）连管人工挖土	18.9		
3	混凝土管座及管道铺设	（1）浇捣混凝土管座	49.2	108.5	27
		（2）ϕ800混凝土管铺设	39.5		
		（3）ϕ300混凝土管铺设	4.8		
		（4）连管回填土	15.0		
4	砌砖墙及砂浆抹面	（1）砖砌检查井	33.7	66.7	17
		（2）砖砌进水井	6.3		
		（3）检查井砂浆抹面	21.2		
		（4）进水井砂浆抹面	4.2		
		（5）检查井盖座安装	1.3		
5	回填土及拆撑	（1）沟横回填土	12.4	173.8	43
		（2）横板撑	49.8		
	共　计			713.6	178

4. 确定流水节拍（t_i）

施工过程确定之后，就可以确定该施工过程在每一段上的作业时间（即流水节拍 t_i）。流水节拍取决于两个方面，即每段工日数和班组的人数，其计算公式是：

$$流水节拍（t_i）=每段工日数/班组人数$$

$$或每段工日数=流水节拍（t_i）\times 班组人数$$

主要是从两个方面考虑班组人数（即劳动组织）。一是班组人数不能太多，一定要保证每一个工人为充分发挥其劳动率所必要的最小工作面；二是班组人数不能太少，如果少到破坏合理劳动组织的程度，就会大大降低劳动效率，甚至根本无法完成工作。从本工程情况来看，流水节拍可以定为4天，则每个施工过程（或施工班组）的人数是：

（1）挖土及支撑：62/4≈16人

（2）碎石垫层及混凝土基座：29/4≈7人

（3）混凝土管座及管道铺设：27/4≈7人

（4）砌砖墙及砂浆抹面：17/4≈5人

（5）回填土及拆撑：43/4≈11人

5. 确定流水步距（K）

本工程任务简单，每段工程量大致相等，可以采用固定节拍进行流水施工，因此流水步距＝流水节拍＝4d。

6. 计算流水施工总工期

施工段数 $m=4$，施工过程 $n=5$，流水节拍 $t_i=4$，流水步距 $K=4$。

因此，施工总工期 $T=(n-1)K+mt=(5-1)\times4+4\times4=16+16=32d$

7. 绘制流水施工进度计划如图 2-15 所示。

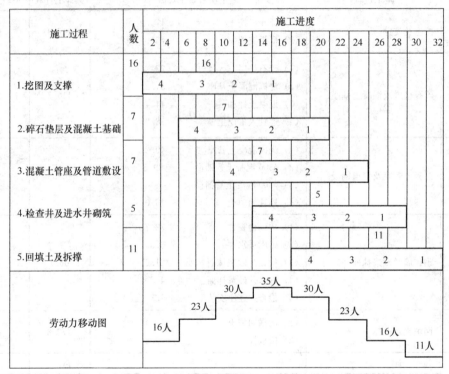

图 2-15　新建路管道工程流水施工图

单 元 小 结

本教学单元主要阐述了流水施工的知识，包括组织施工的基本方式；流水施工的施工条件、分类、技术经济效果、表达方式；流水施工的空间参数、工艺参数、时间参数；等节拍流水、成倍节拍流水、无节拍流水的特点与组织方法。

复习思考题

1. 组织施工有哪几种方式？各自的特点？

2. 简述流水施工的组织条件?

3. 流水施工的主要参数有哪些?

4. 施工段划分的基本要求是什么? 如何正确划分?

5. 什么是流水节拍? 确定流水节拍时要考虑哪些因素?

6. 什么是流水步距? 如何确定流水步距?

7. 流水施工按节拍特征不同可分为哪几种方式? 各有什么特点?

实 训 题

1. 已知某工程分为 a、b、c 三个施工过程,各施工过程的流水节拍分别为:$t_a=4$ (d),$t_b=2$ (d),$t_c=4$ (d)。试确定流水施工方案。

2. 某工程有 A、B、C 三个施工过程,每个施工过程划分四个施工段。A 施工过程完成后有 2 天技术与组织间歇时间,各施工过程的流水节拍均为 3d,试确定流水施工方案。

3. 根据表 2-4 所列各工序在各施工段上的流水节拍值,确定流水施工方案。

某工程的流水节拍值 表 2-4

施工过程	流水节拍值 (d)			
	Ⅰ	Ⅱ	Ⅲ	Ⅳ
A	4	2	3	2
B	2	3	3	2
C	3	3	2	2

4. 已知某工程任务分为三个施工过程,共有二层施工层,$t_1=2$ 天 $t_2=1$ 天 $t_3=3$ 天,试确定流水施工方案并绘制施工进度表。

5. 某工程挖土方量为 1200m³,从定额中查得每 10m³ 产量定额为 0.25 工日,采用二班制,每班出勤人数 24 人,试计算(1)该土方工程的劳动量;(2)工作延续时间。

教学单元3　网络计划技术

【知识目标】

理解单代号网络图的绘制方法。

掌握双代号网络计划的表示方法、绘制及时间参数的计算。

掌握双代号时标网络图的绘制，熟悉双代号网络计划优化的方法。

【职业能力目标】

能绘制双代号网络图、双代号时标网络图。

会进行时间参数的计算并确定关键线路和工期。

能进行双代号网络图优化。

3.1　网络计划基本知识

3.1.1　网络计划的基本原理

网络计划技术是指用于工程项目的计划与控制的一项管理技术，它是 20 世纪 50 代中后期发展起来的，依其起源有关键路径法（CPM）与计划评审法（PERT）之分。在建筑工程计划管理中，网络计划技术的基本原理，可以归纳为以下四点：

（1）把一项工程的全部建造过程分解成若干项工作，并按各项工作的开展顺序和相互制约关系，绘制成网络图形。

（2）通过网络图时间参数计算，找出关键工作和关键线路。

（3）利用最优化原理，不断改进网络计划的初始方案，寻求其工期、资源与成本的最优方案。

（4）在网络计划执行过程中，通过信息反馈进行监督和控制，达到合理地安排人力、物力和资源，以最少的资源消耗，获得最大的经济效果。

3.1.2　网络计划特点

网络计划技术既是一种科学的计划方法，又是一种有效的生产管理方法。

网络计划最大特点就在于它能够提供施工管理所需要的多种信息，有利于加强工程施工管理，有助于管理人员合理地组织生产，做到心里有数，知道管理的重点应放在何处，怎样缩短工期，在哪里挖掘潜力，如何降低成本。在工程管理中提高应用网络计划技术的水平，必能进一步提高工程管理的水平。

3.1.3　网络计划分类

我国《工程网络计划技术规程》JGJ/T 121—99 推荐常用的工程网络计划类型包括：

（1）双代号网络计划；

（2）单代号网络计划；

（3）双代号时标网络计划；

（4）单代号时标网络计划。

以下重点讨论双代号、单代号网络计划和双代号时标网络计划的概念及其应用。

3.2 双代号网络计划

3.2.1 双代号网络图表示方法

双代号网络图是由箭线及其两端节点组成的、用来表示工作流向的有向、有序的网状图形，如图 3-1 所示。箭线的箭尾节点 i 表示该工作的开始，箭线的箭头节点 j 表示该工作的完成，工作名称标注在箭线的上方，完成该项工作所需要的持续时间标注在箭线的下方，如图 3-2 所示。由于它是用一条箭线表示一项工作，用箭头和箭尾两个圆（节点）中的编号作代号的，故称双代号网络图。

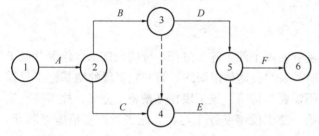

图 3-1 双代号网络图

图 3-2 双代号网络图工作表示方法

3.2.2 双代号网络图的组成

1. 箭线（工作）

任何一项计划，都包括许多项待完成的工作。工作是泛指一项需要消耗人力、物力和时间的具体活动过程，也称工序、活动、作业。双代号网络图中，每一条箭线表示一项工作。

（1）工作之间的关系

双代号网络图中工作之间的关系有以下三种：紧前工作、紧后工作和平行工作。紧排在本工作之前的工作成为本工作的紧前工作，紧排在本工作之后的工作称为紧后工作，与之平行进行的工作称为平行工作，如图 3-3 所示。

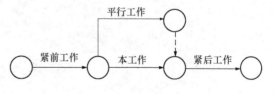

图 3-3 工作之间的关系

在无时间坐标限制的网络图中，箭线的长度原则上可以任意画，其占用的时间以下方标注的时间参数为准。箭线可以为直线、折线或斜线，但其行进方向均应从左向右。在有时间坐标限制的网络图中，箭线的长度必须根据完成该工作所需持续时间的大小按比例绘制。

（2）实箭线

在双代号网络图中，一条箭线表示项目中的一个施工过程，它可以是一道工序、一个分项工程、一个分部工程或一个单位工程，其粗细程度、大小范围的划分根据计划任务的需要来确定。

（3）虚箭线

在双代号网络图中，为了正确地表达图中工作之间的逻辑关系，往往需要应用虚箭线。虚箭线是实际工作中并不存在的一项虚设工作，故它们既不占用时间，也不消耗资源，一般起着工作之间的联系、区分和断路三个作用。

1）联系作用

虚箭线可以将有组织联系或工艺联系的相关工作联系起来，确保逻辑关系的正确。如图 3-1 所示，从组织和工艺联系上讲，E 工作的开始要在 B 与 C 工作结束后进行，必须引入虚箭线才能将 B 与 E 联系起来，逻辑关系才能正确表达。

2）区分作用

双代号络图中，两个代号加一个箭线表示一项工作，对于两个平行工作加虚箭线以示区别，如图 3-3 所示。

3）断路作用

在线路上隔断无逻辑关系的各项工作。

如基础工程有挖基槽—垫层—墙基—回填土四个施工过程，分两段施工，绘制基础工程的网络图如图 3-4（a）所示，其逻辑关系的表达是错误的，第一施工段的墙基施工只需要第一施工段的垫层施工完成即可，不需要等待第二施工段挖基槽施工完成，故需要在第一施工段垫层施工后面加虚箭杆，将第一施工段墙基施工与第二施工段挖基槽施工断开，

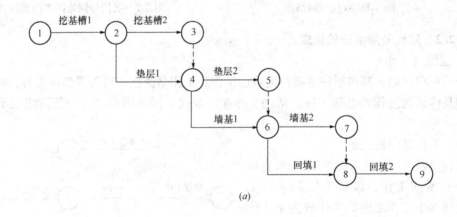

(a)

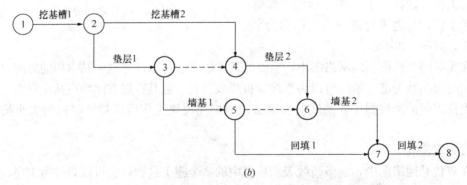

(b)

图 3-4　双代号网络图虚箭线断路作用

（a）错误表达方式；（b）正确表达方式

正确的表达如图 3-4（b）所示。

2. 节点（又称结点、事件）

节点是网络图中箭线之间的连接点。在时间上节点表示指向某节点的工作全部完成后该节点后面的工作才能开始的瞬间，它反映前后工作的交接点，网络图中有三个类型的节点。

（1）起点节点——即网络图的第一个节点，它只有外向箭线，一般表示一项任务或一个项目的开始。

（2）终点节点——即网络图的最后一个节点，它只有内向箭线，一般表示一项任务或一个项目的完成。

（3）中间节点——即网络图中既有内向箭线，又有外向箭线的节点。

双代号网络图中，节点应用圆圈表示，并在圆圈内编号。一项工作应当只有唯一的一条箭线和相应的一对节点，且要求箭尾节点的编号小于其箭头节点的编号，即 $i < j$。网络图节点的编号顺序应从小到大，可不连续，但不允许重复。

3. 线路

网络图从起始节点开始，沿箭头方向顺序通过一系列箭线与节点，最后达到终点节点的通路称为线路。在一个网络图中可能有很多条线路，线路中各项工作持续时间之和就是该线路的长度，即线路所需要的时间。

一般网络图有多条线路，可依次用该线路上的节点代号来记述，例如网络图 3-1 中的线路有①—②—③—⑤—⑥、①—②—④—⑤—⑥、①—②—③—④—⑤—⑥。

在各条线路中，总时间最长的，称为关键路线，又称主要矛盾线，它控制施工进度，决定总工期，一般用双线或粗线标注。其他线路长度均小于关键线路，称为非关键线路。一般来说，一个网络图中至少有一条关键线路，也可能出现几条关键线路。

位于关键线路上的工作称为关键工作，关键工作完成快慢直接影响整个计划工期的实现。其余工作称为非关键工作。

3.2.3 双代号网络图绘制规则

双代号网络图必须正确表达整个工程或任务的工艺流程，以及各工作开展的先后顺序和它们之间相互依赖、相互制约的逻辑关系。因此，绘制双代号网络图时必须遵循一定的基本规则和要求。

1. 双代号网络图必须正确表达已定的逻辑关系。

工作间的逻辑关系分为工艺关系和组织关系。

由生产性工艺过程决定工作间的先后顺序称为工艺关系，如一定先完成设备基础施工，才能安装生产设备，设备基础的施工和生产设备安装其先后顺序由生产工艺决定。

由实施组织根据组织原则和资源优化配置原则决定工作间的先后顺序称为组织关系，是由计划人员在研究施工方案的基础上做出的人为安排。比如，有 A 和 B 两项安装任务都需要起吊设备，如果施工方案确定使用一台起吊设备，那么安装的顺序究竟先 A 后 B 还是先 B 后 A，则由施工组织决定。

网络图中常见的各种工作逻辑关系的表示方法如表 3-1 所示。

序号	工作之间的关系	网络图的表示方法
1	A 完成后进行 B 和 C	
2	A、B 完成后进行 C	
3	A、B 均完成后进行 C 和 D	
4	A 完成后进行 C；A、B 均完成后进行 D	
5	A 完成后进行 B；B、D 完成后进行 C	
6	A、B 均完成后进行 D；A、B、C 均完成后进行 E；D、E 完成后进行 F	

2. 双代号网络图中，严禁出现循环回路。所谓循环回路是指从网络图中的某一个节点出发，顺着箭线方向又回到了原来出发点的线路，如图 3-5 所示。

3. 双代号网络图中，在节点之间严禁出现带双向箭头或无箭头的连线，如图 3-6 所示。

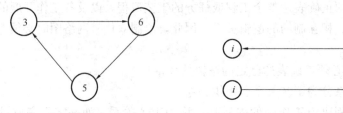

图 3-5　网络图中的循环回路　　　　　图 3-6　箭线的错误画法

4. 双代号网络图中，严禁出现没有箭头节点或没有箭尾节点的箭线，如图 3-7 所示。

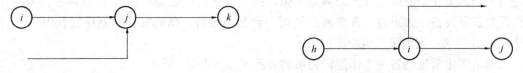

图 3-7　没有箭头和箭尾节点的箭线

5. 当双代号网络图的某些节点有多条外向箭线或多条内向箭线时，为使图形简洁，可使用母线法绘制（但应满足一项工作用一条箭线和相应的一对节点表示），如图 3-8 所示。

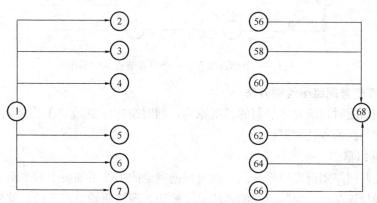

图 3-8　母线法绘图

6. 绘制网络图时，箭线不宜交叉。有的交叉经过整理完全可以避免，如图 3-9 所示。当交叉不可避免时，可用过桥法或指向法，如图 3-10 所示。

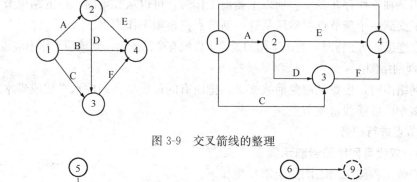

图 3-9　交叉箭线的整理

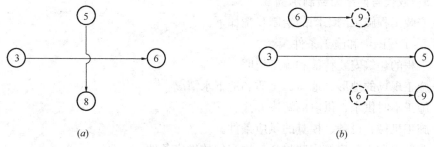

图 3-10　箭线交叉的表示方法
（a）过桥法；（b）指向法

7. 双代号网络图中应只有一个起点节点和一个终点节点（多目标网络计划除外），而其他所有节点均应是中间节点，如图 3-11 所示。

8. 双代号网络图中应条理清楚，布局合理。例如，网络图中的工作箭线不宜画成任意方向或曲线形状，尽可能用水平线或斜线；关键线路、关键工作安排在图面中心位置，其他工作分散在两边；避免倒回箭头等。

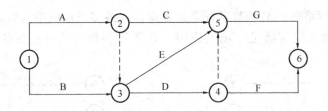

图 3-11　一个起点节点、一个终点节点的网络图

3.2.4　双代号网络图绘制方法

在绘制网络图时，应遵守绘制的基本原则，同时也应注意遵守工作之间的逻辑关系。绘制双代号网络图的方法如下：

1. 绘制网络草图

在正式绘制网络图前先绘制草图，就是根据确定的工作明细表中的逻辑关系，将各项工作依次正确地连起来。绘制草图的方法是顺推法，即从原始节点开始，首先确定由原始节点引出的工作，然后根据工作间的逻辑关系，确定各项工作的紧后工作。在这一连接过程中，为避免工作逻辑错误，应遵循以下要求：

（1）当某项工作只存在一项紧前工作时，该工作可以直接从紧前工作的结束节点连出。

（2）当某项工作存在多于一项以上紧前工作时，可以从其紧前工作的结束节点分别画虚工作并汇交到一个新节点，然后从这一新节点把该项工作连出。

（3）在连接某项工作时，若该工作的紧前工作没有全部绘出，则该项工作不应该绘出。

2. 整理网络图

整理网络图时，主要是避免箭线交叉，把所有的箭线尽量画成水平线或带水平线的折线。去掉多余的虚箭线，及节点。

3. 对节点进行编号

3.2.5　双代号网络图绘制示例

建筑安装工程施工网络图的绘制步骤如下：

1. 熟悉工程图纸和施工条件

（1）工程的建筑安装特征和施工说明。

（2）施工现场的地形、地质、土质和地下水情况。

（3）施工临时供水、供电的解决办法。

（4）施工机械、设备、模具的供应条件。

（5）劳动力和主要建筑安装材料、构配件的供应条件。

（6）施工用地和临时设施的条件。

2. 确定施工方法，选择施工机械

（1）工程的开展顺序和流水方向。

（2）施工段的划分和施工过程的组织。

（3）施工机械的型号、性能和台数。

3. 编制工作（施工过程）一览表

（1）确定施工作业内容或施工过程名称。

（2）计算工程量。

（3）确定主要工种和施工机械的产量定额。

（4）确定各施工过程的持续时间。为此，应考虑以下因素：作业的种类、工程量和施工环境、工作条件；产量定额和劳动生产率；施工现场、土质、地质条件；施工方法、工艺繁简；材料供应情况。

4. 绘制网络图

绘制网络图前，必须明确以下各点：

（1）工作一览表中各施工过程的先后顺序和相互关系。

（2）规定工期和合同所确定的提前奖励与延期罚款的办法。

（3）计划的目标。一般应尽可能做到：

1）临时设施的规模与现场施工费用在合理的范围内最少；

2）施工机械、设备、周转材料和工具在合理的范围内最少；

3）均衡施工，使施工人数在合理的范围内保持最小的一定值；

4）减少停工待料所造成的人、机、时间损失。

5. 网络计划的计算和优化

绘制成网络图后，通过时间参数计算即可确定各项工作的进度安排。但这仅是初始的方案，还必须根据一定的条件和目标进行优化，然后才能付诸实施。

【实践训练】

任务 3-1：双代号网络图的绘制

1. 背景资料

表 3-2 所示给排水施工过程，分为两个施工段进行安装。

工作逻辑关系表 表 3-2

工作名称	给水1	排水1	卫生设备1	给水2	排水2	卫生设备2
紧前工作	—	给水1	排水1	给水1	排水1 给水2	卫生设备1 排水2

2. 问题

根据各项工作的逻辑关系，绘制双代号网络图。

3. 分析与解答

依据双代号网络图的绘制步骤，结果如图3-12 所示。

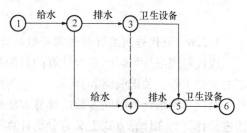

图 3-12　双代号网络图的绘制

【实践训练】

任务 3-2：绘制双代号网络图

1. 背景资料

某供热管道工程施工，分为土方开挖、铺管、回填三个施工过程，划分为三段施工。

2. 问题

绘制双代号网络图。

3. 分析与解答

(1) 按施工过程排列

又叫按工种排列。这种方法是根据施工顺序把各施工过程按垂直方向排列，施工段按水平方向排列，突出了工种的连续作业，使相同工种的工作在同一水平线上，如图 3-13 (a) 所示。

(2) 按施工段排列

这种方法是把同一施工段（楼层分层、房屋栋号）的各工序排在同一条水平线上，能够反映出工程分段施工的特点，突出了工作面的利用情况，这是建筑工地习惯使用的一种方法，如图 3-13 (b) 所示。

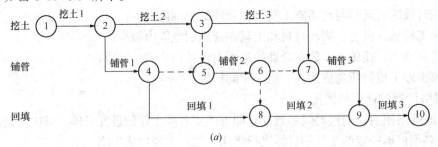

(a)

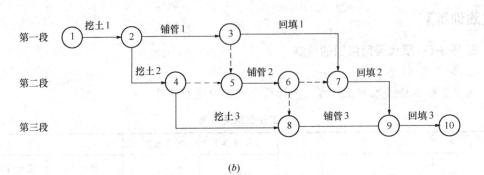

(b)

图 3-13 双代号网络图
(a) 按施工过程排列；(b) 按施工段排列

3.2.6 双代号网络计划时间参数的计算

双代号网络计划时间参数计算的目的在于通过计算各项工作的时间参数，确定网络计划的关键工作、关键线路和计算工期，为网络计划的优化、调整和执行提供明确的时间参数。双代号网络计划时间参数的计算方法很多，一般常用的有按工作计算法和按节点计算法进行计算。在计算方式上又有分析计算法、表上计算法、图上计算法、矩阵计算法和电算法等。本节只介绍按工作计算法在图上进行计算的方法（图上计算法）。

1. 时间参数的概念及其符号

(1) 工作持续时间 (D_{i-j})

工作持续时间是对一项工作规定的从开始到完成的时间。在双代号网络计划中，工作 $i-j$ 的持续时间用 D_{i-j} 表示。

(2) 工期 (T)

工期泛指完成任务所需要的时间，一般有以下三种：

计算工期——根据网络计划时间参数计算出来的工期，用 T_c 表示。

要求工期——任务委托人所要求的工期，用 T_r 表示。

计划工期——在要求工期和计算工期的基础上综合考虑需要和可能而确定的工期，用 T_p 表示。网络计划的计划工期 T_p 应按下列情况分别确定：

当已规定了要求工期 T_r 时，

$$T_p \leqslant T_r \tag{3-1}$$

当未规定要求工期时，可令计划工期等于计算工期，

$$T_p = T_c \tag{3-2}$$

（3）网络计划中工作的六个时间参数

最早开始时间（ES_{i-j}）——是指在各紧前工作全部完成后，本工作有可能开始的最早时刻。

最早完成时间（EF_{i-j}）——是指在各紧前工作全部完成后，本工作有可能完成的最早时刻。

最迟开始时间（LS_{i-j}）——是指在不影响整个任务按期完成的前提下，工作必须开始的最迟时刻。

最迟完成时间（LF_{i-j}）——是指在不影响整个任务按期完成的前提下，工作必须完成的最迟时刻。

总时差（TF_{i-j}）——是指在不影响总工期的前提下，本工作可以利用的机动时间。

自由时差（FF_{i-j}）——是指在不影响其紧后工作最早开始的前提下，本工作可以利用的机动时间。

按工作计算法计算网络计划中各时间参数，其计算结果应标注在箭线之上，如图 3-14 所示。

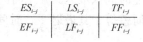

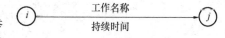

图 3-14　工作时间参数标注形式

2. 双代号网络计划时间参数计算

按工作计算法在网络图上计算六个工作时间参数，必须在清楚计算顺序和计算步骤的基础上，列出必要的公式，以加深对时间参数计算的理解。时间参数的计算步骤为：

（1）最早开始时间和最早完成时间的计算

综上所述，工作最早时间参数受到紧前工作的约束，故其计算顺序应从起点节点开始，顺着箭线方向依次逐项计算。

1）以网络计划的起点节点为开始结点的工作的最早开始时间为零。如网络计划起点节点的编号为 1，则：

$$ES_{i-j} = 0(i = 1) \tag{3-3}$$

2）顺着箭线方向依次计算各个工作的最早完成时间和最早开始时间。

最早完成时间等于最早开始时间加上其持续时间：

$$EF_{i-j} = ES_{i-j} + D_{i-j} \tag{3-4}$$

最早开始时间等于各紧前工作的最早完成时间 EF_{h-i} 的最大值：

$$ES_{i-j} = \max[EF_{h-i}] \tag{3-5}$$

或 $$ES_{i-j} = \max[ES_{h-i} + D_{h-i}] \tag{3-6}$$

（2）确定计算工期 T_c。

计算工期等于以网络计划的终点节点为箭头节点的各个工作的最早完成时间的最大值。当网络计划终点节点的编号为 n 时，计算工期：

$$T_c = \max[EF_{i-n}] \tag{3-7}$$

当无要求工期的限制时，取计划工期等于计算工期，即取：$T_p = T_c$。

（3）最迟开始时间和最迟完成时间的计算

工作最迟时间参数受到紧后工作的约束，故其计算顺序应从终点节点起，逆着箭线方向依次逐项计算。

1）以网络计划的终点节点（$j = n$）为箭头节点的工作的最迟完成时间等于计划工期 T_p，即：

$$LF_{i-n} = T_p \tag{3-8}$$

2）逆着箭线方向依次计算各个工作的最迟开始时间和最迟完成时间。

最迟开始时间等于最迟完成时间减去其持续时间：

$$LS_{i-j} = LF_{i-j} - D_{i-j} \tag{3-9}$$

最迟完成时间等于各紧后工作的最迟开始时间 LS_{j-k} 的最小值：

$$LF_{i-j} = \min[LS_{j-k}] \tag{3-10}$$
或 $$LF_{i-j} = \min[LF_{j-k} - D_{j-k}] \tag{3-11}$$

（4）计算工作总时差

工作总时差是指不影响总工期和有关时限的前提下，一项工作可以利用的机动时间，它是由工作的最迟开始时间与最早开始时间的差异引起的，可以利用工作的总时差延长工作的作业时间或推迟其开工时间而不影响计划总工期。

总时差等于其最迟开始时间减去最早开始时间，或等于最迟完成时间减去最早完成时间：

$$TF_{i-j} = LS_{i-j} - ES_{i-j} \tag{3-12}$$
$$TF_{i-j} = LF_{i-j} - EF_{i-j} \tag{3-13}$$

（5）计算工作自由时差

当工作 $i-j$ 有紧后工作 $j-k$ 时，其自由时差应为：

$$FF_{i-j} = ES_{j-k} - EF_{i-j} \tag{3-14}$$
或 $$FF_{i-j} = ES_{j-k} - ES_{i-j} - D_{i-j} \tag{3-15}$$

以网络计划的终点节点（$j = n$）为箭头节点的工作，其自由时差 FF_{i-n} 应按网络计划的计划工期 T_p 确定，即：

$$FF_{i-n} = T_p - EF_{i-n} \tag{3-16}$$

工作总时差与自由时差的关系如下：①一项工作总时差是这项工作所在线路上各工作所共有的，自由时差是该工作所独有利用的机动时差，总时差大于或等于自由时差。②总时差为零时，自由时差亦为零。

3. 关键工作和关键线路的确定

（1）关键工作

网络计划中总时差最小的工作是关键工作。若计划工期与计算工期相同，则网络图中工作的最早开始时间和最迟开始时间相等的工作即为关键工作。

（2）关键线路

自始至终全部由关键工作组成的线路为关键线路，或线路上总的工作持续时间最长的线路为关键线路，关键线路持续的时间即为该网络计划的工期，网络图上的关键线路可用双线或粗线标注。

【实践训练】

任务 3-3：计算双代号网络图时间参数

1. 背景资料

已知网络计划的资料如表 3-3 所示。

网络计划资料表　　　　　　　　　　　　　　　　表 3-3

工作名称	A	B	C	D	E	F	H	G
紧前工作	—	—	B	B	A、C	A、C	D、F	D、E、F
持续时间（天）	4	2	3	3	5	6	5	3

2. 问题

试绘制双代号网络计划。若计划工期等于计算工期，试计算各项工作的六个时间参数并确定关键线路，标注在网络计划上。

3. 分析与解答

（1）根据表中网络计划的有关资料，按照网络图的绘图规则，绘制双代号网络图，如图 3-15 所示。

（2）计算各项工作的时间参数，并将计算结果标注在箭线上方相应的位置。

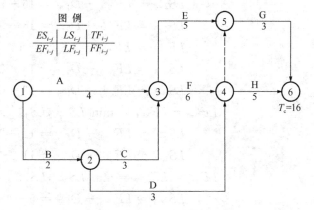

图 3-15　双代号网络计划计算实例

1）计算各项工作的最早开始时间和最早完成时间

从起点节点（①节点）开始顺着箭线方向依次逐项计算到终点节点（⑥节点）。

以网络计划起点节点为开始节点的各工作的最早开始时间为零：

$$ES_{1-2} = ES_{1-3} = 0$$

计算各项工作的最早开始和最早完成时间：

$$EF_{1-2} = ES_{1-2} + D_{1-2} = 0 + 2 = 2$$

$$EF_{1-3} = ES_{1-3} + D_{1-3} = 0 + 4 = 4$$

$$ES_{2-3} = ES_{2-4} = EF_{1-2} = 2$$

$$EF_{2-3} = ES_{2-3} + D_{2-3} = 2 + 3 = 5$$

$$EF_{2-4} = ES_{2-4} + D_{2-4} = 2 + 3 = 5$$

$$ES_{3-4} = ES_{3-5} = \max[EF_{1-3}, EF_{2-3}] = \max[4, 5] = 5$$

$$EF_{3-4} = ES_{3-4} + D_{3-4} = 5 + 6 = 11$$

$$EF_{3-5} = ES_{3-5} + D_{3-5} = 5 + 5 = 10$$

$$ES_{4-6} = ES_{4-5} = \max[EF_{3-4}, EF_{2-4}] = \max[11, 5] = 11$$

$$EF_{4-6} = ES_{4-6} + D_{4-6} = 11 + 5 = 16$$

$$EF_{4-5} = 11 + 0 = 11$$

$$ES_{5-6} = \max[EF_{3-5}, EF_{4-5}] = \max[10, 11] = 11$$

$$EF_{5-6} = 11 + 3 = 14$$

2）确定计算工期 T_c 及计划工期 T_p

计算工期：$T_c = \max[EF_{5-6}, EF_{4-6}] = \max[14, 16] = 16$

已知计划工期等于计算工期，即：$T_p = T_c = 16$

3）计算各项工作的最迟开始时间和最迟完成时间

从终点节点（⑥节点）开始逆着箭线方向依次逐项计算到起点节点（①节点）。

以网络计划终点节点为箭头节点的工作的最迟完成时间等于计划工期：

$$LF_{4-6} = LF_{5-6} = 16$$

计算各项工作的最迟开始和最迟完成时间：

$$LS_{4-6} = LF_{4-6} - D_{4-6} = 16 - 5 = 11$$

$$LS_{5-6} = LF_{5-6} - D_{5-6} = 16 - 3 = 13$$

$$LF_{3-5} = LF_{4-5} = LS_{5-6} = 13$$

$$LS_{3-5} = LF_{3-5} - D_{3-5} = 13 - 5 = 8$$

$$LS_{4-5} = LF_{4-5} - D_{4-5} = 13 - 0 = 13$$

$$LF_{2-4} = LF_{3-4} = \min[LS_{4-5}, LS_{4-6}] = \min[13, 11] = 11$$

$$LS_{2-4} = LF_{2-4} - D_{2-4} = 11 - 3 = 8$$

$$LS_{3-4} = LF_{3-4} - D_{3-4} = 11 - 6 = 5$$

$$LF_{1-3} = LF_{2-3} = \min[LS_{3-4}, LS_{3-5}] = \min[5, 8] = 5$$

$$LS_{1-3} = LF_{1-3} - D_{1-3} = 5 - 4 = 1$$

$$LS_{2-3} = LF_{2-3} - D_{2-3} = 5 - 3 = 2$$

$$LF_{1-2} = \min[LS_{2-3}, LS_{2-4}] = \min[2, 8] = 2$$

$$LS_{1-2} = LF_{1-2} - D_{1-2} = 2 - 2 = 0$$

4）计算各项工作的总时差：TF_{i-j}

可以用工作的最迟开始时间减去最早开始时间或用工作的最迟完成时间减去最早完成时间：

$$TF_{1-2} = LS_{1-2} - ES_{1-2} = 0 - 0 = 0$$

或

$$TF_{1-2} = LF_{1-2} - EF_{1-2} = 2 - 2 = 0$$

$$TF_{1-3} = LS_{1-3} - ES_{1-3} = 1 - 0 = 1$$

$$TF_{2-3} = LS_{2-3} - ES_{2-3} = 2 - 2 = 0$$

$$TF_{2-4} = LS_{2-4} - ES_{2-4} = 8 - 2 = 6$$

$$TF_{3-4} = LS_{3-4} - ES_{3-4} = 5 - 5 = 0$$

$$TF_{3-5} = LS_{3-5} - ES_{3-5} = 8 - 5 = 3$$

$$TF_{4-6} = LS_{4-6} - ES_{4-6} = 11 - 11 = 0$$

$$TF_{5-6} = LS_{5-6} - ES_{5-6} = 13 - 11 = 2$$

5）计算各项工作的自由时差：TF_{i-j}

各项工作的自由时差等于紧后工作的最早开始时间减去本工作的最早完成时间：

$$FF_{1-2} = ES_{2-3} - EF_{1-2} = 2 - 2 = 0$$
$$FF_{1-3} = ES_{3-4} - EF_{1-3} = 5 - 4 = 1$$
$$FF_{2-3} = ES_{3-5} - EF_{2-3} = 5 - 5 = 0$$
$$FF_{2-4} = ES_{4-6} - EF_{2-4} = 11 - 5 = 6$$
$$FF_{3-4} = ES_{4-6} - EF_{3-4} = 11 - 11 = 0$$
$$FF_{3-5} = ES_{5-6} - EF_{3-5} = 11 - 10 = 1$$
$$FF_{4-6} = T_p - EF_{4-6} = 16 - 16 = 0$$
$$FF_{5-6} = T_p - EF_{5-6} = 16 - 14 = 2$$

将以上计算结果标注于网络图上，如图 3-16 所示。

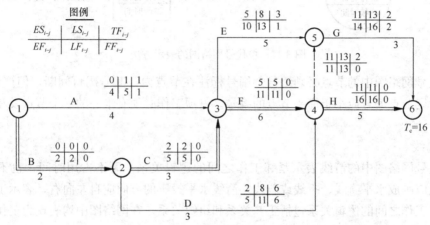

图 3-16　双代号网络计划计算实例

（3）确定关键工作及关键线路

在图 3-16 中，最小的总时差是 0，所以凡是总时差为 0 的工作均为关键工作。该例中的关键工作是：①—②，②—③，③—④，④—⑥（或关键工作是：B、C、F、H）。

自始至终全由关键工作组成的关键线路是：①—②—③—④—⑥。关键线路用双线进行标注，如图 3-16 所示。

3.3　单代号网络计划

3.3.1　单代号网络图表示方法

以一个节点及其编号表示一项工作，用箭线表示工作之间逻辑关系的网络图称为单代号网络图。在单代号网络图中加注工作的持续时间，以便形成单代号网络计划，如图 3-17 所示。

单代号网络图与双代号网络图相比，具有以下特点：

（1）工作之间的逻辑关系容易表

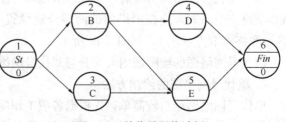

图 3-17　单代号网络计划

达，且不用虚箭线，故绘图较简单；

（2）网络图便于检查和修改；

（3）由于工作的持续时间表示在节点之中，没有长度，故不够形象直观；

（4）表示工作之间逻辑关系的箭线可能产生较多的纵横交叉现象。

3.3.2　单代号网络图的构成

1. 节点

单代号网络图中的每一个节点表示一项工作，节点宜用圆圈或矩形表示。节点所表示的工作名称、持续时间和工作代号等应标注在节点内，如图 3-18 所示。

图 3-18　单代号网络图的表示方法

单代号网络图中的节点必须编号。编号标注在节点内，其号码可间断，但严禁重复。箭线的箭尾节点编号应小于箭头节点的编号。一项工作必须有唯一的一个节点及相应的一个编号。

2. 箭线

单代号网络图中的箭线表示紧邻工作之间的逻辑关系，既不占用时间，也不消耗资源。箭线应画成水平直线、折线或斜线。箭线水平投影的方向应自左向右，表示工作的行进方向。工作之间的逻辑关系包括工艺关系和组织关系，在网络图中均表现为工作之间的先后顺序。

3. 线路

单代号网络图中，各条线路应用该线路上的节点编号从小到大依次表述。

3.3.3　单代号网络图的绘制

1. 单代号网络图的绘制原则

（1）单代号网络图必须正确表达已定的逻辑关系。

（2）单代号网络图中，严禁出现循环回路。

（3）单代号网络图中，严禁出现双向箭头或无箭头的连线。

（4）单代号网络图中，严禁出现没有箭尾节点的箭线和没有箭头节点的箭线。

（5）绘制网络图时，箭线不宜交叉，当交叉不可避免时，可采用过桥法或指向法绘制。

（6）单代号网络图只应有一个起点节点和一个终点节点；当网络图中有多项起点节点或多项终点节点时，应在网络图的两端分别设置一项虚工作，作为该网络图的起点节点（S_t）和终点节点（F_{in}），如图 3-19 所示。

单代号网络图的绘图规则大部分与双代号网络图的绘图规则相同，故不再进行解释。

2. 单代号网络图的绘制方法

单代号网络图绘制较简单，先根据各项工作的紧前工作找出其紧后工作，然后确定最先开始的工作，再根据每一项工作的紧后工作从左到右依次进行绘制，直至终点节点。

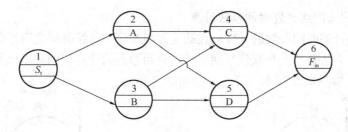

图 3-19　单代号网络图

【实践训练】

任务 3-4：绘制单代号网络图

1. 背景资料

已知网络图资料如表 3-4 所示。

网络计划资料表　　　　　　　　　　　　　　　　表 3-4

工作名称	A	B	C	D	E	F
紧前工作	—	A	A	B、C	C	D、E
持续时间（天）	2	3	2	1	2	1

2. 问题

试绘制单代号网络图。

3. 分析与解答

（1）首先找出各项工作的紧后工作，如表 3-5 所示。

各项工作的紧后工作　　　　　　　　　　　　　　表 3-5

工作名称	A	B	C	D	E	F
紧前工作	—	A	A	B、C	C	D、E
紧后工作	B、C	D	D、E	F	F	—
持续时间（天）	2	3	2	1	2	1

（2）确定最先开始的工作，在表 3-4 中，A 工作没有紧前工作，那么 A 工作就最先开始。

（3）根据表 3-5 中各项工作的紧后工作依次绘制，直至终点节点。检查无误后并进行节点编号。绘制的单代号网络图如图 3-20 所示。

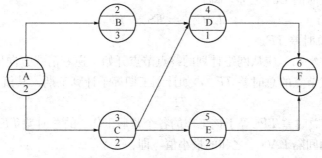

图 3-20　单代号网络图

3.3.4 单代号网络计划时间参数计算

单代号网络计划时间参数的计算应在确定各项工作的持续时间之后进行。时间参数的计算顺序和计算方法基本上与双代号网络计划时间参数的计算相同。单代号网络计划时间参数的标注形式如图 3-21 所示。

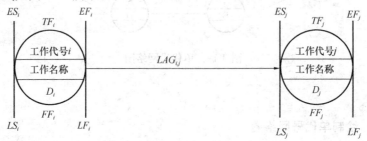

图 3-21　单代号网络技术时间参数的标注形式

单代号网络计划时间参数的计算步骤如下：

1. 计算最早开始时间和最早完成时间

网络计划中各项工作的最早开始时间和最早完成时间的计算应从网络计划的起点节点开始，顺着箭线方向依次逐项计算。

网络计划的起点节点的最早开始时间为零。如起点节点的编号为 1，则：

$$ES_i = 0(i = 1) \tag{3-17}$$

工作的最早完成时间等于该工作的最早开始时间加上其持续时间：

$$EF_i = ES_i + D_i \tag{3-18}$$

工作的最早开始时间等于该工作的各个紧前工作的最早完成时间的最大值。如工作 j 的紧前工作的代号为 i，则：

$$ES_j = \max[EF_i] \tag{3-19}$$

或
$$ES_j = \max[ES_i + D_i] \tag{3-20}$$

式中　ES_i——工作 j 的各项紧前工作的最早开始时间。

2. 网络计划的计算工期 T_c

T_c 等于网络计划的终点节点 n 的最早完成时间 EF_n，即：

$$T_c = EF_n \tag{3-21}$$

3. 计算相邻两项工作之间的时间间隔 $LAG_{i,j}$

相邻两项工作 i 和 j 之间的时间间隔 $LAG_{i,j}$，等于紧后工作 j 的最早开始时间 ES_j 和本工作的最早完成时间 EF_i 之差，即：

$$LAG_{i,j} = ES_j - EF_i \tag{3-22}$$

4. 计算工作总时差 TF_i

工作 i 的总时差 TF_i 应从网络计划的终点节点开始，逆着箭线方向依次逐项计算。

网络计划终点节点的总时差 TF_n，如计划工期等于计算工期，其值为零，即：

$$TF_n = 0 \tag{3-23}$$

其他工作 i 的总时差 TF_i 等于该工作的各个紧后工作 j 的总时差 TF_j 加该工作与其紧后工作之间的时间间隔 $LAG_{i,j}$ 之和的最小值，即：

$$TF_i = \min[TF_j + LAG_{i,j}] \tag{3-24}$$

5. 计算工作自由时差 FF_i

工作 i 若无紧后工作，其自由时差 FF_i 等于计划工期 T_P 减该工作的最早完成时间 EF_n，即：

$$FF_n = T_P - EF_n \tag{3-25}$$

当工作 i 有紧后工作 j 时，其自由时差 FF_i 等于该工作与其紧后工作 j 之间的时间间隔 $LAG_{i,j}$ 最小值，即：

$$FF_i = \min[LAG_{i,j}] \tag{3-26}$$

6. 计算工作的最迟开始时间和最迟完成时间

工作 i 的最迟开始时间 LS_i 等于该工作的最早开始时间 ES_i 加上其总时差 TF_i 之和，即：

$$LS_i = ES_i + TF_i \tag{3-27}$$

工作 i 的最迟完成时间 LF_i 等于该工作的最早完成时间 EF_i 加上其总时差 TF_i 之和，即：

$$LF_i = EF_i + TF_i \tag{3-28}$$

7. 关键工作和关键线路的确定

（1）关键工作：总时差最小的工作是关键工作。

（2）关键线路的确定按以下规定：从起点节点开始到终点节点均为关键工作，且所有工作的时间间隔为零的线路为关键线路。

【实践训练】

任务 3-5：计算单代号网络计划时间参数

1. 背景资料

已知单代号网络计划如图 3-22 所示。

2. 问题

若计划工期等于计算工期，试计算单代号网络计划的时间参数，将其标注在网络计划上；并用双箭线标示出关键线路。

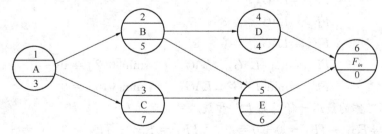

图 3-22　单代号网络计算示例

3. 分析与解答

（1）计算最早开始时间和最早完成时间

$$ES_1 = 0 \qquad EF_1 = ES_1 + D_1 = 0 + 3 = 3$$
$$ES_2 = EF_1 = 3 \quad EF_2 = ES_2 + D_2 = 3 + 5 = 8$$
$$ES_3 = EF_1 = 3 \quad EF_3 = ES_3 + D_3 = 3 + 7 = 10$$

$ES_4 = EF_2 = 8 \quad EF_4 = ES_4 + D_4 = 8 + 4 = 12$

$ES_5 = \max[EF_2, EF_3] = \max[8, 10] = 10 \quad EF_5 = ES_5 + D_5 = 10 + 5 = 15$

$ES_6 = \max[EF_4, EF_5] = \max[12, 15] = 15 \quad EF_6 = ES_6 + D_6 = 15 + 0 = 15$

已知计划工期等于计算工期，故有：$T_p = T_c = EF_6 = 15$

(2) 计算相邻两项工作之间的时间间隔 $LAG_{i,j}$

$$LAG_{1,2} = ES_2 - EF_1 = 3 - 3 = 0$$

$$LAG_{1,3} = ES_3 - EF_1 = 3 - 3 = 0$$

$$LAG_{2,4} = ES_4 - EF_2 = 8 - 8 = 0$$

$$LAG_{2,5} = ES_5 - EF_2 = 10 - 8 = 2$$

$$LAG_{3,5} = ES_5 - EF_3 = 10 - 10 = 0$$

$$LAG_{4,6} = ES_6 - EF_4 = 15 - 12 = 3$$

$$LAG_{5,6} = ES_6 - EF_5 = 15 - 15 = 0$$

(3) 计算工作的总时差 TF_i

已知计划工期等于计算工期：$T_p = T_c = 15$，故终点节点⑥的总时差为零，即：

$$TF_6 = 0$$

其他工作总时差为：

$TF_5 = TF_6 + LAG_{5,6} = 0 + 0 = 0$

$TF_4 = TF_6 + LAG_{4,6} = 0 + 3 = 3$

$TF_3 = TF_5 + LAG_{3,5} = 0 + 0 = 0$

$TF_2 = \min[(TF_4 + LAG_{2,4}), (TF_5 + LAG_{2,5})] = \min[(3+0), (0+2)] = 2$

$TF_1 = \min[(TF_2 + LAG_{1,2}), (TF_3 + LAG_{1,3})] = \min[(2+0), (0+0)] = 0$

(4) 计算工作的自由时差 FF_i

已知计划工期等于计算工期：$T_p = T_c = 15$，故终点节点⑥的自由时差为：

$$FF_6 = T_p - EF_6 = 15 - 15 = 0$$

$$FF_5 = LAG_{5,6} = 0$$

$$FF_4 = LAG_{4,6} = 3$$

$$FF_3 = LAG_{3,5} = 0$$

$$FF_2 = \min[LAG_{2,4}, LAG_{2,5}] = \min[0, 2] = 0$$

$$FF_1 = \min[LAG_{1,2}, LAG_{1,3}] = \min[0, 0] = 0$$

(5) 计算工作的最迟开始时间 LS_i 和最迟完成时间 LF_i

$LS_1 = ES_1 + TF_1 = 0 + 0 = 0 \quad LF_1 = EF_1 + TF_1 = 3 + 0 = 3$

$LS_2 = ES_2 + TF_2 = 3 + 2 = 5 \quad LF_2 = EF_2 + TF_2 = 8 + 2 = 10$

$LS_3 = ES_3 + TF_3 = 3 + 0 = 3 \quad LF_3 = EF_3 + TF_3 = 10 + 0 = 10$

$LS_4 = ES_4 + TF_4 = 8 + 3 = 11 \quad LF_4 = EF_4 + TF_4 = 12 + 3 = 15$

$LS_5 = ES_5 + TF_5 = 10 + 0 = 10 \quad LF_5 = EF_5 + TF_5 = 15 + 0 = 15$

$LS_6 = ES_6 + TF_6 = 15 + 0 = 15 \quad LF_6 = EF_6 + TF_6 = 15 + 0 = 15$

将以上计算结果标注在图 3-23 中的相应位置。

(6) 关键工作和关键线路的确定

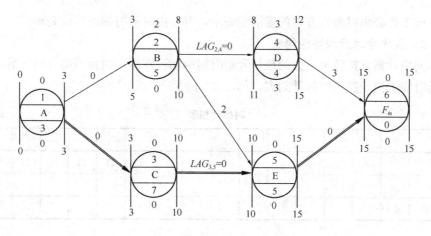

图 3-23　单代号网络计划时间参数计算结果

根据计算结果，总时差为零的工作：A、C、E 为关键工作。

从起点节点①开始到终点节点⑥均为关键工作，且所有工作之间时间间隔为零的线路：①—③—⑤—⑥为关键线路，用双线标示于图 3-23 中。

3.4　双代号时标网络计划

3.4.1　双代号时标网络计划基本知识

1. 双代号时标网络计划概念

双代号时标网络计划是以水平时间坐标为尺度编制的双代号网络计划，简称时标网络计划。

2. 双代号时标网络计划的特点

（1）时标网络计划兼有网络计划与横道计划的优点，它能够清楚地表明计划的时间进程，使用方便。

（2）时标网络计划能在图上直接显示出各项工作的开始与完成时间，工作的自由时差及关键线路。

（3）在时标网络计划中可以统计每一个单位时间对资源的需要量，以便进行资源优化和调整。

（4）由于箭线受到时间坐标的限制，当情况发生变化时，对网络计划的修改比较麻烦，往往要重新绘图。但在使用计算机以后，这一问题已较容易解决。

3. 双代号时标网络计划的一般规定

（1）时间坐标的时间单位应根据需要在编制网络计划之前确定，可为季、月、周、天、时等。

（2）时间长度是以所有符号在时标表上的水平位置及其水平投影长度表示的，与其所代表的时间值相对应。

（3）节点的中心必须对准时标的刻度线。

（4）时标网络计划应以实箭线表示工作，以虚箭线表示虚工作，以波形线表示工作与其紧后工作之间的时间间隔。

（5）虚工作必须以垂直方向的虚箭线表示，有自由时差时加波形线表示。

3.4.2 双代号时标网络图绘制

时标网络计划宜按各个工作的最早开始时间编制。在编制时标网络计划之前，应先按已确定的时间单位绘制出时标计划表，如表3-6所示。

时标计划表　　　　　　　　　　　　　　　　表 3-6

日历																
（时间单位）	1	2	3	4	5	6	7	8	9	10	11	12	13	14	15	16
网络计划																
（时间单位）																

双代号时标网络计划的编制方法有两种：

1. 间接法绘制

（1）先绘制无时标双代号网络计划，计算各工作的时间参数，确定关键工作及关键线路。

（2）确定时间单位并绘制时标横轴。

（3）根据工作的最早开始时间确定各节点的位置。从起点节点开始，逐个画出各节点。

（4）依次在各节点间绘出箭线，箭线尽可能画成水平方向，如箭线的长度不能到达该工作的完成节点时，则用水平波形线补足，水平波形线的水平投影长度，即为该工作的自由时差。绘制时宜先画关键工作、关键线路，再画非关键工作。

（5）用虚箭线连接各有关节点，虚工作一般以垂直虚箭线表示，在时标网络图中，有时会出现虚箭线有时间长度情况，其水平投影长度为该虚工作的自由时差。

（6）把时差为0的箭线，从起点节点到终点节点连接起来并加粗，即为该网络计划的关键线路。

2. 直接法绘制

根据网络计划中工作之间的逻辑关系及各工作的持续时间，直接在时标计划表上绘制时标网络计划。绘制步骤如下：

（1）将起点节点定位在时标表的起始刻度线上。

（2）按工作持续时间在时标计划表上绘制起点节点的外向箭线。

（3）其他工作的开始节点必须在其所有紧前工作都绘出以后，定位在这些紧前工作最早完成时间最大值的时间刻度上，某些工作的箭线长度不足以到达该节点时，用波形线补足，箭头画在波形线与节点连接处。

（4）用上述方法从左至右依次确定其他节点位置，直至网络计划终点节点定位，绘图完成。

【实践训练】

任务 3-6：绘制双代号时标网络计划

1. 背景资料

已知网络计划的资料如表3-7所示：

工作名称	A	B	C	D	E	F	G	H	J
紧前工作	—	—	—	A	A、B	D	C、E	C	D、G
持续时间（天）	3	4	7	5	2	5	3	5	4

2. 问题

试用直接法绘制双代号时标网络计划。

3. 分析与解答

（1）将网络计划的起点节点定位在时标表的起始刻度线位置上，起点节点的编号为 1。

（2）画节点①的外向箭线，即按各工作的持续时间，画出无紧前工作的 A、B、C 工作，并确定节点②、③、④的位置。

（3）依次画出节点②、③、④的外向箭线工作 D、E、H，并确定节点⑤、⑥的位置。节点⑥的位置定位在其两条内向箭线的最早完成时间的最大值处，即定位在时标值 7 的位置，工作 E 的箭线长度达不到⑥节点，则用波形线补足。

（4）按上述步骤，直到画出全部工作，确定出终点节点⑧的位置，时标网络计划绘制完毕，如图 3-24 所示。

（5）关键线路和计算工期的确定

时标网络计划关键线路的确定，应自终点节点逆箭线方向朝起点节点逐次进行判定：从终点到起点不出现波形线的线路即为关键线路。如图 3-24 中，关键线路是：①—④—⑥—⑦—⑧，用粗线表示。

时标网络计划的计算工期，应是终点节点与起点节点所在位置之差。如图 3-24 中，计算工期 $T_c = 14 - 0 = 14$（天）。

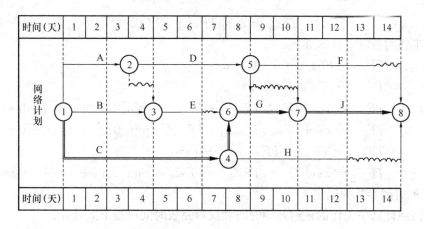

图 3-24 双代号时标网络计划

3.4.3 时标网络计划时间参数的判定

在时标网络计划中，六个工作时间参数的确定步骤如下：

1. 最早时间参数的确定

按最早开始时间绘制时标网络计划，最早时间参数可以从图上直接确定：

(1) 最早开始时间 ES_{i-j}

每条实箭线左端箭尾节点（i 节点）中心所对应的时标值，即为该工作的最早开始时间。

(2) 最早完成时间 EF_{i-j}

如箭线右端无波形线，则该箭线右端节点（j 节点）中心所对应的时标值为该工作的最早完成时间；如箭线右端有波形线，则实箭线右端末所对应的时标值即为该工作的最早完成时间。

如图 3-24 可知：$ES_{1-3}=0$，$EF_{1-3}=4$；$ES_{3-6}=4$，$EF_{3-6}=6$。以此类推确定。

2. 自由时差的确定

时标网络计划中各工作的自由时差值应为表示该工作的箭线中波形线部分在坐标轴上的水平投影长度。

如图 3-24 可知：工作 E、H、F 的自由时差分别为：$FF_{3-6}=1$；$FF_{4-8}=2$；$FF_{5-8}=1$。

3. 总时差的确定

时标网络计划中工作的总时差的计算应自右向左进行，且符合下列规定：

(1) 以终点节点（$j=n$）为箭头节点的工作的总时差 TF_{i-n} 应按网络计划的计划工期 T_p 计算确定，即：

$$TF_{i-n} = T_p - EF_{i-n} \tag{3-29}$$

如图 3-24 可知，工作 F、J、H 的总时差分别为：

$$TF_{5-8} = T_p - EF_{5-8} = 14-13 = 1$$
$$TF_{7-8} = T_p - EF_{7-8} = 14-14 = 0$$
$$TF_{4-8} = T_p - EF_{4-8} = 14-12 = 2$$

(2) 其他工作的总时差等于其紧后工作 $j-k$ 总时差的最小值与本工作的自由时差之和，即：

$$TF_{i-j} = \min[TF_{j-k}] + FF_{i-j} \tag{3-30}$$

各项工作的总时差计算如下：

$$TF_{6-7} = TF_{7-8} + FF_{6-7} = 0+0 = 0$$
$$TF_{3-6} = TF_{6-7} + FF_{3-6} = 0+1 = 1$$
$$TF_{2-5} = \min[TF_{5-7}, TF_{5-8}] + FF_{2-5} = \min[2,1] + 0 = 1+0 = 1$$
$$TF_{1-4} = \min[TF_{4-6}, TF_{4-8}] + FF_{1-4} = \min[0,2] + 0 = 0+0 = 0$$
$$TF_{1-3} = TF_{3-6} + FF_{1-3} = 1+0 = 1$$
$$TF_{1-2} = \min[TF_{2-3}, TF_{2-5}] + FF_{1-2} = \min[2,1] + 0 = 1+0 = 1$$

4. 最迟时间参数的确定

时标网络计划中工作的最迟开始时间和最迟完成时间可按下式计算：

$$LS_{i-j} = ES_{i-j} + TF_{i-j} \tag{3-31}$$
$$LF_{i-j} = EF_{i-j} + TF_{i-j} \tag{3-32}$$

如图 3-24 所示，工作的最迟开始时间和最迟完成时间为：

$$LS_{1-2} = ES_{1-2} + TF_{1-2} = 0+1 = 1$$
$$LF_{1-2} = EF_{1-2} + TF_{1-2} = 3+1 = 4$$

$$LS_{1-3} = ES_{1-3} + TF_{1-3} = 0 + 1 = 1$$
$$LF_{1-3} = EF_{1-3} + TF_{1-3} = 4 + 1 = 5$$

由此类推，可计算出各项工作的最迟开始时间和最迟完成时间。由于所有工作的最早开始时间、最早完成时间和总时差均为已知，故计算容易，此处不再一一列举。

3.5　双代号网络计划的优化

3.5.1　网络优化的内容与意义

对于建筑安装工程而言，工期短、成本低、质量好是人们努力追求的目标。但是工期和成本是相互关联、相互制约的。在生产效率一定的条件下，要提高施工速度，缩短建设工期，就必须集中更多的人力、物力于某项工程上，为此势必要扩大施工现场的仓库、堆放场地、各种临时设施的规模和数量，势必要增加施工临时供水、供电、供热等设施的能力，其结果将引起工程成本的增加。因此，在应用网络计划进行工程管理的时候，考虑工期、成本（资源）的优化是有现实意义的。

网络计划的优化是指在一定约束条件下，按既定目标对网络计划进行不断改进，以寻求满意方案的过程。

网络计划的优化目标应按计划任务的需要和条件选定，包括工期目标、费用目标和资源目标。根据优化目标的不同，网络计划的优化可以分为工期优化、费用优化和资源优化三种。

3.5.2　工期优化

工期优化也称时间优化，就是当初始网络计划的计算工期大于要求工期时，通过压缩关键线路上工作的持续时间或调整工作关系，以满足工期要求的过程。

1. 工期优化的方法

（1）工期优化是压缩计算工期，以达到要求工期目标，或在一定约束条件下使工期最短的过程。

（2）工期优化一般通过压缩关键工作的持续时间来达到优化目标。

（3）在优化过程中，要注意不能将关键工作压缩成非关键工作，但关键工作可以不经压缩而变成非关键工作。

（4）在优化过程中，当出现多条关键线路时，必须将各条关键线路的持续时间压缩同一数值。否则，不能有效地将工期缩短。

2. 工期优化的步骤

（1）找出网络计划中的关键线路并求出计算工期。

（2）按要求工期计算应缩短的时间（ΔT）。应缩短的时间等于计算工期与要求工期之差。即

$$\Delta T = T_c - T_r \tag{3-33}$$

式中　T_c——网络计划的计算工期；

T_r——要求工期。

（3）选择应优先缩短持续时间的关键工作（或一组关键工作）。选择时应考虑下列因素：

1）缩短持续时间对质量和安全影响不大的工作；

2）有充足备用资源的工作；

3）缩短持续时间所需增加的费用最少的工作。

（4）将应优先缩短的关键工作压缩至最短持续时间，并找出关键线路。若被压缩的关键工作变成了非关键工作，则应将其持续时间再适当延长，使之仍为关键工作。

（5）若计算工期仍超过要求工期，则重复以上（2）～（4）步骤，直到满足工期要求或工期已不能再缩短为止。

（6）当所有关键工作或部分关键工作已达最短持续时间而寻求不到继续压缩工期的方案，但工期仍不能满足要求工期时，应对计划的原技术、组织方案进行调整，或对要求工期重新审定。

应当注意的是，一般情况下，双代号网络计划图中箭线下方括号外数字为工作的正常持续时间，括号内数字为最短持续时间；箭线上方括号内数字为优选系数，该系数综合考虑质量、安全和费用增加情况而确定。选择关键工作压缩其持续时间时，应选择优选系数最小的关键工作。若需要同时压缩多个关键工作的持续时间时，则它们的优选系数之和（组合优选系数）最小者应优先作为压缩对象。

【实践训练】

任务 3-7：试进行双代号网络计划工期优化

1. 背景资料

某工程双代号网络计划如图 3-25 所示，图中箭线下方括号外数字为工作的正常持续时间，括号内数字为最短持续时间；箭线上方括号内数字为优选系数，该系数综合考虑质量、安全和费用增加情况而确定。现假设要求工期为 15。

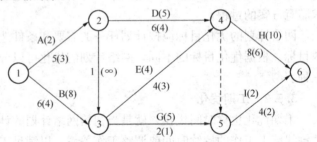

图 3-25　初始网络计划

2. 问题

试对其进行工期优化。

3. 分析与解答

（1）根据各项工作的正常持续时间，用标号法确定网络计划的计算工期和关键线路，如图 3-26 所示。此时关键线路为①—②—④—⑥。

（2）应压缩的时间：

$$\Delta T = T_c - T_r = 19 - 15 = 4 \text{ 天}$$

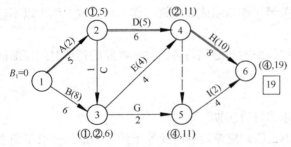

图 3-26　初始网络计划中的关键线路

（3）由于此时关键工作为工作 A、工作 D 和工作 H，而其中工作 A 的优选系数最小，故应将工作 A 作为优先压缩对象。把 A 压缩一天，工作 A 的持续时间为 4 天（不能把 A 压缩 2 天，否则 A 成为非关键线路），此时的关键线路变为 2 条，即：①—②—④—⑥和①—③—④—⑥，如图 3-27 所示。

70

（4）由于此时计算工期为 18 天，仍大于要求工期，故需继续压缩。需要缩短的时间：$\Delta T_1 = 18 - 15 = 3$。在图 3-27 所示网络计划中，有以下五个压缩方案：

1）同时压缩工作 A 和工作 B，组合优选系数为：$2+8=10$；

2）同时压缩工作 A 和工作 E，组合优选系数为：$2+4=6$；

3）同时压缩工作 B 和工作 D，组合优选系数为：$8+5=13$；

4）同时压缩工作 D 和工作 E，组合优选系数为：$5+4=9$；

5）压缩工作 H，优选系数为 10。

在上述压缩方案中，由于第二种方案的组合优选系数最小，故应选择同时压缩工作 A 和工作 E。将这两项工作的持续时间各压缩 1 天（压缩至最短），再用标号法确定计算工期和关键线路，如图 3-28 所示。此时，关键线路仍为两条，即：①—②—④—⑥和①—③—④—⑥。

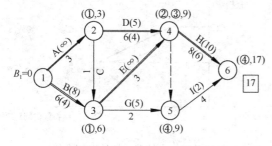

图 3-28　第二次压缩后的网络计划

在图 3-28 中，关键工作 A 和 E 的持续时间已达最短，不能再压缩，它们的优选系数变为无穷大。

（5）由于此时计算工期为 17，仍大于要求工期，$\Delta T_2 = 17 - 15 = 2$，故需继续压缩。在图 3-28 所示网络计划中，由于关键工作 A 和 E 已不能再压缩，故此时只有两个压缩方案：

1）同时压缩工作 B 和工作 D，组合优选系数为：$8+5=13$；

2）压缩工作 H，优选系数为 10。

在上述压缩方案中，由于工作 H 的优选系数最小，故应选择压缩工作 H 的方案。将工作 H 的持续时间缩短 2 天，再用标号法确定计算工期和关键线路，如图 3-29 所示。此时，计算工期为 15，已等于要求工期，故图 3-29 所示网络计划即为优化方案。

3.5.3　费用优化

费用优化又称工期成本优化，是指寻求工程总成本最低时的工期安排，或按要求工期寻求最低成本的计划安排的过程。

1. 费用和时间的关系

在建设工程施工过程中，完成一项工作通常可以采用多种施工方法和组织

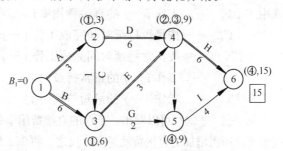

图 3-29　工期优化后的网络计划

71

方法，而不同的施工方法和组织方法，又会有不同的持续时间和费用。由于一项建设工程往往包含许多工作，所以在安排建设工程进度计划时，就会出现许多方案。进度方案不同，所对应的总工期和总费用也就不同。为了能从多种方案中找出总成本最低的方案，必须首先分析费用和时间之间的关系。

（1）工程费用与工期的关系

工程总费用由直接费和间接费组成。直接费由人工费、材料费、机械使用费、其他直接费及现场经费等组成。施工方案不同，直接费也就不同；如果施工方案一定，工期不同，直接费也不同。直接费会随着工期的缩短而增加。间接费包括企业经营管理的全部费用，它一般会随着工期的缩短而减少。在考虑工程总费用时，还应考虑工期变化带来的其他损益，包括效益增量和资金的时间价值等。工程费用与工期的关系如图 3-30 所示。

（2）工作直接费与持续时间的关系

由于网络计划的工期取决于关键工作的持续时间，为了进行工期成本优化，必须分析网络计划中各项工作的直接费与持续时间之间的关系，它是网络计划工期成本优化的基础。

工作的直接费与持续时间之间的关系类似于工程直接费与工期之间的关系，工作的直接费随着持续时间的缩短而增加，如图 3-31 所示。

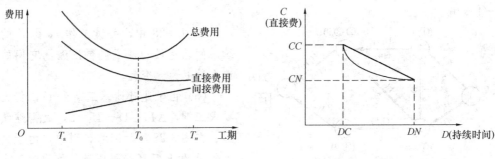

图 3-30　工期—费用曲线
T_a——短工期；T_0——优工期；T_n——正常工期

图 3-31　直接费—持续时间曲线

为简化计算，工作的直接费与持续时间之间的关系被近似地认为是一条直线关系。当工作划分不是很粗时，其计算结果还是比较精确的。工作的持续时间每缩短单位时间而增加的直接费称为直接费用率。直接费用率可按公式（3-34）计算。

$$\Delta C_{i-j} = \frac{CC_{i-j} - CN_{i-j}}{DN_{i-j} - DC_{i-j}} \tag{3-34}$$

式中　ΔC_{i-j}——工作 $i-j$ 的直接费用率；

　　　CC_{i-j}——按最短持续时间完成工作 $i-j$ 时所需的直接费；

　　　CN_{i-j}——按正常持续时间完成工作 $i-j$ 时所需的直接费；

　　　DN_{i-j}——工作 $i-j$ 的正常持续时间；

　　　DC_{i-j}——工作 $i-j$ 的最短持续时间。

从公式（3-34）可以看出，工作的直接费用率越大，说明将该工作的持续时间缩短一个时间单位，所需增加的直接费就越多；反之，将该工作的持续时间缩短一个时间单位，所需增加的直接费就越少。因此，在压缩关键工作的持续时间以达到缩短工期的目的时，应将直接费用率最小的关键工作作为压缩对象。当有多条关键线路出现而需要同时压缩多个关键工作的持续时间时，应将它们的直接费用率之和（组合直接费用率）最小者作为压缩对象。

2. 费用优化的方法

（1）计算正常作业条件下工程网络计划的工期、关键线路和总直接费、总间接费及总费用。

（2）计算各项工作的直接费率。

（3）在关键线路上，选择直接费率（或组合直接费率）最小并且不超过工程间接费率的工作作为被压缩对象。

（4）对于选定的压缩对象（一项关键工作或一组关键工作），首先比较其直接费用率或组合直接费用率与工程间接费用率的大小。

1）如果被压缩对象的直接费用率或组合直接费用率大于工程间接费用率，说明压缩关键工作的持续时间会使工程总费用增加，此时应停止缩短关键工作的持续时间，在此之前的方案即为优化方案；

2）如果被压缩对象的直接费用率或组合直接费用率等于或小于工程间接费用率，说明压缩关键工作的持续时间会使工程总费用不变或减少，故应缩短关键工作的持续时间。

（5）当需要缩短关键工作的持续时间时，其缩短值的确定必须符合下列两条原则：

1）缩短后工作的持续时间不能小于其最短持续时间；

2）缩短持续时间的工作不能变成非关键工作。

（6）重新计算和确定网络计划的工期、关键线路和总直接费、总间接费、总费用。

（7）重复上述（3）～（6）步骤，直至找不到直接费率或组合直接费率不超过工程间接费率的压缩对象为止。此时即求出总费用最低的最优工期。

（8）绘制出优化后的网络计划。在每项工作上注明优化的持续时间和相应的直接费用。

【实践训练】

任务 3-8：试进行双代号网络计划费用优化

1. 背景资料

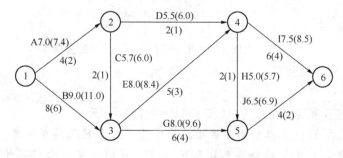

图 3-32 初始网络计划
费用单位：万元；时间单位：天

某工程双代号网络计划如图 3-32 所示，图中箭线下方括号外数字为工作的正常时间，括号内数字为最短持续时间；箭线上方括号外数字为工作按正常持续时间完成时所需的直接费，括号内数字为工作按最短持续时间完成时所需的直接费。该工程的间接费用率为 0.8 万元/天。

2. 问题

试对其进行费用优化。

3. 分析与解答

(1) 根据各项工作的正常持续时间，用标号法确定网络计划的计算工期和关键线路，如图 3-33 所示。计算工期为 19 天，关键线路有两条，即：①—③—④—⑥和①—③—④—⑤—⑥。

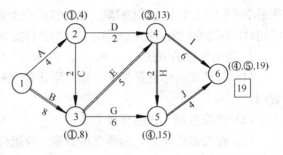

图 3-33　初始网络计划中的关键线路

(2) 计算各项工作的直接费用率：

$$\Delta C_{1-2} = \frac{7.4 - 7.0}{4 - 2} = 0.2 \text{万元／天}$$

$$\Delta C_{1-3} = 1.0 \text{万元／天}$$

$$\Delta C_{2-3} = 0.3 \text{万元／天}$$

$$\Delta C_{2-4} = 0.5 \text{万元／天}$$

$$\Delta C_{3-4} = 0.2 \text{万元／天}$$

$$\Delta C_{3-5} = 0.8 \text{万元／天}$$

$$\Delta C_{4-5} = 0.7 \text{万元／天}$$

$$\Delta C_{4-6} = 0.5 \text{万元／天}$$

$$\Delta C_{5-6} = 0.2 \text{万元／天}$$

(3) 计算工程总费用：

直接费总和：$C_d = 7.0 + 9.0 + 5.7 + 5.5 + 8.0 + 8.0 + 5.0 + 7.5 + 6.5 = 62.2$ 万元；

间接费总和：$C_i = 0.8 \times 19 = 15.2$ 万元；

工程总费用：$C_t = C_d + C_i = 62.2 + 15.2 = 77.4$ 万元。

(4) 通过压缩关键工作的持续时间进行费用优化如下：

1) 第一次压缩

从图 3-33 可知，该网络计划中有两条关键线路，为了同时缩短两条关键线路的总持续时间，有以下四个压缩方案：

压缩工作 B，直接费用率为 1.0 万元/天；

压缩工作 E，直接费用率为 0.2 万元/天；

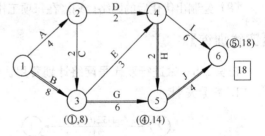

图 3-34　工作 E 压缩至最短时的关键线路

同时压缩工作 H 和工作 I，组合直接费用率为：$0.7 + 0.5 = 1.2$ 万元/天；

同时压缩工作 I 和工作 J，组合直接费用率为：$0.5 + 0.2 = 0.7$ 万元/天。

在上述压缩方案中，由于工作 E 的直接费用率最小，故应选择工作 E 为压缩对象。工作 E 的直接费用率 0.2 万元/天，小于间接费用率 0.8 万元/天，说明压缩工作 E 可使工程总费用降低。将工作 E 的持续时间压缩至最短持续时间 3 天，利用标号法重新确定计算工期和关键线路，如图 3-34 所示。此时，关键工作 E 被压缩成非关键工作，故将其持续时间延长为 4 天，使成为关键工作。第一次压缩后的网络计划如图 3-35 所示。图中箭线上方括号内数字为工作的直接费用率。

2) 第二次压缩

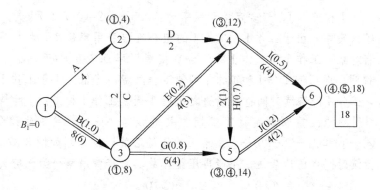

图 3-35　第一次压缩后的网络计划

从图 3-35 可知，该网络计划中有 3 条关键线路，即：①—③—④—⑥、①—③—④—⑤—⑥和①—③—⑤—⑥。为了同时缩短 3 条关键线路的总持续时间，有以下五个压缩方案：

压缩工作 B，直接费用率为 1.0 万元/天；

同时压缩工作 E 和工作 G，组合直接费用率为：0.2+0.8=1.0 万元/天；

同时压缩工作 E 和工作 J，组合直接费用率为：0.2+0.2=0.4 万元/天；

同时压缩工作 G、工作 H 和工作 J，组合直接费用率为：0.8+0.7+0.5=2.0 万元/天；

同时压缩工作 I 和工作 J，组合直接费用率为：0.5+0.2=0.7 万元/天。

在上述压缩方案中，由于工作 E 和工作 J 的组合直接费用率最小，故应选择工作 E 和工作 J 作为压缩对象。由于工作 E 的持续时间只能压缩 1 天，工作 J 的持续时间也只能随之压缩 1 天。工作 E 和工作 J 的持续时间同时压缩 1 天后，利用标号法重新确定计算工期和关键线路。此时，关键线路由压缩前的三条变为两条，即：①—③—④—⑥和①—③—⑤—⑥。原来的关键工作 H 未经压缩而被动地变成了非关键工作。第二次压缩后的网络计划如图 3-36 所示。此时，关键工作 E 的持续时间已达最短，不能再压缩，故其直接费用率变为无穷大。

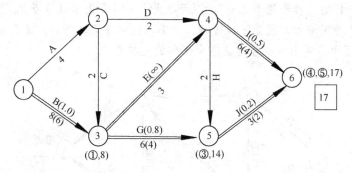

图 3-36　第二次压缩后的网络计划

3）第三次压缩

从图 3-36 可知，由于工作 E 不能再压缩，而为了同时缩短两条关键线路①—③—④—⑥和①—③—⑤—⑥的总持续时间，只有以下三个压缩方案可供选择：

压缩工作 B，直接费用率为 1.0 万元/天；

同时压缩工作 G 和工作 I，组合直接费用率为：0.8+0.5=1.3 万元/天；

同时压缩工作Ⅰ和工作J，组合直接费用率为：0.5+0.2＝0.7万元/天。

在上述压缩方案中，由于工作Ⅰ和工作J的组合直接费用率最小，故应选择工作Ⅰ和工作J作为压缩对象。工作Ⅰ和工作J的组合直接费用率0.7万元/天，小于间接费用率0.8万元/天，说明同时压缩工作Ⅰ和工作J可使工程总费用降低。由于工作J的持续时间只能压缩1天，工作Ⅰ的持续时间也只能随之压缩1天。工作Ⅰ和工作J的持续时间同时压缩1天后，利用标号法重新确定计算工期和关键线路。此时，关键线路仍然为两条，即：①—③—④—⑥和①—③—⑤—⑥。第三次压缩后的网络计划如图3-37所示。此时，关键工作J的持续时间也已达最短，不能再压缩，故其直接费用率变为无穷大。

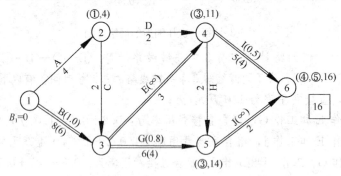

图3-37 第三次压缩后的网络计划

4）第四次压缩：

从图3-37可知，由于工作E和工作J不能再压缩，而为了同时缩短两条关键线路①—③—④—⑥和①—③—⑤—⑥的总持续时间，只有以下两个压缩方案：

压缩工作B，直接费用率为1.0万元/天；

同时压缩工作G和工作Ⅰ，组合直接费用率为：0.8+0.5＝1.3万元/天。

在上述压缩方案中，由于工作B的直接费用率最小，故应选择工作B作为压缩对象。但是，由于工作B的直接费用率1.0万元/天，大于间接费用率0.8万元/天，说明压缩工作B会使工程总费用增加，因此不能压缩工作B，优化方案已得到，优化后的网络计划如图3-38所示。图中箭线上方括号内数字为工作的直接费。

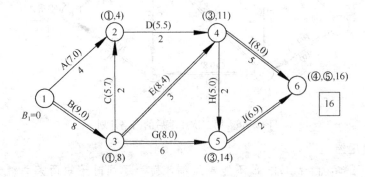

图3-38 费用优化后的网络计划

（5）计算优化后的工程总费用

直接费总和：C_{d0}＝7.0+9.0+5.7+5.5+8.4+8.0+5.0+8.0+6.9＝63.5万元；

间接费总和：$C_{i0} = 0.8 \times 16 = 12.8$ 万元；

工程总费用：$C_{t0} = C_{d0} + C_{i0} = 63.5 + 12.8 = 76.3$ 万元。

3.5.4 资源优化

资源是指为完成一项计划任务所需投入的人力、材料、机械设备和资金等。完成一项工程任务所需要的资源量基本上是不变的，不可能通过资源优化将其减少。资源优化的目的是通过改变工作的开始时间和完成时间，使资源按照时间的分布符合优化目标。

在通常情况下，网络计划的资源优化分为两种，即"资源有限，工期最短"的优化和"工期固定，资源均衡"的优化。前者是通过调整计划安排，在满足资源限制条件下，使工期延长最少的过程；而后者是通过调整计划安排，在工期保持不变的条件下，使资源需用量尽可能均衡的过程。

这里所讲的资源优化，其前提条件是：

（1）在优化过程中，不改变网络计划中各项工作之间的逻辑关系；

（2）在优化过程中，不改变网络计划中各项工作的持续时间；

（3）网络计划中各项工作的资源强度（单位时间所需资源数量）为常数，而且是合理的；

（4）除规定可中断的工作外，一般不允许中断工作，应保持其连续性。

1．"资源有限、工期最短"优化

在满足有限资源的条件下，通过调整某些工作投入作业的开始时间，使工期不延误或最少延误。优化步骤如下：

（1）绘制时标网络计划，逐时段计算资源需要量。

（2）逐时段检查资源需要量是否超过资源限量，若超过进入第（3）步，否则检查下一时段。

（3）对于超过的时段，按总时差从小到大累计该时段中的各项工作的资源强度，累计到不超过资源限量的最大值，其余的工作推移到下一时段（在各项工作不允许间断作业的假定条件下，在前一时段已经开始的工作应优先累计）。

（4）重复上述步骤，直至所有时段的资源需要量均不超过资源限量为止。

2．"工期固定、资源均衡"的优化

在工期不变的条件下，尽量使资源需要量均衡既有利于工程施工组织与管理，又有利于降低工程施工费用。

（1）衡量资源均衡程度的指标

衡量资源需用量均衡程度的指标有三个，分别为不均衡系数、极差值、均方差值。

（2）优化步骤与方法

1）绘制时标网络计划，计算资源需用量。

2）计算资源均衡性指标，用均方差值来衡量资源均衡程度。

3）从网络计划的终点节点开始，按非关键工作最早开始时间的先后顺序进行调整（关键工作不得调整）。

4）绘制调整后的网络计划。

任务3-9：试进行双代号网络计划的资源优化

1. 背景资料

某工程双代号网络计划如图3-39所示，图中箭线上方数字为工作的资源强度，箭线下方数字为工作的持续时间。假定资源限量 $Ra=12$。

2. 问题

试对其进行"资源有限，工期最短"的优化。

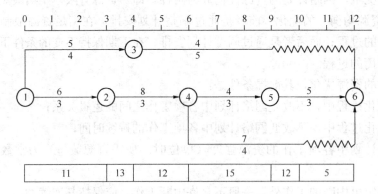

图3-39 初始网络计划

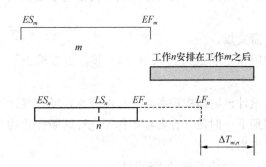

图3-40 m，n两项工作的排序

3. 分析与解答

（1）计算网络计划每个时间单位的资源需用量，绘出资源需用量动态曲线，如图3-39下方所示。

（2）从计划开始日期起，经检查发现第二个时段［3，4］存在资源冲突，即资源需用量超过资源限量，故应首先调整该时段。

（3）在时段［3，4］有工作1—3和工作2—4两项工作平行作业，如图3-40所示。利用公式计算 ΔT 值，其结果见表3-8。

$$\Delta T_{m,n} = EF_m + D_n - LF_n$$
$$= EF_m - (LF_n - D_n)$$
$$= EF_m - LS_n$$

ΔT 值计算表　　　　　　　　　　　　　　　　　　　　　　　表3-8

序号	工作代号	最早完成时间	最迟完成时间	$\Delta T_{1,2}$	$\Delta T_{2,1}$
1	1—3	4	3	1	—
2	2—4	6	3	—	3

由表3-8可知，$\Delta T_{1,2}=1$ 最小，说明将第2号工作（工作2—4）安排在第1号工作（工作1—3）之后进行，工期延长最短，只延长1天。因此，将工作2—4安排在工作1—

78

3 之后进行，调整后的网络计划如图 3-41 所示。

（4）重新计算调整后的网络计划每个时间单位的资源需用量，绘出资源需用量动态曲线，如图 3-41 下方所示。从图中可知，在第四时段 [7，9] 存在资源冲突，故应调整该时段。

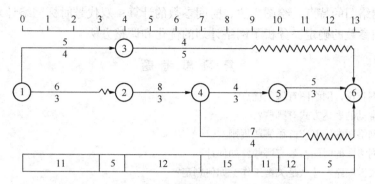

图 3-41　第一次调整后的网络计划

（5）在时段 [7，9] 有工作 3—6、工作 4—5 和工作 4—6 三项工作平行作业，利用公式计算 ΔT 值，其结果见表 3-9。

ΔT 值计算表　　　　　　　　表 3-9

序号	工作代号	最早完成时间	最迟完成时间	$\Delta T_{1,2}$	$\Delta T_{1,3}$	$\Delta T_{2,1}$	$\Delta T_{2,3}$	$\Delta T_{3,1}$	$\Delta T_{3,2}$
1	3—6	9	8	2	0				
2	4—5	10	7			2	1		
3	4—6	11	9					3	4

由表 3-9 可知，$\Delta T_{1,3}=0$ 最小，说明将第 3 号工作（工作 4—6）安排在第 1 号工作（工作 3—6）之后进行，工期不延长。因此，将工作 4—6 安排在工作 3—6 之后进行，调整后的网络计划如图 3 42 所示。

（6）重新计算调整后的网络计划每个时间单位的资源需用量，绘出资源需用量动态曲线，如图 3-42 下方所示。由于此时整个工期范围内的资源需用量均未超过资源限量，故图 3-42 所示方案即为最优方案，其最短工期为 13。

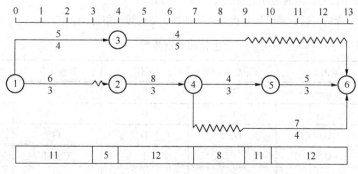

图 3-42　优化后的网络计划

单 元 小 结

本教学单元概述了网络计划技术的基本原理、特点及分类。详细讲述了双代号网络图、单代号网络图的特点、绘图方法、时间参数的计算；双代号时标网络计划的特点、绘制步骤及时间参数的确定。分析了网络计划的优化和调整方法。

复 习 思 考 题

1. 与横道图相比，网络图有哪些优点？
2. 网络图常见的表达方式有哪些？
3. 双代号网络图的绘制应遵循哪些规则？
4. 双代号网络图的时间参数有哪些？如何计算？
5. 什么是关键线路？什么是关键工作？如何判定？
6. 单代号网络图与双代号网络图的区别有哪些？
7. 网络计划根据优化目标的不同可以分为哪几类？
8. 简述网络计划工期优化的步骤。
9. 简述网络计划费用优化的步骤。

实 训 题

1. 已知各工作间的逻辑关系见表 3-10，绘制双代号网络图。
2. 计算图 3-43 所示各项工作的时间参数，并确定关键线路，求出工期。

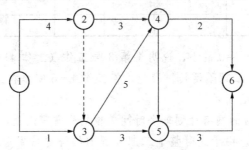

图 3-43　双代号网络图

3. 某散热器安装工程，分三段流水施工。施工过程及流水节拍为：散热器搬运—6d，组装—4d，安装—3d。试绘制该项目的时标网络计划及双代号网络计划。

4. 根据表 3-11 所列逻辑关系绘制双代号网络计划、单代号网络计划。

工作间逻辑关系　　　　　　　　　　　　　　　　　　表 3-10

工作	紧前工作	紧后工作	工作	紧前工作	紧后工作
A	—	B、E、F	F	A	G
B	A	C	G	F	C、H
C	B、G	D、I	H	G	I
D	C、E	—	I	C、H	—
E	A	D、J	J	E	—

工作	紧前工作	紧后工作	工作	紧前工作	紧后工作
A	—	B	E	—	B、D、F
B	A、E	C	F	E	G
C	B	—	G	D、F	—
D	E	G	—	—	—

工作间逻辑关系   表 3-11

教学单元4 施 工 组 织 设 计

【知识目标】

熟悉施工组织设计的内容。

熟悉施工准备工作、施工进度计划分类。

掌握工程概况编写、施工方案的制订方法。

掌握施工进度计划的编制方法。

掌握施工准备工作的内容与做法。

掌握资源调配计划的编制以及施工平面图的设计方法。

【职业能力目标】

能够制订合理的施工方案。

能够编制施工进度计划。

能够编制施工准备工作计划。

能够编制资源调配计划。

能够绘制施工平面图。

能够编制施工组织设计。

4.1 工程概况及施工特点分析

施工组织设计中工程概况，是对拟建工程的工程特点、建设地点特征和施工条件、施工企业组织机构等方面所作的一个简要的文字介绍，在描述时可以附加一些图表说明。分析描述工程特点和施工中的关键问题和主要矛盾，尤其要突出新材料、新技术、新结构、新工艺的难点，方便施工方案确定。

工程概况主要包括以下几个方面。

4.1.1 工程概况

1. 工程建设情况

工程建设情况主要包括拟建工程的工程名称、工程地址、性质、用途、工程造价、资金来源等；开竣工日期；拟建工程的建设单位、设计单位、监理单位；施工图纸情况；施工承包与分包情况，施工合同或招标文件对项目施工的重点要求；组织施工的指导思想等情况。

2. 专业设计概况

主要介绍设计图纸情况，是否采用了新材料、新技术等内容，一般包括如下内容：

（1）建筑设计应依据建设单位提供的建筑设计文件进行描述，包括建筑规模、建筑功能、建筑特点、建筑耐火、防水及节能要求等，并应简单描述工程的主要装修做法。

（2）结构设计应依据建设单位提供的结构设计文件进行描述，包括结构形式、地基形式、结构安全等级、抗震设防类别、主要结构构件类型及要求等。

（3）机电及设备安装专业设计应依据建设单位提供的各相关专业设计文件进行描述，包括给水、排水及采暖系统、通风与空调系统、电气系统、智能化系统、电梯等各个专业系统的做法要求。

设备设计特点主要说明：建筑给水、排水、供暖、通风、电气、空调、煤气、电梯、消防系统等设备安装工程的设计要求和布置位置等。可用表 4-1 形式列表说明。

设备安装概况一览表　　　　　　　　　　　　　　　　　表 4-1

建筑给水	冷水		建筑排水	污水	
	消防			雨水	
	热水			中水	
建筑电气	供配电		建筑智能	电视	
	电气照明			电话	
	控制			安全监控	
	接地			楼宇自控	
	防雷			网络	
				综合布线	
供暖系统					
通风系统					
空调系统					
消防控制系统					
电梯					
燃气工程					

4.1.2　工程施工条件

工程施工条件是施工组织设计的重要依据，是确定工程施工方案、选择施工方法、进行施工现场平面布置的重要因素。工程施工条件一般包括：工程施工地点特征、施工条件等内容。

1. 工程施工地点特征

主要说明：拟建工程的位置、建筑地点的地形、地貌；工程地质与水文地质条件；地下水位（包括：最高地下水位、最低地下水位和常年地下水位）、水质；不同深度土质分析、冰冻时间与冻层厚度分析；环境温度和降雨量情况；冬雨季施工起止时间；主导风向、风力和地震烈度等特征。

2. 施工条件

主要说明：水、电、道路及场地平整的"三通一平"；现场临时设施、施工场地周围环境等情况；当地的交通运输条件；预制构件生产及供应情况；施工单位施工机械、设备、劳动力在本工程中的落实情况；企业生产能力、施工技术和管理水平等。

4.1.3　施工特点

施工特点主要说明工程施工的关键内容，以便突出重点、抓住关键，使施工顺利进行，降低工程成本，提高施工单位的经济效益和管理水平。

不同类型的建筑和不同条件下的工程施工，均有其不同的施工特点。如砖混结构建筑的施工特点为：砌筑和抹灰工程量大，水平和垂直运输量大等。设备、水暖、通风空调等安装工程的施工特点是工种多、任务零散；与土建、装饰工程的配合性要求高；空间上各类管道之间标高与位置要求准确，所以安装工程各工种之间协作配合度要求也高。

4.2 施工方案的制订

施工方案是施工组织设计的核心，施工方案选择恰当与否，将直接影响到工程施工的进度、施工平面布置、施工质量、安全生产和工程成本等。因此，应在若干个初步方案的基础上进行技术经济分析比较，力求选择出一个最经济、最合理的施工方案。

在确定施工方案时应着重研究以下几个方面的内容：确定施工顺序和施工流水方向，施工方法和施工机械的选择，施工方案的技术经济评价等。

4.2.1 施工方案制订原则

1. 切实可行制订施工方案，首先必须从实际出发，一定要切合当前的实际情况，有实现的可能性。选定的方案在人力、物力、技术上所提出的要求，应该是当前已有条件或在一定的时期内有可能争取到的，这就要求在制订方案之前，要深入细致地做好调查研究工作，掌握主客观情况，进行反复的分析比较，才能做到切实可行。

2. 施工期限满足规定要求，保证工程特别是重点工程要按期或提前完成，迅速发挥投资的效益，具有重大的经济意义。因此，施工方案必须保证在竣工时间上符合规定的要求，并争取提前完成，这就要求在确定施工方案时，在施工组织上统筹安排，照顾均衡施工。在技术上尽可能运用先进的施工经验和技术，力争提高机械化和装配化的程度。

3. 确保工程质量和安全生产。"质量第一，安全生产"，在制订方案时，就要充分考虑到工程的质量和安全，在提出施工方案的同时，要提出保证工程质量和安全的技术组织措施，使方案完全符合技术规范与安全规程的要求。如果方案不能确保工程质量与安全生产，其他方面再好也是不可取的。

4. 施工费用最低。施工方案在满足其他条件的同时，还必须使方案经济合理，以增加生产盈利，这就要求在制订方案时，尽量采用降低施工费用的一切有效措施，从人力、材料、机具和间接费等方面找出节约的因素，发掘节约的潜力，使工料消耗和施工费用降低到最低限度。

以上几点是一个统一的整体，在制订施工方案时，应作通盘考虑，现代施工技术的进步，组织经验的积累，每个工程的施工，都有不同的方法来完成，存在着多种可能的方案供我们选择，因此在确定施工方案时，要以上述几点作为衡量的标准，经多方面的分析比较，全面权衡，选出最优方案。

4.2.2 施工顺序的选择及施工起点流向确定

1. 确定施工顺序的基本原则

施工顺序是指单位工程中各分部工程或各专项工程在施工阶段的先后顺序及其制约关系，主要是解决时间搭接上的问题。通常情况下应遵守以下几方面原则：

（1）"先地下，后地上"、"先土建，后设备"、"先主体，后围护"、"先结构，后装饰"

的原则

1）"先地下，后地上"是指在地上工程开始之前，尽量完成地下管道、管线、地下土方及设施工程，避免给地上部分施工带来干扰和不便。

2）"先土建，后设备"是指不论工业建筑还是民用建筑，水、电、暖、煤气、卫生洁具等建筑设备的施工，一般都在土建施工之后进行。但土建与设备之间还要考虑协作与配合关系，如住宅或办公建筑中的各种埋地、预埋管线及预留孔洞，必须穿插在土建施工过程中进行等。尤其在装修阶段，更要处理好各工种之间的协作配合关系。工业建筑中的设备安装工程，则应取决于工业建筑的种类，一般小设备，土建之后进行；大的设备则是先设备后土建。这一点在确定施工顺序时要特别注意。

3）"先主体，后围护"是指对于框架建筑先进行主体框架施工，然后进行围护工程施工。

4）"先结构，后装饰"是指先进行主体结构施工，后进行装饰工程的施工。

（2）合理安排土建施工与设备安装的施工顺序

随着建筑业的发展，建筑设备的安装也越来越复杂。例如工业建筑除了土建施工及水、电、暖、卫生洁具、通信等建筑设备以外，还有工业管道和工艺设备等生产设备的安装，应根据厂房的工艺特点、设备的性质、设备安装方法等因素，合理安排土建施工与设备安装之间的施工程序，从而确保施工进度计划顺利实现。如何安排好土建施工与设备安装的施工顺序，一般来讲有以下三种方式：

1）先土建施工，后设备安装施工

即待土建主体结构完成后，再进行设备基础及设备安装施工，亦称封闭式施工，适用于施工场地较小或设备基础较小、各类管道埋置较浅、设备基础施工不会影响桩基的情况。其优点是能加快主体结构的施工进度；设备基础及设备安装能在室内施工，不受气温影响，可减少防雨、防寒等设施费用；有时还能利用厂房内的桥式吊车为设备基础和设备安装服务。其缺点是设备基础施工时，不便于采用机械挖土。当设备基础挖土深度大于厂房基础时，应有相应的安全措施保护厂房基础的安全。由于不能提前为设备安装提供作业面，因而总的工期相对较长。

2）先工艺设备安装，后土建工程施工

先进行设备安装施工，后进行土建主体结构施工，亦称敞开式施工。有些重工业厂房或设备安装期较长的厂房，常常采用此种程序安排施工。进行土建施工时，对安装好的设备应采取一定的保护措施。其优缺点与封闭式施工刚好相反。

3）土建施工与设备安装施工同时进行

即土建施工与设备安装穿插进行或同时进行的施工程序，称同建式施工。土建施工应为设备安装施工创造必要的条件，同时又要防止砂浆等垃圾污染、损坏设备。施工场地宽敞或建设工期较急的项目，可采用此种程序安排。

2. 确定施工顺序的基本要求

（1）必须符合施工工艺的要求

建筑安装的各个施工过程之间存在着一定的工艺顺序关系。这种顺序关系随着建筑物的不同而变化，在确定施工顺序时，应注意分析各施工过程的工艺关系，施工顺序不能违反这种关系。一般地说，建筑安装工程在施工顺序安排上，要做到先地下后地上，先深后浅，先干线后支线，先地下管线后筑路。

（2）必须与施工方法和施工机械的要求一致

选定施工方法，亦同时选定了施工机械，采用不同的施工方法，其施工过程与前后顺序也不同，如开槽埋管，采用撑板开挖，就应先挖土后撑板，如采用打钢板桩，则应先打钢板后挖土。

（3）必须考虑施工质量的要求

安排施工顺序时应以充分保证工程质量为前提。当有可能出现影响工程质量的情况时，应重新安排施工顺序或采取必要的技术措施。

（4）必须考虑当地的气候条件

不同地区的气候特点不同，在安排施工顺序时，应考虑冬季、雨季、台风等气候对工程的影响。如中央空调外机安装不能安排在雨季施工。在严寒地区，如冬季进行室内给排水塑料管道安装时，应考虑冬季施工特点安排施工顺序。

（5）必须考虑施工组织的要求

同一施工项目，每个施工企业会有不同的施工组织措施，每一种安装工程的施工也可以采用不同的组织措施，施工顺序应与不同的施工组织措施相适应。

（6）必须考虑施工安全的要求

在安排立体交叉、平行搭接施工时必须考虑施工安全，以避免安全事故的发生。如水、暖、电、煤、卫生设备的安装不能与构件、钢筋、模板的吊装在同一作业面上，必要时必须采取一定的保护措施。

3. 安装工程与建筑工程配合

砖混结构房屋的设备安装工程主要指给水、排水、强电、弱电、暖气、煤气以及卫生洁具等的安装施工。设备安装施工应与土建工程施工紧密配合，与土建工程中有关的分部分项工程之间交叉进行施工。

（1）建筑水暖、通风工程应遵守先测量放线后支架安装，先设备组装后管道安装，先主管后支管的顺序。

（2）在地基与基础工程施工阶段，回填土施工前，相应的水、电、暖气、煤气等的预埋管沟应穿插在房屋基础施工阶段进行施工，如管沟的垫层、围护墙体、通风设备基础上的地脚螺栓的预埋等要施工完毕。

（3）在主体结构施工阶段，在砌墙或现浇楼板的同时，进行给水、排水、暖气、通风、空调、煤气等管线的预留洞口的施工；电缆穿线管的预埋，电气孔槽或预埋木砖等的预留或埋设；卫生洁具固定件的埋设等。

（4）在装饰装修工程施工阶段，房屋设备安装工程应与其交叉配合施工。如先安装各种管道和附墙暗管、接线盒等预埋设施，再进行装饰装修工程施工；水、电、暖气、通风、煤气、卫生洁具等设备安装一般在楼地面和墙面抹灰前或后穿插施工。室外管网工程的施工可以安排在土建工程前或与其同时施工。空调工程可单独安排其安装施工。

4. 水暖与通风工程施工顺序

（1）通风与空调工程施工顺序

1）金属风管制作

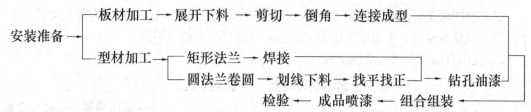

2）风管及部件安装

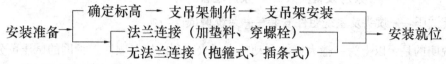

3）洁净空调系统安装

—→ 风管严密性试验 —→ 风管保温 —→ 设备单机试运转 —→ 高效过滤器安装通风与空调系统测试和试运行 —→ 净化空调系统洁净室各项指标检测

4）通风与空调绝热工程安装

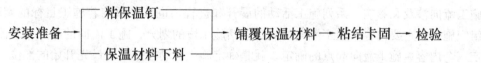

本顺序适用于风管岩棉类板材内、外保温、橡塑类板材内外保温。

（2）建筑采暖工程施工顺序

1）地面辐射供暖系统安装

安装准备→保温板铺设→防潮反热布铺设→分水器安装→地热管道敷设→管道试压→混凝土填充

2）室内采暖系统安装

安装准备→管道预制→卡架制作安装→干管安装→立管安装→支管安装→散热器安装→管道试压→管道冲洗→管道防腐和保温→调试

（3）建筑给排水工程施工顺序

1）室内给水系统安装

—→ 管道防腐或保温 —→ 管道冲洗消毒

立管安装包括干管安装，如室内是环网供水，干管是水平的，要先安装，若是立管从室外环网引入的，则干管就是引入管的一段；立管、支管的安装中交叉阀门的安装。

2）室内排水系统安装

安装准备→管道预制→支吊架制作安装→立管安装→支管安装→封口堵洞→灌水试验→通球试验。

需要说明的是：隐蔽的管段要先进行灌水试验和通球试验；吊平顶内和竖井内的管子，要在试验合格后，土建或装饰施工单位才可以封堵和做吊平顶。

3）室内自动喷水灭火系统安装

安装准备 → 管网支吊架制作安装 → 管网安装 → 试压冲洗 → 喷头支管

泵房设备安装 → 泵房配管

安装及试压 → 喷头及系统组件安装 → 系统调试

需要说明的是：以上为一幢大楼的自动喷水灭火工程的施工顺序，管网的试压可分层分段实施；喷头支管指的是安装在吊平顶上的喷头的支管，要与装饰工程同时进行，不需与管网同时完成，必须单独试压；系统组件指的是水流指示器、报警阀组、节流减压装置等，为防止在冲洗过程中损坏，在管网冲洗后再安装。

5. 确定施工流水方向

施工流水方向是指施工活动在拟建建筑的空间上（包括平面和竖向）开始部位到结束部位的整个进展方向，它的合理确定将有利于扩大施工作业面，组织多工种平面或立体流水作业，缩短施工周期和保证工程质量。施工流水方向的确定是单位工程施工组织设计的重要环节。

施工流向涉及和影响一系列施工活动的展开和进程，也直接影响着施工目标的实现，它是组织施工的重要内容。施工流向的确定包括施工段的划分、施工流向的起点和总流向的确定三个内容。施工流向起点的确定，就是确定施工活动在空间上最先开始的部位。施工总流向是指施工活动在空间上自开始部位至结束部位的整个进展方向。一般确定施工流向起点应考虑如下的因素：

（1）根据主导工程生产工艺确定

通常情况下，应以工程量较大或技术上较复杂的分部分项工程为主导工程（序）安排施工流向，其他分部分项随之顺序安排。如多跨工业单层厂房，通常从设备安装量大的一跨先行施工（指构件预制、吊装），然后施工其余各跨，这样能为设备安装赢得时间。

（2）根据劳动力、机具设备配置情况确定

当用于某单位工程的各工种劳动力能与其他单位工程进行施工流水作业安排时，则各工种劳动力可以在两个单位工程之间进行施工流水作业安排。

（3）根据施工的繁简程度确定

通常情况下，技术复杂、施工进度较慢、工期较长的部位或工段先行施工。如基础埋置深度不同时，应先施工深基础，后施工浅基础。

（4）根据建筑物的高、低层与基础深浅不同确定

当基础埋深不一样时，应按先深后浅顺序确定开始部位；当一幢建筑物由不同层数组成时，一般应从层数多的一端开始。

（5）根据工程现场条件和施工方案确定

工程现场条件，如施工场地大小、道路布置等，以及施工方案所采用的施工方法是确定施工流向起点的决定因素。如土方开挖与外运工程，一般应从远离道路的部位开始。

（6）分部分项工程的特点和相互关系

各分部分项工程的施工起点流水方向有其自身的特点。如主体结构从平面上，从哪一边开始都可以，但竖向一般自下而上施工；安装工程平面及竖向上从哪个方向开始都可以。

在流水施工中，流水起点决定了各施工段的施工顺序和施工段的划分和编号。因此，应综合考虑，合理确定施工流向的起点。

4.2.3 施工方法的选择

主要项目（或工序）的施工方法是施工方案的核心。编制时首先要根据工程特点，找出哪些项目（或工序）是主要项目（或工序），以便选择施工方法时重点突出，能解决施工中的关键问题。主要项目（或工序）随工程的不同而异，不能千篇一律。建筑安装工程的施工方法是多种多样的，即便是同一施工项目，也可采用多种施工方法来完成。如设备吊装有分件吊装、组合吊装和整体吊装；大型油罐制作安装有吊车起吊组装、空气顶升倒装和群桅倒吊法组装等，采用何种施工方法必须结合实际情况，进行周密的技术经济分析才能确定。在选择施工方法时，应当注意以下问题：

1. 应根据工程特点，找出哪些施工过程是工程的主导施工过程，以便在选择施工方法时有针对性地解决主导施工过程的施工问题。

2. 必须结合实际，方法可行，条件允许，可以满足施工工艺和安全生产要求。

3. 尽可能地采用先进技术和施工工艺，努力提高机械化施工程度。

4. 符合国家颁发的施工验收规范和质量检验评定标准的有关规定。

5. 要与所选择的施工机械及所划分的流水段相协调。

6. 对于常规做法和工人熟悉的分项工程，只需提出施工中应注意的特殊问题，不必详细拟定施工方法。

7. 要认真进行施工技术方案的技术经济比较。

4.2.4 施工机械的选择和优化

选择施工方法必然涉及施工机械的选择。施工机械化是现代化大生产的显著标志，对加快建设速度、提高工程质量、保证施工安全、节约工程成本起着至关重要的作用。因此施工机械的选择是施工方法选择的中心环节，在选择时应注意以下几点：

1. 首先选择主导工程的施工机械，如地下工程的土方机械，主体结构工程的垂直、水平运输机械，结构吊装工程的起重机械等。

2. 施工机械的合理组合。选择施工机械时，要考虑各种机械的合理组合，使选择的主导机械效率充分发挥。合理组合一是指主机与辅机在台数和生产能力上的相互适应；二是指作业线上的各种机械互相配套的组合。如土方工程在采用汽车运土时，汽车的载重量应为挖土机斗容量的整倍数，汽车的数量应保证挖土机连续工作。

3. 在同一个工地上的施工机械的种类和型号应尽可能少。为了便于现场施工机械的管理及减少转移，对于工程量大的工程应采用专用机械；对于工程量小而分散的工程，则应尽量采用多用途的施工机械。

4. 在选用施工机械时，应尽量选用施工单位现有机械，以减少资金的投入，充分发挥现有机械效率。若现有机械不能满足工程需要，则可考虑租赁或购买。

5. 要考虑所选机械的运行费用是否经济，避免大机小用。施工机械的选择应以能否满足施工的需要为目的。如本来土方量不大，却用了大型的土方机械，结果不到一星期就完工了，但大型机械的台班费、进出场的运输费、便道的修筑费以及折旧费等固定费用相当庞大，使运行费用过高，超过缩短工期所创造的价值。

6.选择施工机械时应从全局出发统筹考虑。全局出发就是不仅考虑本项工程，而且考虑所承担的同一现场或附近现场其他工程的施工机械的使用。这就是说，从局部考虑去选择机械是不合理的，应从全局的角度进行考虑。

4.2.5 施工方法的确定与机械选择的关系

正确选择施工方法和施工机械是制订施工方案的关键。而施工方法和施工机械的选择是紧密联系在一起的，单位工程各个分部（分项）工程均可选择各种不同的施工方法和施工机械进行施工，二者的选择将直接影响工程的施工进度、质量、安全、成本。因此，要根据建筑物（构筑物）的平面形状、尺寸、高度、结构特征、抗震要求，工程量大小、工期长短、资源供应条件，施工现场和周围环境，施工单位技术管理水平和施工习惯等因素，综合分析考虑，制订可行方案，进行技术经济指标分析比较，确定出最优方案。

4.3 施工进度计划编制

施工进度计划是为实现项目设定的工期目标，对各项施工过程的施工顺序、起止时间和相互衔接关系所作的统筹策划和安排。施工部署在时间上的体现，要保证拟建工程在规定的期限内完成，保证施工的连续性和均衡性，节约施工费用。施工进度计划是施工组织设计中最重要的组成部分，又是劳动力组织、机具调配、材料供应以及施工场地布置的主要依据。一切施工组织工作都是围绕施工进度计划来进行的。

4.3.1 施工进度计划编制依据

编制施工进度计划前应搜集和准备所需的相关资料作为编制的依据，这些资料主要包括：

1.建设单位或施工合同规定的，并经上级主管机关批准的单位工程开工、竣工时间

施工组织设计不分类别都是以开工、竣工为期限，安排施工进度计划的。指导性施工组织设计中施工进度计划安排必须根据标书中要求的工程开工时间和交工时间为施工期限，安排工程中各施工项目的进度计划。实施性施工组织设计是以合同工期的要求作为工程的开工和交工时间安排施工进度计划。重点工程的施工组织设计根据总施工进度计划中安排的开工、竣工时间或业主特别提出要求的开工、交工时间，安排施工进度计划。

2.工程全套施工图纸、地质地形图、工艺设计图、有关标准图等技术资料

熟悉设计文件、图纸，全面了解工程情况，工程数量；掌握工程中各分部、分项、单位工程之间的关系，避免出现施工安排上的倒序影响施工进度计划。

3.已确定的单位工程施工方案与施工方法

包括施工程序、顺序、起点流向、施工方法与机械、各种技术组织措施等，编制施工进度计划必须紧密联系所选定的施工方案，这样才能把施工方案中安排的合理施工顺序反映出来。

4.预算文件中的工程量、工料分析等资料

5. 劳动定额、机械台班定额等定额资料

有关定额是计算各施工过程持续时间的主要依据。

6. 施工条件资料

包括施工现场条件、气候条件、环境条件，施工管理和施工人员的技术素质、施工时可能调用的资源情况、主要材料、设备的供应能力等。资源的供应情况直接决定了各施工过程持续时间的长短。

7. 其他相关资料

如已签订的施工合同、已建成的类似工程的施工进度计划等。

4.3.2 施工进度计划种类

1. 按工程规模

施工进度计划是施工组织设计的构成部分，种类可与施工组织设计相适应，分为施工总进度计划、单位工程施工进度计划和分部分项工程施工进度计划。

2. 按指导时间长短

有年度计划、季度计划、月度计划、旬或周计划等。

3. 按安装工程类别

有给排水工程施工进度计划、建筑电气工程施工进度计划、建筑供热工程施工进度计划、通风与空调工程施工进度计划、建筑智能化工程施工进度计划、自动喷水灭火系统工程施工进度计划等。

4. 按计划功能不同

建设工程项目施工进度计划根据工程规模的大小，结构复杂程度，施工工期，一般分成控制性施工进度计划、指导性施工进度计划和实施性施工进度计划。控制性进度计划和指导性进度计划的界限并不十分清晰，前者更宏观一些。大型和特大型建设工程项目需要编制控制性施工进度计划、指导性施工进度计划和实施性施工进度计划，而单位工程施工进度计划只需编制控制性施工进度计划和实施性施工进度计划即可。

1. 控制性施工进度计划　只需编制以分部工程项目为划分对象的施工进度计划，便于控制各分部工程的施工进度。多用于工程结构较复杂、规模较大、工期较长的工程；也可用于规模不大或结构不复杂，但各种资源（劳动力、材料、机械等）不落实的情况；或工程建设规模、建筑结构可能发生变化的情况。

2. 实施性施工进度计划　是控制性施工进度计划的补充，以分项工程项目为划分对象的施工进度计划，此类施工进度计划的项目划分必须详细，各分项工程彼此间的衔接关系必须明确。多用于施工任务具体明确、施工条件落实、各项资源供应满足施工要求，施工工期不太长的工程。根据实际情况，实施性施工进度计划的编制可与控制性施工进度计划的编制同步进行，也可滞后进行。

4.3.3 施工进度计划表示方法

施工进度计划可采用网络图或横道图表示，并附必要说明。一般工程画横道图即可，对工程规模较大、工序比较复杂的工程宜采用网络图表示，通过对各类参数的计算，找出关键线路，选择最优方案。

4.3.4 施工进度计划编制程序

施工进度计划的编制程序如图 4-1 所示。

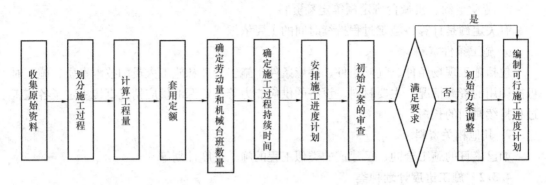

图 4-1　施工进度计划编制程序与步骤

1. 划分施工过程

施工进度计划一般以分部、分项工程项目作为基本组成单元进行编制。因此，编制施工进度计划，首先应按施工图纸和施工顺序，将拟建工程的各个分部分项工程按先后顺序列出，并结合施工方法、施工条件和劳动组织等因素，加以适当调整，填在施工进度计划表的有关栏目内。通常，施工进度计划表中只列出直接进行施工的建筑安装类施工过程以及占有施工对象空间、影响工期的制备类和运输类施工过程。

在确定施工过程时，应注意下述问题：

（1）施工过程划分的粗细程度取决于施工进度计划的类型。控制性进度计划，施工项目可粗一些，通常只列出分部工程名称；而实施性进度计划则应划分细一些，特别是对工期有直接影响的项目必须列出，以便于指导施工，控制工程进度。

（2）施工项目适当合并，使进度计划简明清晰。可将某些次要项目合并到主要项目中去，或对在同一时间内由同一专业工程队施工的项目，合并为一个工程项目，而对于次要的零星工程项目，可合并为其他工程一个工程项目。

（3）施工过程的划分要结合所选择的施工方案。例如，单层工业厂房结构安装工程，若采用分件吊装法，则施工过程的名称、数量和内容及安装顺序应按照构件来确定；若采用综合吊装法，则施工过程应按照施工单元（节间、区段）来确定。

（4）施工过程排列顺序的要求。所有施工过程应基本按施工顺序先后排列，所采用的施工项目名称应与现行定额手册上的项目名称相一致。

（5）施工过程划分的工艺性要求。建筑的水、暖、煤、卫、电等房屋设备安装是建筑工程的重要组成部分，应单独列项；工业厂房的各种机电等设备安装也要单独列项，但不必细分，可由专业队或设备安装单位单独编制其施工进度计划。土建施工进度计划中列出其施工过程，表明其与土建工程间的配合关系。

2. 计算工程量

工程量计算基本上应根据施工预算的数据，按照实际需要做些必要的调整。计算土方工程量时，还应根据土质情况、挖土深度及施工方法（放边坡、加支撑或降水）等来计算。

计算每一分部分项工程量时，其单位应与所采用的产量定额所用的单位一致。如果实行工程量清单计价，使用清单数据时，一定结合选定的施工方法和安全技术要求计算工程量。此外，应按组织流水施工的要求，分区、分层、分段来计算。

3. 查定额，确定劳动量和机械台班数量

根据各分部、分项工程的工程量、施工方法和现行施工定额，结合当地的实际情况计算各施工过程的劳动量或机械台班数。计算公式如下：

$$P = \frac{Q}{S} \tag{4-1}$$

或
$$P = Q \cdot H \tag{4-2}$$

式中　P——完成某施工过程所需的劳动量（工日）或机械台班量（台班）；

　　　Q——某分部分项工程的工程量（m^3、m、$t\cdots$）；

　　　S——某分部分项工程的人工或机械产量定额；

　　　H——某分部分项工程人工或机械的时间定额。

在使用定额时，遇到一些特殊情况，可按下述方法处理：

（1）在工程施工中，有时会遇到采用新技术或特殊施工方法的分部、分项工程，因缺乏足够的经验和可靠资料，定额中未列出，计算时可参考类似项目的定额或经过实际测算，确定临时定额。

（2）计划中的"其他工程"项目所需劳动量，可根据实际工程对象，取总劳动量的一定比例（10%～20%）。

【实践训练】

任务 4-1：确定机械台班量、劳动量

1. 背景资料

某设备基础的土方工程为 $4000m^3$，若采用人工挖土，劳动定额为 $5m^3$/工日，若采用蟹爪式挖土机挖土，其产量定额为 $200m^3$/台班。

2. 问题

计算机械台班量、劳动量。

3. 分析与解答：

需要劳动工日数为：$P = \dfrac{Q}{S} = \dfrac{4000}{5} = 800$ 工日

机械台班需求量为：$P = Q \cdot H = 4000/200 = 20$ 产台班

4. 确定施工过程持续时间

应根据劳动力和机械需要量、各工序每天可能出勤人数与机械数量等，并考虑工作面的大小来确定各施工过程的作业时间。可按下式计算。

$$t_i = \frac{Q_i}{S_i R_i N_i} = \frac{P_i}{P_i N_i} \tag{4-3}$$

符号意义见教学单元 2。

其他确定方法，教学单元 2 均有介绍。

在确定施工过程的持续时间时，某些主要施工过程由于工作面限制，工人人数不能太多，而一班制又将影响工期时，可以采用两班制，尽量不采用三班制。大型机械的主要施工过程，为了充分发挥机械能力，有必要采用两班制，一般不采用三班制。

【实践训练】

任务 4-2：计算施工过程延续时间

1. 背景资料

某安装工程设备搬运需劳动量 630 工日，采用两班制施工，每班出勤人数为 20 人。

2. 问题

试求每个搬运班组完成任务的持续时间。

3. 分析与解答

$$t_i = \frac{Q_i}{S_i R_i N_i} = \frac{P_i}{P_i N_i}$$

$$t = \frac{630}{20 \times 2} = 15.7 \text{ 天，取 } 16 \text{ 天}$$

在利用上述公式计算时，应注意下列问题：

（1）对人工完成的施工过程，可先根据工作面可能容纳的人数并参照现有劳动组织的情况来确定每天出勤的工人人数，然后求出工作的持续时间。当工作的持续时间太长或太短时，则可增加或减少出勤人数，从而调整工作持续时间。

（2）机械施工可先凭经验假设主导机械的台数，然后从充分利用机械的生产能力出发求出工作的持续天数，再做调整。

（3）对于新工艺、新技术的项目，其产量定额和作业时间难以准确计算时可按教学单元 2 中公式（2-4）计算。

在目前的市场经济条件下，施工的过程就是承包商履行合同的过程。通常，项目经理部根据合同规定的工期，结合自身的施工经验，用倒排法，先确定各分部分项工程的施工时间，再按各分部分项工程需要的劳动量或机械台班数量，确定每一分部分项工程的每个班组所需要的工人数或机械台班数。

5. 安排施工进度计划

各分部分项工程的工作延续时间确定后，开始编排施工进度。编制进度时，必须考虑各分部分项工程的合理顺序，尽可能地将各个施工阶段最大限度地搭接起来，并力求同工种的专业工人连续施工。

（1）先安排主要分部分项工程并组织其流水施工。主要分部分项工程尽可能采用流水施工方式编制进度计划，或采用流水施工与搭接施工相结合的方式编制施工进度计划，尽可能使各工种连续施工，同时也能做到各种资源消耗的均衡。

（2）各分部分项工程之间按照施工工艺顺序或施工组织的要求组织流水施工。其他分部分项工程的施工应与主要分部分项工程配合并尽可能搭接，将各施工阶段的流水作业图表绘制出来，即得到施工进度计划的初始方案。

6. 初始方案的审查与调整

（1）施工顺序审查与调整

各个施工过程的先后顺序是否合理；主导施工过程是否最大限度地进行流水与搭接施工；而其他的施工过程是否与主导过程相配合，是否影响到主导施工过程的实施以及各施工过程中的技术组织时间间歇是否满足工艺及组织要求，如有错误之处应给予调整或修改。

（2）施工工期的审查与调整

施工进度计划安排的施工工期应满足上级规定的工期或合同中要求的工期。不满足时，则需重新安排施工进度计划或对各分项分部工程流水参数等进行修改与调整。

（3）资源审查与调整

劳动力、材料、机械等使用应避免过分集中，尽量做到均衡。如果出现资源不均衡的情况，可通过调整次要项目的施工时间和起止时间以及重新安排搭接等方法来实现均衡。

7. 编制可行施工进度计划

正式编制的施工进度计划，应根据工程规模大小及其复杂程度或对此类工程是否有过相应施工组织经验等不同情况而有简繁之分。正式编制的施工进度计划表，应突出主导工序路线，编排紧凑，可用粗线条或其他形式明显标志出来。

建筑施工本身是一个复杂的生产过程，受到周围许多客观条件的影响，如资源供应条件变化、气候的变化等，都会影响施工进度。因此，在执行中应随时掌握施工动态，并经常不断地检查和调整施工进度计划。

【案例分析】

案例 4-1：施工方案与进度计划安排

1. 背景

甲公司从乙公司分包承建某商住楼的建筑设备安装工程，该工程地下一层为车库及变配电室和水泵房、鼓风机房组成的动力中心，地上三层为商业用房，四层以上为住宅楼。建筑物的公用部分，如车库、动力中心、走廊、电梯前室等要精装修交付，商场和住宅为毛坯交付。乙公司完成施工组织总设计，提出了施工总进度计划，交给甲公司，要求甲公司编制建筑设备安装进度计划交总包方审查，保证该工程按期交付业主。

2. 问题

（1）甲公司接到乙公司的施工总进度计划后，怎样安排建筑设备安装施工进度计划？

（2）要按期将工程交付使用，甲公司应怎样考虑各专业间的衔接？

3. 分析解答

（1）甲公司的施工进度计划的安排大致分为三个阶段。第一阶段是与土建工程施工配合阶段，自建筑物地下室施工开始直至建筑物封顶为止，主要做好防雷接地系统的连接导通和各种预留预埋工作，如在砌墙或现浇楼板的同时，进行给水、排水、暖气、通风、空调、煤气等管线的预留洞口的施工；电缆穿线管的预埋，电气孔槽或预埋木砖等的预留或埋设。第二阶段是全面安装的阶段，以毛坯交付的建筑部分，安装工程的水、电、风仅装到集中供给点，室内基本不展开，所以该部分安装与建筑施工交叉量不大，相对好管理，进度也可顺利完成。而要以精装修交付的公用部分，在装饰装修工程施工阶段，房屋设备安装工程应与其交叉配合施工，此为控制进度计划的重点。第三阶段是安装工程进入试运转阶段，这时进度计划要注意留有余地，有时间对试运转发现的问题进行整改，不致延误交付的期限。

（2）甲公司承建的安装工程，最终都要试运转，电气专业的动力部分要先于其他专业动力设备安装完成，否则势必影响动力设备（水泵、风机、制冷机）的试运转，但有试运转要求的动力设备要在通电前完成所有静态的试验工作，如试压、冲洗、滑润油加注、盘车检查、冷却回路通水试验等工作。

4.4 施工准备工作计划

施工准备工作是组织施工的首要工作，是施工组织的一个重要阶段，是对拟建工程生产要素的供应、施工方案的选择，以及其空间布置和时间安排等诸多方面进行的施工决策。准备工作的好坏直接关系到各项建设工作能否顺利地进行，按预期的目的使施工生产达到高产、优质、低耗的要求，能否保质保量如期完成各项施工任务。因此，施工准备工作对于充分调动人的积极因素，合理地组织人力、物力，加速工程进度，提高工程质量，降低工程成本，节约投资和原材料等，都起着重要的作用。

4.4.1 施工准备工作的意义及分类

1. 施工准备工作的意义

施工准备工作是企业搞好目标管理、推行技术经济责任制的重要依据，同时又是土建施工和设备安装顺利进行的根本保证。因此，认真做好施工准备工作，对于发挥企业优势、合理供应资源、加快施工速度、提高工程质量、降低工程成本、增加企业经济效益、赢得社会信誉、实现企业管理现代化等具有重要意义。

实践证明，凡是重视和做好施工准备工作，能事先细致地为施工创造一切必要的条件，则该工程就能顺利完成。反之，没有做好必要的准备就贸然施工，必然会造成现场混乱、交通阻塞、停工窝工，不仅浪费人力、物力、时间，而且还可能酿成重大的质量事故和安全事故。因此，严格遵守施工程序，按照客观规律组织施工，做好各项施工准备工作，是保证施工质量、调高经济效益的重要工作。

2. 施工准备工作的分类

(1) 按施工准备工作的范围不同分类

施工项目的施工准备工作按其范围的不同，一般可分为全场性施工准备、单位工程施工条件准备和分部分项工程作业条件准备三种。

1) 全场性施工准备，是以整个建设项目或一个施工工地为对象而进行的各项施工准备工作。它的目的、内容都是为全场性施工服务的，不仅要为全场性施工活动创造有利条件，而且要兼顾单位工程的施工条件准备。

2) 单位工程施工条件准备，是以单位工程为对象而进行的施工条件准备工作。它的目的、内容都是为单位工程施工服务的，不仅要为该单位工程在开工前做好一切准备，而且还要为分部分项工程做好施工准备工作。

3) 分部（分项）工程作业条件的准备，是以一个分部（分项）工程或冬雨期施工项目为对象而进行的作业条件准备。

(2) 按拟建工程所处施工阶段分类

施工准备工作按拟建工程所处的不同施工阶段，一般可分为开工前的施工准备工作和各分部分项工程施工前的准备两种。

1) 开工前施工准备，是在拟建工程正式开工之前所进行的一切施工准备工作。其目的是为拟建工程正式开工创造必要的施工条件。它既可能是全场性的施工准备，也可能是单位工程施工条件准备。

2) 各施工阶段施工前的准备，是在拟建工程正式开工之后，在某一单位工程或某个分部分项工程或某个施工阶段、某个施工环节施工之前所进行的带有局部性和经常性的施工准备工作。其目的是为每个施工阶段的顺利施工创造必要的施工条件，又称为施工期间的经常性施工准备工作，也称为作业条件的施工准备。它带有局部性、短期性和经常性。

综上所述，施工准备工作不仅在开工前的准备期进行，它还贯穿于整个过程中，随着工程的进展，在各个分部分项工程施工之前，都要做好施工准备工作。施工准备工作既要有阶段性，又要有连贯性。因此，施工准备工作必须有计划、有步骤、分阶段进行，它贯穿于整个工程项目建设的始终。因此，在项目施工过程中，首先，要求准备工作一定要达到开工所必备的条件方能开工，其次，随着施工的进程和技术资料的逐渐齐备，应不断增加施工准备工作的内容和深度。

4.4.2 技术准备

技术准备就是通常所说的"内业"工作，是施工准备的核心，是确保工程质量、工期、施工安全，降低成本和增加企业经济效益的关键，由于任何技术的差错或隐患都可能引起人身安全和质量事故，造成生命、财产和经济的巨大损失。因此，必须认真地做好技术准备工作。其主要内容包括：熟悉与审查施工图纸、编制施工组织设计、编制施工预算等。

1. 调查研究和收集资料

（1）原始资料的调查：1）对建设单位与设计单位的调查；2）自然条件调查分析，它包括建设地区的气象，工程地形地质，工程水文地质、场地周围环境、地上障碍物及地下隐蔽物等项调查。其作用是为制订施工方案，技术组织措施、冬雨季施工措施，进行施工平面规划布置等提供依据。

（2）收集相关信息与资料：1）技术经济条件调查分析，它包括地方建筑生产企业，地方资源，地方交通运输，给水、供电及其他能源，主要设备、三大材料，以及劳动力与生活条件等的调查；2）其他相关资料的收集，包括国家、地方的施工规范、定额标准等。

2. 熟悉和会审施工图纸

施工图全部（或分阶段）出图以后，施工单位应依据建设单位和设计单位提供的初步设计或扩大初步设计（技术设计）、施工图设计、建筑总平面图、竖向设计和城市规划等资料文件，以及调查、搜集到的原始资料和其他相关信息，组织有关人员对设计图纸进行学习和会审工作，使参与施工的人员掌握施工图的内容、要求、特点，同时发现施工图中的问题，以便在图纸会审时统一提出，解决施工图中存在的问题，确保工程施工顺利进行。

熟悉和会审施工图纸通常分为熟悉图纸阶段、自审阶段、会审阶段、现场签证四个阶段。

（1）熟悉图纸阶段

施工单位收到项目的施工图纸与有关技术文件后，应尽快组织有关的工程技术人员对图纸进行熟悉，了解设计要求及施工应达到的技术标准，掌握与了解图纸中的细节与要求。

（2）施工图纸的自审阶段

在熟悉图纸的基础上，由总承包单位内部的各专业技术人员，共同核对图纸，写出自审图纸目录，协商施工配合事项。自审图纸的记录应包括对图纸的疑问和对图纸的有关建议。

重点审查施工图的有效性、对施工条件的适应性、各专业之间和全图与详图之间的协调一致性等。设备安装等设计图纸是否齐全，安装图和节点大样图之间有无矛盾；土建图与水电安装图之间互相配合的尺寸是否一致，有无错误和遗漏。总图的建筑物坐标位置与单位工程建筑平面图是否一致；建筑物与地下构筑物及管线之间有无矛盾。安装专业的设备、管架、钢结构立柱、金属结构平台、电缆、电线支架以及设备基础是否与建筑设备安装图和到货的设备相一致；传动设备、随机到货图纸和出厂资料是否齐全，技术要求是否合理，是否与设计图纸及设计技术文件相一致，底座同土建基础是否一致；管口相对位置、接管规格、材质、坐标、标高是否与设计图纸一致；管道、设备及管件需防腐衬里、脱脂及特殊清洗时，设计结构是否合理，技术要求是否切实可行。

（3）施工图纸的会审阶段

施工图纸会审一般由建设单位或委托监理单位组织并主持会议，设计单位、监理单位、施工单位参加，四方共同进行设计图纸的会审。图纸会审时，首先由设计单位进行图纸交底，主要设计人员向与会者说明拟建工程的设计依据、意图和功能要求，并对特殊结构、新材料、新工艺和新技术的选用和设计进行说明；然后施工单位根据自审图纸时的记录和对设计意图的理解，对施工图纸提出问题、疑问和建议；最后在各方统一认识的基础上，对所探讨的问题逐一做好协商记录，形成"图纸会审记录"。记录一般由施工单位整理，参加会议的单位共同会签、盖章，作为与施工图纸同时使用的技术文件和指导施工的依据，并列入工程预算和工程技术档案。图纸会审记录的格式见表4-2。

图纸会审记录表 表4-2

工程编号：

工程名称		会审日期		会审地点	
主持人		会审专业			
会审内容	提出问题		会审结果		
参加人员					
会审单位 （签章）	建设单位（签章） 代表：	设计单位（签章） 代表：	施工单位（签章） 代表：	监理单位（签章） 代表：	

（4）施工图纸的现场签证阶段

在拟建工程的施工过程中，如果发现施工的条件与设计图纸条件不符、图纸中有错误，因为材料的规格、质量不能满足设计要求或者因为施工单位提出了合理化建议，需要对施工图纸进行及时修改时，应遵循技术核定和设计变更的签证制度，对施工图纸进行现场签证。如果设计变更的内容对拟建工程的规模、投资影响较大时，要报请项目的原批准单位批准。在施工现场的图纸修改、技术核定和设计变更资料，都要有正式的文字记录，归入拟建工程施工档案，作为指导施工、工程结算和验收的依据。

3. 编制中标后施工组织设计

中标后施工组织设计是施工单位在施工准备阶段编制的指导拟建工程施工现场全部生产活动的技术经济、组织的综合性文件，也是编制施工预算、实行项目管理的依据，是施工准备工作的主要文件。它是在投标书施工组织设计的基础上，结合所收集的原始资料和相关信息资料，根据图纸及会议纪要，按照施工组织设计的基本原则，综合建设单位、监理单位、设计单位的具体要求进行编制的，以保证工程好、快、省、安全、顺利地完成。

施工单位必须在施工约定的时间内完成中标后施工组织设计的编制与自审工作，填写施工组织设计报审表，报送项目监理机构。总监理工程师应在约定的时间内，组织专业监理工程师审查，提出审查意见后，由总监理工程师审定批准，需要施工单位修改时，由总监理工程师签发书面意见，退回施工单位修改后再报审，总监理工程师应重新审定，已审定的施工组织设计由项目监理机构报送建设单位。施工组织设计已经审定，施工单位必须按施工组织设计文件组织施工，并作为施工索赔的主要依据。施工组织设计报审表见表 4-3。

施工组织设计报审表   表 4-3

工程名称：_____   编号：_____

致：_____（监理单位）

我方已根据施工合同的有关规定完成了_____工程施工组织设计的编制，并经我单位技术负责人审查批准，请予以审查。

附件：施工组织设计（方案）。

承包单位（章）：_____

项目经理：_____ 日期：_____

专业监理工程师审查意见：

专业监理工程师：_____ 日期：_____

总监理工程师审核意见：

项目监理机构（章）：_____

总监理工程师：_____ 日期：_____

4. 编制施工预算

施工预算是施工单位根据施工合同价款、施工图纸，施工组织设计或施工方案、施工定额等文件进行编制的企业内部经济文件。它直接受施工合同中合同价款的控制，是施工前的一项重要准备工作。它是施工企业内部控制各项成本支出、考核用工、签发施工任务书，限额领料，基层进行经济核算，进行经济活动分析的依据。在施工过程中，要按施工预算严格控制各项指标，以促进降低工程成本和提高施工管理水平。

5. 技术、安全交底

技术、安全交底的目的是把拟建工程的设计内容、施工计划、施工技术要点和安全等要求，按分项内容或按阶段向施工队、班组交代清楚。技术交底的时间在拟建工程开工前或各施工阶段开工前进行，以保证工程按施工组织设计（方案）、安全操作规程和施工规范等要求进行施工。技术交底就是交任务、交技术、交措施、交标准，主要内容有工程施工进度计划、施工组织设计、质量标准、技术、安全和节约措施等要求；采用新结构、新材料、新工艺、新技术的保证措施；有关图纸设计变更和技术核定等事项。

技术交底工作由项目经理部的技术负责人组织，按项目管理系统逐级进行，由上而下，直到施工工人的队组。交底方式有书面形式、口头形式和现场示范形式等。技术交底要做好记录。

4.4.3 物资准备

施工物资准备是指施工中所必需的劳动手段（施工机械、工具）和劳动对象（材料、配件、构件）等的准备。它是保证施工顺利进行的物质基础，必须在工程开工之前完成。

1. 物资准备工作程序

物资准备工作程序是指搞好物资准备工作所应遵循的客观顺序。通常按如下程序进行：

（1）编制物资配置计划

根据施工定额、分部（项）工程施工方法和施工总进度的安排，拟定材料、构（配）件制品、施工机具和工艺设备等物资的需要量计划。

（2）组织货源签订合同

根据各种物资、机具配置计划和施工组织设计所确定的仓储和使用面积，确定各种物资、机具的需要量进度计划，组织货源，确定加工、供应地点和供应方式，签订物资买卖合同或机具租赁合同。

（3）确定运输方案和计划

根据各种物资、机具的需要量进度计划和物资买卖合同、机具租赁合同，拟定运输计划和运输方案。

（4）物资储存保管、机具定位

按照施工平面图的规划，组织物资、机具按计划时间进场，在指定地点，按规定方式进行就位、存储和保管。

2. 物资准备工作的内容

（1）材料的准备

根据材料的需要量计划，组织货源，确定加工、供应地点和供应方式，签订物资买卖合同，确定仓库、堆场面积，组织运输。

材料的储备应根据施工现场分期分批使用材料的特点，按照以下原则进行材料储备：

1）按工程进度分期分批进行。现场储备的材料多了会造成积压，增加材料保管的负担，同时也多占用了流动资金；储备少了又会影响正常生产。所以材料的储备应合理、适量。

2）做好现场保管工作。根据材料特性采用不同的保存方式，以防止材料变质、损耗等。

3）现场材料的堆放应合理。现场储备的材料，应严格按照施工平面布置图的位置堆放，以减少二次搬运，且应堆放整齐，标明标牌，以免混淆。此外，还应做好防水、防潮、易碎材料的保护工作。

（2）配件和制品的加工准备

工程项目施工中需要大量的预制构件、金属构件以及卫生洁具等。这些构件、配件必须尽早地从施工图中摘录出其规格、质量、品种和数量，编制出其需要量计划，确定加工方案和供应渠道以及其进场后的存储地点和方式。

（3）安装机具的准备

根据施工方案和施工进度计划，确定安装施工机具的数量和供应办法，确定进场时间及进场后的存放地点和方式，编制建筑安装机具的需要量计划，为组织运输、确定存放场地面积等提供依据。需租赁机械时，应提前签约，确保机械不耽误生产、不闲置，提高机械利用率，节省机械使用费。

（4）生产工艺设备的准备

按照拟建工程生产工艺流程及工艺设备的布置图，提出工艺设备的名称、型号、生产能力和需要量；按照设备安装计划确定分期分批进场时间和保管方式，编制工艺设备调配计划，为组织运输、确定存放和组装场地面积提供依据。工艺设备订购时，要注意交货时间与土建进度密切配合。因为某些庞大设备的安装往往要与土建施工穿插进行，如果土建全部完成或封顶后，安装会有困难或无法安装，故各种设备的交货时间要与安装时间密切配合，以免影响建设工期。

3. 物资准备的注意事项

（1）无出厂合格证明或没有按规定进行复验的原材料、不合格的配件，一律不得进场和使用。严格执行施工物资的进场检查验收制度，杜绝假冒伪劣产品进入施工现场。

（2）施工过程中要注意查验各种材料、构配件的质量和使用情况，对不符合质量要求、与原试验检测品种不符或有怀疑的，应提出复试或化学检验的要求。

（3）进场的机械设备必须进行开箱检查验收，产品的规格、型号、生产厂家和地点、出厂日期等，必须与设计要求完全一致。

4.4.4 施工现场准备

施工现场是参加建筑施工的全体人员为优质、安全、低成本和高速度完成施工任务而进行工作的活动空间。施工现场准备即通常所说的室外准备，是为拟建工程施工创造有利施工条件和物质保证的基础。其主要内容包括：

1. 拆除障碍物

施工现场内的一切地上、地下障碍物，都应在开工前拆除。这项工作一般是由建设单位完成，但有时委托施工单位完成。如果由施工单位来完成这项工作，一定要事先摸清现场情况，尤其是在城市的老城区中，由于原有建筑物和构筑物情况复杂，而且往往资料不全，应采取相应的措施，防止发生事故。对于原有电力、通信、给排水、煤气、供热网、树木等设施的拆除和清理，要与有关部门联系并办好手续后方可进行，一般由专业公司来处理。房屋只有在水、电、气切断后才能进行拆除。

2. 三通一平

"三通一平"是一个广义的概念。大型工业项目实际为"五通一平"，即水通、电通、路通、排水畅通、电讯通、场地平整。随着地域的不同和生活要求的不断提高，还有蒸汽、煤气等的畅通，使"三通一平"工作更完善。

（1）场地平整。清除障碍物后，即可进行场地平整工作，按照施工总平面、勘测地形图和场地平整施工方案等技术文件的要求，通过测量，计算挖、填土方量，设计土方调配方案，确定平整场地的施工方案，组织人力和机械进行平整场地的工作。应尽量做到挖填方量趋于平衡。

（2）水通。水是施工现场的生产、生活和消防不可缺少的。拟建工程开工之前，必须按照施工平面图的规划，接通施工用水和生活用水的管线，尽可能与永久性的给水系统结合，管线敷设尽量短。同时做好施工现场的排水工作，如排水不畅，会影响施工和运输计划的顺利进行。

（3）电及电讯通。电是施工现场的主要动力来源。拟建工程开工之前，要按照施工组织设计的规划，接通电力、电讯设施，确保施工现场动力设备和通信设备的正常运行。

（4）路通。道路是组织物资运输的动脉。拟建工程开工之前，必须按照施工平面图的规划，修建必要的临时性道路，形成完整的运输网络。应尽可能利用原有道路设施或拟建永久道路解决现场道路问题。

3. 测量放线

为了使建筑物或构筑物的平面位置和高程符合设计要求，施工前应按总平面图、永久性的经纬坐标桩及水平坐标桩，建立工程测量控制网，以便建筑物在施工前的定位放线。建筑物定位、放线，一般通过设计定位图中平面控制轴线来确定建筑物四周轮廓位置。测定经自检合格后，提交有关技术部门和监理方验线，以保证定位的正确性。沿红线（规划部门给定的建筑红线，在法律上起着控制建筑四周边界用地作用）放线后，还要由城市规划部门验线，以防止建筑物压红线或超红线。

4. 搭设临时设施

各种生产、生活需用的临时设施，包括各种仓库、搅拌站、预制构件厂（站）、各种生产作业棚、办公用房、宿舍、食堂、文化设施等均应按施工组织设计规定的数量、标准、面积、位置等要求组织修建。现场所需的临时设施，应报请规划、市政、消防、交通、环保等有关部门审查批准。为了施工方便和行人安全，指定的施工用地周界，应用围墙围挡起来。围挡的形式和材料应符合市容管理的有关规定和要求。在主要出入口处应设置标牌，标明工程名称、施工单位、工地负责人等。

4.4.5 劳动组织准备

工程项目能否按预定的目标完成，很大程度上取决于承担工程项目的施工人员的素质。施工人员包括施工管理人员和具体操作人员两大部分。合理选择和配备施工人员，直接影响到工程质量与安全、施工进度及工程成本。因此，劳动组织准备是开工前重要的一项准备工作。劳动组织准备内容如下：

1. 项目管理机构的组建

组建项目管理机构就是建立项目经理部。项目经理部组建的是否合理，关系到拟建工程能否顺利进行。要根据工程项目的规模、结构特点和复杂程度、施工条件、建设单位的要求及有关的规定，将有施工经验、有创新精神、工作效率高、善经营、懂技术的人员选到管理机构中来。要尽量压缩管理层次，要因事设职、因职选人，做到管理人员精干、一职多能、人尽其才、恪尽职守，以适应市场变化的要求。项目经理部规模可大可小，对于一般单位工程可设一名项目经理，再配施工员、质检员、安全员及材料员等；对大型的单位工程或群体项目，则需配备一套班子，包括技术、材料、计划、成本、合同、资料和组织协调等管理人员。项目经理是项目经理部的负责人，是承包人在施工合同专用条款中指定的负责施工管理和合同履行的代表，应由取得注册建造师，并具有相应施工经验和能力的人担任。

2. 组织精干的施工队伍

（1）组织施工队组

建立施工队组要认真考虑专业工种的合理配合。技工和普工的比例要满足合理的劳动组织要求。按组织施工方式的要求，确定建立混合施工队组或专业施工队组及其数量。组建施工队组要坚持合理、精干的原则。同时，要制订出工程的劳动力配置计划。

（2）集结施工力量，组织劳动力进场

根据开工日期和劳动力配置计划，组织劳动力进场，并根据工程实际进度需求，动态增减劳动力数量。需要外部施工力量，可通过签订专业施工分包合同或劳务分包合同，与其他建筑队伍共同完成施工任务。

（3）施工队伍的教育

施工前，要对施工队伍进行劳动纪律、质量意识及安全、防火、文明施工等教育，要求施工人员遵守劳动纪律、坚守工作岗位、遵守操作规程；增强质量观念，保证工程质量与施工工期，做到安全、防火、文明施工。

施工前还要对技术管理人员和操作人员进行新技术、新工艺等方面的技术培训，从而从根本上保证工程的施工质量。

3. 建立健全各项管理制度

工地现场的各项管理制度是否建立、健全，直接影响其各项施工活动的顺利进行。有章不循其后果是严重的，无章可循更是危险的，为此必须建立健全各项施工的管理制度。

施工现场通常有以下管理制度：项目管理人员岗位责任制度；项目技术管理制度；项目质量管理制度；项目安全管理制度；项目计划、统计、进度管理制度；项目成本核算制度；劳务管理制度；项目组织协调制度；项目信息管理制度等。项目经理部自定的制度与企业现行制度不一致时，要报送企业或授权职能部门批准。

4.4.6 季节性施工准备

建筑行业施工绝大部分工作是露天作业，受气候影响比较大，因此在冬期、雨期施工中，必须从具体条件出发，正确选择施工方法，做好季节性施工准备工作，以保证按期、保质、安全地完成施工任务，取得较好的技术经济效果。

1. 冬期施工准备工作

（1）合理安排冬季施工项目。

（2）落实各种热源供应和管理。要落实各种热源供应渠道、热源设备和各种保温材料的储存和供应，以保证施工的顺利进行。

（3）做好测温工作。冬季施工昼夜温差较大，为保证施工质量应做好测温工作，防止砂浆、混凝土在达到临界强度前遭受冻结而破坏。

（4）做好保温防冻工作。在进入冬季施工之前，做好室内施工项目的保温和热源供应工作，可先完成供热系统，安装好门窗玻璃等项目，保证室内其他项目能顺利施工；做好室外各种临时设施保温防冻工作，如防止给排水管道冻裂，防止道路积水结冰，及时清扫道路上的积雪，以保证运输顺利进行。

（5）加强安全教育，严防火灾发生。

2. 雨期施工准备工作

（1）防洪排涝，做好现场排水工作。雨季来临前，应针对现场具体情况，开挖好排水沟渠，准备好抽水设备，防止因场地积水和地沟、基槽、地下室等泡水而造成损失。

（2）合理安排雨季施工项目。室内工作尽量安排在雨季施工，以避免雨季窝工造成损失。

（3）做好道路维护，保证运输畅通。雨季前检查道路边坡排水，适当提高路面，做好道路的维护工作，防止路面凹陷，保证运输畅通。

（4）做好物资的储存。雨季到来前，适当增加储备，减少雨季运输量，以节约费用。准备必要的防雨器材，库房四周要有排水沟渠，以防物资淋雨浸水而变质。

（5）做好机具设备等防护。雨季施工，对现场的各种设施、机具要加强检查，特别是脚手架、垂直运输设施等，要采取防倒塌、防雷击、防漏电等一系列技术措施。

（6）加强施工管理，做好雨期施工的安全教育。要认真编制雨季施工技术措施和安全措施，并认真组织贯彻落实。加强对职工的安全教育，防止各种事故的发生。

4.4.7 施工准备工作计划与开工报告

1. 施工准备工作计划

为了落实各项施工准备工作，加强检查和监督，必须根据各项施工准备工作的内容、时间和人员，编制出施工准备工作计划。该计划如表 4-4 所示。

由于各项施工准备工作不是分离的、孤立的，而是互相补充，互相配合的，为了提高施工准备工作的质量，加快施工准备工作的速度，除用上述表格编制施工准备工作计划外，还可采用编制施工准备工作网络计划的方法，以明确各项准备工作之间的逻辑关系，找出关键线路，并在网络计划图上进行施工准备期的调整，尽量缩短准备工作的时间，使各项工作有领导、有组织、有计划和分期分批地进行。

施工准备工作计划表　　　　　　　　　　　　　　　　　表 4-4

序号	项目	施工准备工作内容	要求	负责单位	负责人	配合单位	起止时间	备注
							月　日	月　日
							月　日	月　日

2. 提出开工报告

工程项目开工前，施工准备具备了以下条件时：（1）获政府主管部门批准的施工许可证；（2）征地拆迁工作能满足工程进度的需要；（3）施工组织设计已获总监理工程师批准；（4）施工图纸已会审并有记录；（5）施工单位现场管理人员已到位，机具、施工人员已进场，主要材料已落实；（6）进场道路及水、电、通风等已满足开工要求；（7）质量管理、技术管理和质量保证的组织机构已建立；（8）质量管理、技术管理制度已制订；（9）专职管理人员和特种作业人员已取得资格证、上岗证；（10）现场安全守则、安全宣传牌已建立，安全防火的必要设施已具备。上述条件满足后，施工单位应向监理单位报送工程开工报审表及开工报告、证明文件等，经总监理工程师审查批准并报建设单位，才可开工。开工报审表见表4-5。

工程开工报审表　　　　　　　　　　　　　　　　　　　　　表 4-5

工程名称：　　　　　　　　　　　　　　　　　　　　　　编号：

致：＿＿＿＿＿＿＿＿＿＿＿＿（监理单位）

我方承担的＿＿＿＿＿＿＿工程，已完成了以下各项工作，具备了开工条件，特此申请施工，请核查并签发开工指令。

附：1. 开工报告；
　　2.（证明文件）。

承包单位（章）＿＿＿＿＿＿＿

项　目　经　理＿＿＿＿＿＿＿

日　　　　　期＿＿＿＿＿＿＿

审查意见：

项目监理机构＿＿＿＿＿＿＿

总监理工程师＿＿＿＿＿＿＿

日　　　　期＿＿＿＿＿＿＿

4.5　资源配置计划编制

施工资源是工程施工过程中所必须投入的各类资源，包括劳动力、材料和设备、周转材料、施工机具等。施工进度计划表编制出来后，应即编制各项资源的配置计划，主要是劳动力调配计划、施工机具配置计划、主要材料及构配件配置计划等。这些计划是施工组织设计的组成部分，也是施工单位做好施工准备和物资供应工作的主要依据。

落实各项资源是实施工程的物质保证，离开了资源条件，再好的施工进度计划也将成为一纸空文。因此，做好各项资源的供应、调度、落实，对保证施工进度，甚至质量、安全都极为重要，应充分予以重视。

4.5.1　劳动力调配计划编制

劳动力配置计划主要作为劳动力的平衡，调配和衡量劳动力消耗指标，安排生活及福利设施等的依据。按工程预算和施工进度计划计算各施工过程所需的各工种的用工人数和施工总人数。确定施工人数高峰期的总人数和出现时间，力求避免劳动力进退场频繁，尽量达到均衡施工。表格形式如表 4-6 所示。

劳动力调配计划表 表 4-6

序号	工种	劳动量	高峰期需用量	需要人数及时间					
				×年×月			×年×月		
				上旬	中旬	下旬	上旬	中旬	下旬

4.5.2 机具配置计划编制

施工机具设备配置计划是根据施工进度计划（方案）编制的，主要明确施工机具设备的名称、数量、规格、型号、进退场时间以及机具设备的来源（指添置或是企业内部调拨）。表格形式如表 4-7 所示，此表亦可作临时施工用电的计算依据。

施工机具配置计划表 表 4-7

机具名称	型号	数量	用电量（kW）	来源	进场起止时间	备注

4.5.3 主要材料配置计划编制

主要材料配置计划是按照施工预算、材料耗用定额和施工进度计划编制的，作为备料、供料和确定仓库、堆场面积以及运输方式等的依据，编制时应明确材料名称、规格品种、数量及使用时间等，表格形式如表 4-8 所示。

材料配置计划表 表 4-8

序号	材料名称	规格品种	需 要 量		按月供应量			
			单位	数量	×月	×月	×月	×月

4.5.4 构配件配置计划编制

构配件一般指金属构件（包括预埋件）、木构件和钢筋混凝土构配件等。根据施工图和施工进度计划分别进行配置计划的编制，并落实加工单位，施工中按时、按数量规格组织进场，并按所需数量、规格、时间组织加工、运输和确定仓库或堆场。表格形式如表 4-9 所示。

构配件配置计划表 表 4-9

序号	材料名称	规格	数量	尺寸（mm）	按月供应量			
					×月	×月	×月	×月

4.6 施工平面图设计

施工现场平面布置，是在施工用地范围内，对各项生产、生活设施及其他辅助设施等进行规划和布置。施工现场就是建筑产品的组装厂，由于施工场地的千差万别，使得施工现场平面布置因人、因地而异。合理布置施工现场，对保证工程施工顺利进行具有重要意义。

4.6.1　施工平面图设计依据、原则

编制施工平面图前，设计人员应对施工现场以及周围环境进行认真的踏勘，取得有关资料后进行编制，主要的编制依据如下：

1. 施工平面图设计依据

（1）施工图纸，拟建工程周围原有建筑物及构筑物情况，原有和拟建的地上、地下管线布置情况。

（2）现场地形图，施工场地情况以及水源、电源、气源情况等。

（3）拟建工程的施工方案、施工方法和施工进度计划以及各种资源的配置计划等。

（4）经过踏勘了解施工现场及周围区域能利用的各种设施和资源（如建筑物、构筑物、道路、材料、运输及人力资源等）情况。

（5）本工程如属群体工程之一，应符合施工组织总设计的要求。

2. 施工平面图设计原则

（1）科学合理布置施工现场，减少现场用地面积，特别应少占用耕地良田，充分利用荒地、山地，重复利用空地，尽量做到一地多用。

（2）做到道路畅通，运输方便。合理布置仓库及附属生产企业位置，减少材料及构件的二次搬运，尽量减少临时道路费用和运输费用。

（3）充分利用已有或拟建建筑物，降低临时设施的修建费用。需要拆除的原有建筑物，要根据工程进展，在不影响施工的前提下，可暂缓拆除作临时建筑使用，以节约临时设施费用。

（4）要满足节能、环保、防火和安全生产的要求。

（5）生产与生活区宜分离，便于工人生产和生活，合理地布置生活福利方面的临时设施。

（6）遵守施工现场文明施工的相关规定。

4.6.2　施工平面图的分类

施工平面图按其作用可分为两类：

1. 施工总平面图

施工总平面图是以整个工程项目或一个合同段为对象的平面布置，主要反映整个工程平面的地形情况、料场位置、运输路线、生活设施等的位置和相互关系。

2. 单位工程或分部、分项工程的施工平面图

它是以单位工程或分部、分项工程为对象而设计的平面组织形式。对于分部、分项工程的施工平面图，应当根据各施工阶段现场情况的变化，分别绘制不同施工阶段的施工平面图。

4.6.3　施工平面图设计内容

施工平面图是根据施工方案、施工进度要求及资源进场存放量进行设计的。其内容的多少与施工期限长短、工程量大小、地形地貌的复杂程度有关。一般应包括以下内容：

1. 地上和地下已建和拟建建筑物、构筑物的位置和尺寸等。

2. 标出划分的施工区段，当一个施工区段有两个以上施工单位时，要标出各自的施工范围。

3. 标出既有公路、铁路线路方向和位置里程及与施工项目的关系，因施工需要临时改移公路的位置。

4. 临时施工用水、用电（电力、通信）、用气等管线设计及布置。

5. 各种机械设备（如垂直运输设备、搅拌机械设备等）的布置位置。

6. 各种临时设施——搅拌站、仓库、加工场地、材料物件堆放以及办公、生活设施的位置布置。

7. 临时运输道路的位置、宽度路面结构以及现场出入口位置等。

8. 现场必备的安全、消防、保卫和环境保护等设施。

4.6.4 施工平面图规划与布置

1. 确定垂直运输设备的位置

垂直运输设备的位置影响着仓库、料堆、砂浆、混凝土搅拌站的位置及场内道路和水电管线等布置。

塔式起重机的布置，主要根据建筑物的平面形状、尺寸，施工场地的条件及安装工艺确定。考虑起重机能有最大的服务半径，使材料和构件获得最大的堆放场地并能直接运至任何施工地点，避免出现"死角"。

布置固定垂直运输机械设备（如井架、龙门架等）的位置时，须根据建筑物的平面形状、高度及材料、构件的重量，考虑机械的起重能力和服务范围，做到便于运输材料，便于组织分层分段流水施工，使运距最小。例如，可布置在施工段的分界线附近，这样可使一层上各施工段水平运输互不干扰。固定式起重运输设备中卷扬机的位置不应距离起重机过近，以便司机的视线能看到整个升降过程。

2. 安装设备、材料、构件堆放位置

工地储存材料的设施，一般有露天料场、简易料棚和临时仓库等。易受大气侵蚀的材料，如安装设备、水泥、铁件、工具、机械配件及容易散失的材料等，宜储存在临时仓库中，钢材、木材等宜设置简易料棚堆放，砂、石、石灰等一般是在露天料场中堆放。

仓库、料棚、料场的设置位置，必须选择运输及进出料都方便，而且尽量靠近用料最集中、地形较平坦的地点。设计临时仓库、料棚时，应根据安装设备规格、数量，储存材料的特点，进料、出料的便利，以及合理的储备定额，来计算需要的面积。面积过大会增加临时工程费用，过小可能满足不了储备需要并增加管理费用。

材料必须有适当的储备量，以保证施工不间断地进行。但过多的储备要多建仓库和积压流动资金。

堆放位置确定之后，可按材料储备天数计算堆放面积。工具库按 $0.3 \sim 0.6 \text{m}^2 / 人$ 计算。

$$A = \frac{Q \cdot K \cdot T_1}{L \cdot M \cdot a} \tag{4-4}$$

式中　A——仓库、棚、露天堆放所需面积；

　　　Q——年度计划材料需要量；

　　　K——不均衡系数（表4-10）；

T_1——材料储备天数（表 4-10）；

L——年度计划施工天数，根据施工进度图确定；

M——每平方米储料定额（表 4-10）；

a——储料面积堆放利用系数（表 4-10）。

材料储备面积计算参数表　表 4-10

材料名称	T_1/天	K	M	a	仓库类别
水　泥	40～50	1.2～1.4	2t	0.65	仓库
小五金、铁件	30	1.2～1.5	1.5～2.5t	0.5～0.6	仓库
钢丝绳	30	1.5	1.2～1.3t	0.5～6.6	仓库
汽油、柴油	30	1.2	0.6t	0.6	半地下库
石　灰	30～35	1.2～1.4	1.5t	0.7	棚
钢　筋	60～70	1.2～1.4	0.6t	0.6	棚
沥　青	55～60	1.3～1.5	0.6～1.0t	0.7	棚
砂	25～35	1.2～1.4	1.2m³	0.7	露天
石　子	25～35	1.2～1.4	1.2m³	0.7	露天
块　石	25～35	1.3～1.7	0.8m³	0.7	露天
木　材	70～80	1.2～1.4	1.4m³	0.45	露天
圆　木	45	1.2～1.4	0.9～1.1m³	0.4	露天
型　钢	60～70	1.3～1.5	2～2.4t	0.4	露天

3. 运输道路规划

在工地范围内，从仓库、料场或预制场等地到施工点的料具、物资搬运，称为场内运输。场内运输方式应根据工地的地形、地貌，安装设备、材料在场内的运距、运量，以及周围道路和环境等因素选择。如果安装设备、材料供应运输与施工进度能密切配合，做到场外运输与场内运输一次完成，即由场外运来的安装设备、材料直接运至施工使用地点，或场内外运输紧密衔接，安装设备、材料运到场内后不存入仓库、料场，而由场内运输工具转运至使用地点，这是最经济的运输组织方法。这样可节省工地仓库、料场的面积，减少工地装卸费用。但这种场内外运输紧密结合的组织方法在工程实践中是很难做到的。大量的场内运输工作是不可避免的。

当某些工程安装设备体积较大或用料数量较大，而运输路线又固定不变时，采用轨道运输是比较经济的。当用料地点比较分散，运输线路不固定，特别是运输线路中有上下坡及急转弯等情况时，可采用汽车运输。采用汽车运输时，道路应与材料加工厂、仓库的位置结合布置，并与场外道路衔接；应尽量利用永久性道路，提前修建永久路基和简易路面；必须修建临时道路时，要把仓库、施工点贯穿起来，按货流量大小设计其规格，末端应有回车场，并避免与已有永久性铁路、公路交叉。

一些零星的运输工作，不可能或不必要采用上述运输方法的，有时要利用手推车运输，即使在机械化程度很高的工地，这种简单的运输工具也能发挥作用。

4. 行政与生活临时设施布置

工地临时性房屋主要包括施工作人员居住用房、办公用房、食堂和其他生活福利设施用房等。这些临时房屋应建在施工期间不被占用、不被水淹、不被坍塌影响的安全地带。现场管理用房（办公室、门卫等）应设在工地入口处，且靠近工地、受施工噪声影响小的地方；生活区与生产区要分开设置，未竣工的建筑物内不得设置员工的集体宿舍；工人宿舍、文化生活用房，应避免设在低洼潮湿、有烟尘和有害健康的地方，可布置在工地以外的生活区，一般距工地 500～1000m 为宜。此外，房屋之间还应按消防规定，相互隔离，并配备灭火器。

减少临时房屋费用是施工组织设计的目标之一。应做周密的计划安排，并应采取以下措施：（1）提高机械化施工程度，减少劳动力需要量；合理安排施工，使施工期间的劳动力需要量均匀分布，避免在某一短时期工人人数出现高峰，这样可以减少临时房屋的需要量；（2）尽量利用居住在工地附近的劳动力，这样可以省去这部分人的住房；（3）尽量利用当地可以租用的房屋；（4）房屋构造应简单，并尽量利用当地材料；（5）广泛采用能多次利用的装配式临时房屋。

5. 现场临时水电、排水规划

（1）现场临时供电规划

工地用电包括各种电动施工机械和设备的用电，以及室内外照明的用电。工程施工离不开用电，做好工地供电的组织计划，对保证施工的顺利进行有着密切的关系。

工地用电应尽可能利用当地的电力供应，从当地电站、变电站或高压电网取得电能。当地没有电源，或电力供应不能满足施工需要的情况下，则要在工地设置临时发电站。最好选用两个来源不同的电站供电，或配备小型临时发电装置，以免工作中偶然停电造成损失。同时，还要注意供电线路、电线截面、变电站的功率和数目等的配置，使它们可以互相调剂，不致因为线路发生局部故障而引起停电。

用电安全是供电组织计划中必须考虑的问题，应符合有关用电安全规程的要求。临时变电站应设在工地入口处，避免高压线穿过工地；自备发电站应设在现场中心，或主要用电区，并便于转移。供电线路不宜与其他管线同路或距离太近。

工地临时供电工作主要包括：确定用电点及用电量；选择电源；确定供电系统，布置用电线路和决定导线断面等。

（2）现场临时供水规划

工程施工离不开水，施工组织设计必须规划工地临时供水问题，确保工地用水和节省供水费用。

工地用水分生产用水和生活用水，均应符合水质要求。否则，应设置处理设施进行过滤、净化等处理。工地供水设施包括水泵站或储水池，以及输水管、线路等。布置施工场地时，应尽量使得用水工作地点互相靠近，并接近水源，以减少管道长度和水的损失。

供水管路的设计应尽量使长度最短。在温暖的地方，管道可敷设在地面。穿过场地的交通运输道路时，管道要埋入地下 30cm 深。在冰冻地区，管道应埋在冰冻深度以下。用明沟等方式输水时，一般在使用地点修建蓄水池，将水注入储水池备用；用钢管或铸铁管输水时，管道抵达用水地点后要安装龙头，并可连接橡皮软管，以便灵活移动出水口位置，供应不同位置的用水需要。

施工现场应按防火要求布置室外消火栓：间距不超过120m，消火栓距离建筑物应不小于5m，也不应大于25m，距离路边不大于2m。条件允许时，可利用城市或建设单位的永久消防设施。施工时，为防止停水，可在建筑物附近设置简易蓄水池，储存一定数量的生产和消防用水，若水压不足，还需设置高压水泵。

（3）现场排水

对于雨量较大、雨期较长的地区，应认真做好现场临时排水设计，修通排水沟渠，以避免施工现场雨后积水，既影响施工，又易造成建筑物、材料、机械设备浸泡受淹损坏以及人身伤害等事故。

在原有厂区内组织施工时，现场排水沟渠应尽可能与厂区内的排水系统相连接。在新场地施工时，现场排水沟渠应尽量结合永久性排水设施进行，以降低临时排水设施费用。

在山区施工时，还应重视山洪排污，防止泥石流、山坡塌方、滑坡等事故发生，确保安全施工。

4.6.5 施工平面图绘制

施工平面图必须做到充分调查了解、精心设计、认真绘制。

1. 图幅大小和绘图比例

图幅大小和绘图比例应根据工程规模大小及布置内容多少来确定，图幅一般可选1～2号图纸大小，比例一般采用1∶200～1∶500。

2. 合理规划和设计图面

施工平面图，除了要反映施工现场的布置内容外，还要反映施工现场原有建筑物、管线、道路等。故绘图前，应作合理规划和部署。此外，还应留出一定的图面绘制图例、文字说明以及方向指示针等。

拟建工程放置于施工平面图的中心位置，各项设施围绕拟建工程而设。

为更具体、更有效指导施工，对于施工较复杂、施工工期较长或施工场地较困难的施工任务，可以分阶段绘制施工平面图。

3. 绘制要求

绘制施工平面图应做到比例要正确，图例要规范，字迹要端正，图面要整洁美观。

【案例分析】

案例4-2：施工组织设计编制

1. 背景

某公司在市区十字路口承建一大型商场的机电安装工程，建筑物为地下二层、地上六层，地下室为商场仓储用和停车场。施工用地紧张，两边临近道路、紧挨人行道，其余边界均临近已建建筑物。

2. 问题

（1）该公司应如何安排生产、生活设施？

（2）如何安排现场材料进场的顺序和施工进度？

（3）材料堆放场地的设置注意什么？施工平面布置图是否需要多次变更？

3. 分析与解答

（1）该公司根据施工现场用地紧张的实际状况，必须按建设工程安全生产管理条例规定对生产生活临时设施进行安排，使之既符合生产需要又符合安全要求。办公、生活区与作业区分开设置，尚未竣工的建筑物内不设置员工的集体宿舍。

该公司提出如下临时设施的安排：

1）向当地市政管理部门申请占用部分人行道，做仓库、为配合土建工程施工需要的材料的临时堆放场地以及作业人员休息处，等地下室顶板拆模后归还占用的人行道。

2）办公用房和员工宿舍等在距离现场步行不超过15分钟的距离内租用。

3）需要现场加工制作的非标准或零星支架等的制作场地可在地下室拆模后设在地下室。

（2）由于工程施工用地有限，设立较大的仓储场所不允许，尽量利用已建成的建筑物底层做大宗材料的堆放场地，为减少材料的二次搬运和降低费用，又不影响土建、装修和安装的施工作业面的有效利用，施工进度安排和安装材料进场顺序要有机合理地衔接，确保安装工程施工有节奏进行，建筑物封顶后安装工程进入全面安装阶段，进度计划要自上而下安排，材料进场亦需按自上而下的需要陆续进场，缓解堆场紧张的矛盾，地下室的安装可穿插进行，使用的材料、设备可直送地下室，减少对大楼底层材料堆场的干扰。

（3）现场材料堆放场地应注意的事项有：方便施工，避免或减少二次搬运；不妨碍作业位置，尽量避免料场迁移；符合防火、防潮要求，便于保管和搬运；码放整齐，便于识别，危险品单独存放。

生产设施，尤其是材料堆场在施工过程中要多次变动，施工组织设计的平面布置图也要相应的作出变动，需画出不同时期的多张平面布置图。

4.7　技术组织措施与技术经济评价

4.7.1　技术组织措施的设计

技术组织措施是施工企业为完成施工任务、保证工程工期、提高工程质量、降低工程成本，在技术上和组织上所采取的措施。企业应该把编制技术组织措施作为提高技术水平、改善经营管理的重要工作认真抓好。

1. 技术组织措施

技术组织措施一般考虑以下几方面的内容：

（1）提高劳动生产率，提高机械化水平，加快施工进度方面的技术组织措施。

（2）提高工程质量，保证生产安全方面的技术组织措施。

（3）施工中节约资源，包括节约材料、动力、燃料和降低运输费用的技术组织措施。

为了使编制技术组织措施工作经常化、制度化，企业应分段编制施工技术组织措施计划。

2. 工期保证措施

工期保证措施一般考虑以下几方面的内容：

（1）施工准备抓早、抓紧。

（2）采用先进的管理方法（如网络计划技术等）对施工进度进行动态管理。

（3）建立多级调度指挥系统，全面、及时掌握并迅速、准确地处理影响施工进度的各种问题。

（4）强化物资调配计划的管理。每月、旬提出资源使用计划和进场时间。

（5）控制工期的重点工程，优先保证资源供应，加强施工管理和控制。如现场昼夜值班制度，及时调配资源和协调工作等。

（6）安排好冬、雨季的施工。

（7）注意设计与现场校对，及时进行设计变更。

（8）确保劳动力充足、高效。

3. 保证质量措施

保证质量的关键是对工程对象经常发生的质量通病制订防治措施，从全面质量管理的角度，把措施定到实处。对采用的新工艺、新材料、新技术和新结构，必须制订有针对性的技术措施，以保证工程质量。常见的质量保证措施有：

（1）质量控制机构和创优规划。

（2）加强教育，提高项目的全员综合素质。

（3）强化质量意识，健全规章制度。

（4）建立分部、分项工程的质量检查和控制措施。

（5）技术、质量要求比较高，施工难度大的工作，成立科技质量攻关小组——全面质量管理体系中 QC 攻关小组，确保工程质量。

（6）全面推行和贯彻 ISO 9000 标准，在项目开工前，编制详细的质量计划，编写工序作业指导书，保证工序质量和工作质量。

4. 工程安全施工措施

安全施工措施应贯彻安全操作规程，对施工中可能发生安全问题的环节进行预测，提出预防措施。杜绝重大事故和人身伤亡事故的发生，把一般事故减少到最低限度，确保施工的顺利进展。

5. 施工环境的保护措施

为了保护环境，防止污染，尤其是防止在城市施工中造成污染，在编制施工方案时应提出防止污染的措施。主要包括以下几方面：

（1）积极推行和贯彻环境管理体系（ISO 14000）标准，在项目开工前，进行详细的环境因素分析，制订相应的环境保护管理制度和作业指导书。

（2）对施工环境保护意识进行宣传教育，提高对环境保护工作的认识，自觉地保护环境。

（3）保护施工场地周围的绿色覆盖层及植物，防止水土流失。

（4）不准随意排放施工过程中的废油、废水和污水，必须经过处理后才能排放。

（5）在人群居住附近的施工项目要防止噪声污染。

（6）机械化程度比较高的施工场所，要对机械工作产生的废气进行净化和控制。

6. 文明施工措施

加强全体职工职业道德的教育，制订文明施工准则。在施工组织、安全质量管理和劳动竞赛中切实体现文明施工要求，发挥文明施工在工程项目管理中的积极作用。

7. 降低成本的措施

施工企业参加工程建设的最终目的是在工期短、质量好的前提下，创造出最佳的经济效益，所以应制订相应的降低成本措施。这些措施的制订应以施工预算为尺度，以企业（或基层施工单位）年度、季度降低成本计划和技术组织措施计划为依据进行编制。要针对工程施工中降低成本潜力大的（工程量大、有采取措施的可能性、有条件的）项目，充分开动脑筋把措施提出来，并计算出经济效果和指标，加以评价、决策。这些措施必须是不影响质量的，能保证施工的，能保证安全的。降低成本措施应包括节约劳动力、节约材料、节约机械设备费用、节约工具费、节约间接费、节约临时设施费、节约资金等措施。一定要正确处理降低成本、提高质量和缩短工期三者的关系，对措施要计算经济效益。具体的降低成本措施如下：

(1) 严格把握材料的供应关。

(2) 科学组织施工，提高劳动生产率。

(3) 完善和建立各种规章制度，加强质量管理，落实各种安全措施，进一步改善和落实经济责任制，奖罚分明。

(4) 加强经营管理，降低工程成本。

(5) 降低非生产人员的比例，减少管理费用开支。

4.7.2 施工组织设计技术经济评价指标体系

施工组织设计技术经济分析的目的是论证所编制的施工组织设计在技术上是否可行、是否先进，在经济上是否合理，从而为选择技术经济效果最佳的施工组织设计方案提供重要依据。常用的技术经济指标有施工周期、工程质量、主要材料使用指标、机械化施工程度、成本降低指标等。

1. 工期指标

总工期：指工程从开工到竣工所用的全部日历天数。

2. 质量指标：这是施工组织设计中确定的控制目标。

$$质量优良品率 = \frac{优良工程个数（或总面积）}{施工项目个数（或总面积）}(\%) \tag{4-5}$$

3. 劳动指标

(1) 劳动力均衡系数，表示整个施工期间使用劳动力的均衡程度，以接近 1 为好，一般不能大于 2。

$$劳动力均衡系数 = \frac{施工高峰人数}{施工期平均人数}(\%) \tag{4-6}$$

(2) 单方用工（工日/m²），反映劳动的使用与消耗水平。

$$单方用工 = \frac{总工数}{建筑面积}(工日/m^2) \tag{4-7}$$

(3) 劳动生产率（元/工日），表示每个生产工人或建安工人每工日所完成的工作量。

$$劳动生产率 = \frac{总工作量}{总工数}(元/工日) \tag{4-8}$$

4. 机械化施工程度：在考虑施工方案时应尽量提高施工机械化程度，降低工人的劳动强度。把机械化施工程度的高低作为衡量施工方案优劣的重要指标。

$$机械化施工程度 = \frac{机械化施工完成的工作量}{总工作量}(\%) \tag{4-9}$$

5. 材料使用指标：反应材料的节约情况。

(1) 主要材料节约量：指靠施工技术组织措施实现的材料节约量。

主要材料节约量＝预算用量－施工组织设计计划用量

(2) 主要材料节约率

$$主要材料节约率 = \frac{主要材料节约量}{主要材料预算用量}(\%) \tag{4-10}$$

6. 工厂化施工程度（％）：是指预制加工厂里施工完成的工作量和总工作量之比。

$$工厂化施工程度 = \frac{预制加工厂完成的工作量}{总工作量}(\%) \tag{4-11}$$

7. 降低成本指标：综合反映施工组织设计产生的经济效果。其指标可以用降低成本额和降低成本率来表示。

(1) 降低成本额（元）：指靠施工技术组织措施实现的降低成本金额（元）。

(2) 降低成本率（％）：

$$成本降低率 = \frac{降低成本额}{预算总成本}(\%) \tag{4-12}$$

4.7.3 施工组织设计技术经济分析方法

对施工组织设计（施工方案）进行技术经济分析，常用的有两种方法，即定性分析法和定量分析法。

1. 定性分析法

定性分析法是根据实际施工经验对不同施工方案的优劣进行分析比较。例如，对垂直运输设备是采用井字架适当，还是采用塔吊适当；划分流水作业时，是二段流水有利于加快施工进度，还是三段流水有利于加快施工进度等。

定性分析法主要凭经验进行分析、评价，虽比较方便，但精确度不高，也不能优化，决策易受主观因素的制约，一般常在施工实践经验比较丰富的情况下采用。

2. 定量分析法

定量分析法是对不同的施工方案进行一定的数学计算，将计算结果进行优劣比较。如有多个计算指标的，为便于分析、评价，常常对多个计算指标进行加工，形成单一（综合）指标，然后进行优劣比较。定量分析法一般有评分法和价值法两种。评分法是通过综合打分来分析评价施工方案的优劣并择优选用。价值法是对各方案计算出的最终价值，用价值量的大小来评价方案的优劣并择优选用。下面以评分法为例介绍定量分析法。

【实践训练】

任务 4-3：进行施工组织设计技术经济分析

1. 背景资料

某室外污水管道施工时，曾提出不设置支撑施工（第一方案）和设置支撑施工（每二方案）两种方案。在对两种方案进行技术经济分析时，采用了评分法。根据企业的实际状况和工程具体要求（工期较急、质量要求较高），从工期长短、质量可靠、施工安全、施工费用四个方面进行打分，并确定四个方面的权数比例。打分结果见表4-11。

两种方案的比较   表 4-11

指　标	权　数	得　分	
		不设支撑方案	设支撑方案
工期长短	0.35	95	80
质量可靠	0.25	95	95
施工安全	0.20	90	80
施工费用	0.20	80	95

2. 问题

对是否设支撑进行技术经济分析。

3. 分析与解答

不设支撑方案总分：

$m_1 = 95 \times 0.35 + 95 \times 0.25 + 90 \times 0.2 + 80 \times 0.2 = 33.25 + 23.75 + 18 + 16 = 91$ 分

设支撑方案总分：

$m_2 = 80 \times 0.35 + 95 \times 0.25 + 80 \times 0.2 + 95 \times 0.2 = 28 + 23.75 + 16 + 19 = 86.75$ 分

通过打分计算，不设支撑方案明显优于设支撑方案。从权数分配情况来看，该工程工期较急，采用不设支撑方案能有效地缩短施工周期，故选用不设支撑方案是合理的。

单 元 小 结

本教学单元主要阐述了施工组织设计的编制程序与方法，分别介绍了工程概况及施工特点如何分析；施工方案的确定方法；施工进度计划编制程序与方法；施工准备工作计划内容与编制；资源配置计划内容与编制；施工平面图设计内容与方法；施工组织设计主要技术组织措施与技术经济评价指标与方法。

复 习 思 考 题

1. 施工组织设计包括哪些内容？
2. 工程的概况一般介绍哪几方面情况？每方面又包括哪些内容？
3. 施工方案包括哪些方面内容？
4. 如何确定施工起点流向和施工顺序？
5. 确定施工顺序的基本原则？
6. 选择施工方法要考虑哪些问题？
7. 选择施工机械要考虑哪些问题？
8. 编制施工进度计划的依据和步骤是什么？
9. 施工进度计划的种类有哪些？
10. 施工准备工作如何分类？
11. 技术准备包括哪些内容？
12. 施工现场的准备工作包括哪些内容？

13. 冬、雨季施工准备工作应如何进行?

14. 资源配置计划包括哪些内容?

15. 施工平面图设计的原则是什么?

16. 施工平面图一般包括哪些内容?

17. 试述主要的技术经济措施和施工组织设计技术经济分析指标。

实 训 题

某集团公司厂区总平面图如图 4-2 所示。(1) 布置厂区道路位置;(2) 布置大门位置。

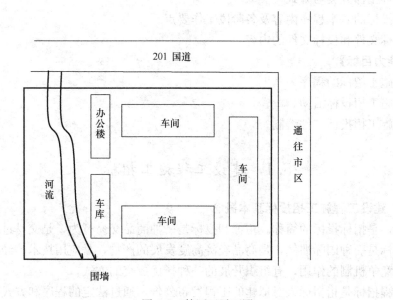

图 4-2　某厂区平面图

教学单元 5　建设工程施工招投标

【知识目标】

了解工程招标分类与方式。

熟悉招投标的基本程序内容及各阶段工作要点。

掌握招标文件和投标文件的内容。

【职业能力目标】

能熟记施工招标的程序。

能参与施工招投标活动。

能参与施工招投标文件编制。

5.1　建设工程施工招标

5.1.1　建设工程施工招投标基本概念

招投标，是招标投标的简称。招标和投标是一种商品交易行为，是交易过程的两个方面。招标投标是一种国际惯例，是商品经济高度发展的产物，是应用技术、经济的方法和市场经济的竞争机制的作用，有组织开展的一种择优成交的方式。

建设工程招标是指招标人对拟建的工程发布公告，通过法定的程序和方式吸引建设项目的承包单位竞争并从中选择条件优越者来完成工程建设任务的法律行为。

建设工程投标是工程招标的对称概念，是指具有合法资格和能力的投标人，按照招标文件的要求，在规定的时间内向招标单位填报投标书，按招标条件编制投标报价争取中标的法律行为。

建筑工程施工招标是指招标人将确定的工程项目施工任务发包，吸引施工企业参加投标竞争，从中选择技术能力强、管理水平高、信誉可靠且报价合理的承建单位完成土建施工和设备安装工作并以合同方式约束双方在施工过程中的行为。

5.1.2　建设工程招标方式的选择

1. 招标的种类

（1）按建设阶段分

工程项目建设过程可分为建设决策阶段、勘察设计阶段和施工阶段。因而按工程项目建设程序，招标可分为工程项目开发招标、勘察设计招标和施工招标三种类型。

1）项目可行性研究招标。这种招标是建设单位为选择科学、合理的投资开发建设方案，为进行项目的可行性研究，通过投标竞争寻找满意的咨询单位的招标。投标人一般为工程咨询单位。中标人最终的工作成果是项目的可行性研究报告。

2）勘察、设计招标。勘察、设计招标指根据批准的可行性研究报告，择优选定承担项目勘察、方案设计或扩初的勘察设计单位的招标。勘察和设计是两种不同性质的工作，可由勘察单位和设计单位分别完成，也可由具有勘察资质的设计单位独家承担。施工图设计可由方案设计或扩初设计中标单位承担，一般不再进行单独招标。

3）建设监理招标。工程施工招标前，一般要首先选定建设监理单位。对于依法必须招标的工程建设项目的建设监理单位，必须通过招标确定。

4）工程施工招标。在工程项目的初步设计或施工图设计完成后，用招标的方式选择施工单位的招标。与前几者比较，施工招标最大特点是发包的工作内容明确具体。

5）材料、设备招标。当项目中包含有专业性强、价值高的材料或设备时，建设单位可能独立进行材料、设备的招标。

（2）按承包范围分

1）项目总承包招标，即选择项目总包人的招标。这种招标又可分为两种类型：其一是指工程项目实施阶段的全过程招标；其二是指工程项目建设全过程的招标。前者是在设计任务书完成后，从项目勘察、设计到交付使用进行一次性招标。后者则是从项目的可行性研究到交付使用进行一次性招标。建设单位提出项目投资和使用要求及竣工、交付使用期限，项目的可行性研究、勘察设计、材料和设备采购、施工安装、生产准备和试生产、交付使用，均由一个总承包商负责承包，即所谓的"交钥匙工程"。

2）施工总包招标。我国由于长期采取设计与施工分开的管理体制，目前具备设计、施工双重能力的施工企业为数较少。因而在国内工程招标中，所谓项目总承包招标往往是指施工过程的总包招标，与国际惯例所指的总承包尚有相当大的差距。

3）专项工程承包招标。指在工程承包招标中，对其中某项比较复杂，或专业性强、施工和制作要求特殊的单项工程进行单独招标。

（3）按工程专业分

按照工程专业分类，常见的有房建工程施工招标、市政工程施工招标、交通工程施工招标、水利工程施工招标等。房建工程施工招标又可以分为土建工程施工招标、安装工程施工招标和装饰工程施工招标等。除了施工招标，还有勘察、设计、建设监理和材料、设备采购招标等。

（4）按是否涉外分

按照工程是否具有涉外因素，可以将建设工程招标分为国内工程招标和国际工程招标。国际工程招标又可分为在国内建设的外资项目招标，国外设计、施工企业参与竞争的国内建设项目招标，以及国内设计、施工企业参加的国外项目招标等。

2. 招标方式

招标方式有公开招标、邀请招标（选择性竞争招标）、议标等，每种方式有其特点及适用范围。一般要根据承包形式、合同类型、业主所拥有的招标时间（工程紧迫程度）等决定。

（1）公开招标

也称为无限竞争性招标，是指招标人以招标公告的方式邀请不特定的法人或其他组织投标。公开招标是程序最完整、最规范、最典型的招标方式，也是适用最为广泛的招标方式。公开招标是招标的最主要形式，一般情况下，如不特别说明，一提招标则默认为公开招标。

采用这种招标方式的优点是可以为所有的承包商提供一个平等竞争的机会，业主有较大的选择余地，有利于降低工程造价，提供工程质量和缩短工期。不过，这种招标方式可能导致招标人对资格预审和评标的工作量加大，招标费用支出增加，同时也使投标人中标的几率减少，从而增加其投标前期风险。

（2）邀请招标

邀请招标，也称为有限竞争性招标，是指招标方根据供应商或承包商的资信和业绩，选择若干供应商或承包商（不能少于三家），向其发出投标邀请，由被邀请的供应商、承包商投标竞争，从中选定中标者的招标方式。受到邀请的单位是业主对其信誉、技术、经验、管理等方面比较了解，信任其有能力完成委托任务的单位。

这种方式的优点是招标程序简化，节约费用，节省时间，但不利于招标人获得最合理的报价。

《中华人民共和国招标投标法》第十一条规定："国务院发展计划部门确定的国家重点项目和省、自治区、直辖市人民政府确定的地方重点项目不适宜公开招标的，经国务院发展计划部门或者省、自治区、直辖市人民政府批准，可以进行邀请招标"。

《中华人民共和国招标投标法实施条例》第八条规定：国有资金占控股或者主导地位的依法必须进行招标的项目，应当公开招标；但有下列情形之一的，可以邀请招标：

1）技术复杂、有特殊要求或者受自然环境限制，只有少量潜在投标人可供选择；

2）采用公开招标方式的费用占项目合同金额的比例过大。

具体情况还是要由项目审批、核准部门在审批、核准项目时作出认定，招标人申请有关行政监督部门作出认定。

（3）议标

议标又称为非竞争性招标或称指定性招标。这种招标方式是建设单位邀请不少于两家（含两家）的承包商，通过直接协商谈判选择承包商的招标方式。

议标的优点是：可以节省时间，容易达成协议，迅速开展工作，保密性好。

议标的缺点是：竞争力差，无法获得有竞争力的报价。这种招标方式主要适用于不宜公开招标或邀请招标的特殊工程。诸如：工程造价较低的工程、工期紧迫的特殊工程（如抢险工程等）、专业性强的工程、军事保密工程等。

5.1.3 建筑工程招标组织实施的选择

建筑工程招标的组织实施根据法人的技术与管理能力，可以采取自行招标与委托招标。

1. 自行招标

指建筑工程项目不委托招标机构招标，招标人利用内部机构依法组织实施招标投标活动全过程的事务，是招标行为不进行代理的意思。采用自行招标方式组织实施招标时，招标人在向计划发改部门上报审批项目、可行性研究报告或资金申请报告、项目申请报告时，应将项目的招标组织方式报请核准。

（1）自行招标应具备的条件

《工程建设项目自行招标试行办法》第四条规定，招标人自行办理招标事宜，应当具有编制招标文件和组织评标的能力，具体包括：

1）具有项目法人资格（或者法人资格）；

2）具有与招标项目规模和复杂程度相适应的工程技术、概预算、财务和工程管理等方面专业技术力量；

3）有从事同类工程建设项目招标的经验；

4）拥有3名以上取得招标职业资格的专职招标业务人员；

5）熟悉和掌握招标投标法及有关法规规章。

（2）自行招标的审批核准

招标人在将自行招标条件报计划发改部门审批时至少应提供以下书面材料：

1）项目法人营业执照、法人证书或者项目法人组建文件；

2）与招标项目相适应的专业技术力量情况；

3）取得招标职业资格的专职招标业务人员的基本情况；

4）拟使用的专家库情况；

5）以往编制的同类工程建设项目招标文件和评标报告，以及招标业绩的证明材料；

6）其他材料。

计划发改部门审查招标人报送的书面材料，核准招标人符合规定的自行招标条件的，招标人可以自行办理招标事宜。任何单位和个人不得限制其自行办理招标事宜，也不得拒绝办理工程建设有关手续。审查认定招标人不符合规定的自行招标条件的，在批复、核准可行性研究报告或者资金申请报告、项目申请报告时，要求招标人委托招标代理机构办理招标事宜。

招标人自己办理施工招标事宜的，应当在发布招标公告或者发出投标邀请书的5日前，向工程所在地县级以上地方人民政府建设行政主管部门备案，并报送下列材料：

（1）按照国家有关规定办理审批手续的各项批准文件。

（2）提交上述报计划发改部门审批自行招标的证明材料，包括专业技术人员的名单、职称证书或者职业资格证书及其工作经历的证明材料。

（3）法律、法规、规章规定的其他材料。

招标人不具备办理施工招标事宜的，建设行政主管部门应当自收到备案材料之日起5日内责成招标人停止自行施工招标事宜，招标人应当委托具有相应资格的工程招标代理机构代理招标。

2.委托招标

招标人不具有编制招标文件和组织评标能力的，有权自行选择招标代理机构，委托其办理招标事宜。任何单位和个人不得以任何方式为招标人指定招标代理机构。

招标代理机构是依法设立、从事招标代理业务并提供相关服务的社会中介组织。招标代理机构与行政机关和其他国家机关不得存在隶属关系或者其他利益关系。

招标代理机构按市场规律运作，接受招标人委托，负责起草编制招标文件，踏勘现场并答疑，组织开标、评标、定标，以及提供招标前期咨询、协调合同的签订等服务。

从事工程招标代理业务的招标代理机构，必须取得工程招标代理资格，并且在其资质等级证书允许的范围内开展业务。

5.1.4　建设工程招标范围

2000年4月4日经国务院批准并颁布实施的《工程建设项目招标范围和规模标准规定》中建设工程招标范围：

1. 按工程性质划分

(1) 关系社会公共利益、公众安全的基础设施项目的范围包括：

1) 煤炭、石油、天然气、电力、新能源等能源项目；

2) 铁路、公路、管道、水运、航空以及其他交通运输业等交通运输项目；

3) 邮政、电信枢纽、通信、信息网络等邮电通信项目；

4) 防洪、灌溉、排涝、引（供）水、滩涂治理、水土保持、水利枢纽等水利项目；

5) 道路、桥梁、地铁和轻轨交通、污水排放及处理、垃圾处理、地下管道、公共停车场等城市设施项目；

6) 生态环境保护项目；

7) 其他基础设施项目。

(2) 关系社会公共利益、公众安全的公用事业项目的范围包括：

1) 供水、供电、供气、供热等市政工程项目；

2) 科技、教育、文化等项目；

3) 体育、旅游等项目；

4) 卫生、社会福利等项目；

5) 商品住宅，包括经济适用住房；

6) 其他公用事业项目。

2. 按资金来源划分

(1) 全部或者部分使用国有资金投资或者国家融资的项目

1) 使用国有资金投资的项目包括：

① 使用各级财政预算资金的项目；

② 使用纳入财政管理的各种政府性专项建设基金的项目；

③ 使用国有企业事业单位自有资金，并且国有资产投资者实际拥有控制权的项目。

2) 使用国家融资的项目包括：

① 使用国家发行债券所筹资金的项目；

② 使用国家对外借款或者担保所筹资金的项目；

③ 使用国家政策性贷款的项目；

④ 国家授权投资主体融资的项目；

⑤ 国家特许的融资项目。

(2) 使用国际组织或者外国政府贷款、援助资金的项目

1) 使用世界银行、亚洲开发银行等国际组织贷款资金的项目；

2) 使用外国政府及其机构贷款资金的项目；

3) 使用国际组织或者外国政府援助资金的项目。

3. 按委托任务规模划分

各类工程建设项目，包括项目的勘察、设计、施工、监理以及与工程建设有关的重要设备、材料等的采购，达到下列标准之一的，必须进行招标：

(1) 施工单项合同估算价在 200 万元人民币以上的；

(2) 重要设备、材料等货物的采购，单项合同估算价在 100 万元人民币以上的；

(3) 勘察、设计、监理等服务的采购，单项合同估算价在 50 万元人民币以上的；

（4）单项合同估算价低于第（1）、（2）、（3）项规定的标准，但项目总投资额在 3000 万元人民币以上的。

5.1.5　建设工程施工招标的程序

对于不同的招标方式，招标程序会有一定的差异。但总体来说对于公开招标，它的工作程序如图 5-1 所示。

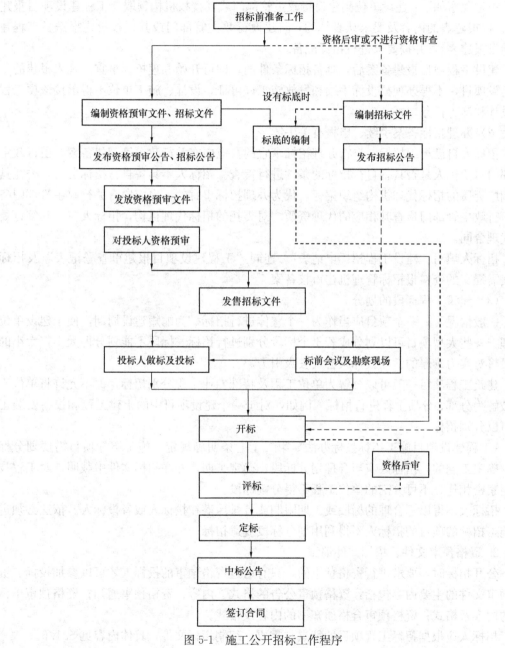

图 5-1　施工公开招标工作程序

1. 招标前准备工作
（1）建设工程项目报建

根据《工程建设项目报建管理办法》的规定，凡是在我国境内投资兴建的工程建设项目，都必须实行报建制度，接受当地行政主管部门的监督管理。

建设单位或其代理机构在工程项目可行性研究报告或其他立项文件被批准后，须向当地建设行政主管部门或其授权机构进行报建，交验工程项目立项的批准文件，包括银行出具的资信证明以及批准的建设用地等其他有关文件。

报建程序如下：建设单位到建设行政主管部门或其授权机构领取《工程建设项目报建表》；按报建表的内容及要求认真填写；向建设行政主管部门或其授权机构报送《工程建设项目报建表》，并按要求进行招标准备。

建设工程项目报建备案后，具备招标条件的，即可开始办理招标事宜。凡未报建的工程建设项目，不得办理招投标手续和发放施工许可证，设计、施工单位不得承接该项工程的设计和施工任务。

（2）办理招标备案手续、申报有关手续

招标人自己组织招标，自行办理招标事宜的，应向有关行政主管部门备案，由行政主管部门对招标人是否具备自行招标的条件进行审查。招标人不具备自行招标资质，委托具有相应资质的招标代理机构组织招标，代为办理招标事宜的，也应向有关行政主管部门备案，行政主管部门检查其相应的代理资质。对委托的招标代理机构，招标人应与其签订委托代理合同。

招标人填写"建设工程招标申请表"，连同"工程建设项目报建审查登记表"及招标备案需提交的资料报招标管理机构审核备案。

（3）建筑工程标段的划分

一般情况下，一个项目应当作为一个整体进行招标。为缩短建设周期，便于建设单位管理，一些大型项目可以划分成若干个标段分别进行招标。标段不能划分得太小，太小的标段将对实力雄厚的潜在投标人会失去吸引力。

建筑工程项目一般可以分解为单位工程及特殊专业工程分别招标，但不允许将单位工程肢解为分部、分项工程进行招标。例如，对于一个建设项目中的土建工程和设备安装工程可以分别招标。

《工程建设项目施工招标投标办法》第二十七条明确规定：施工招标项目需要划分标段、确定工期的，招标人应当合理划分标段、确定工期，并在招标文件中载明。对工程技术上紧密相连、不可分割的单位工程不得分割标段。

招标人不得以不合理的标段或工期限制或者排斥潜在投标人或者投标人。依法必须进行施工招标的项目的招标人不得利用划分标段规避招标。

2. 资格预审文件、招标文件编制

公开招标时，要求进行资格预审的，只有通过资格预审的投标人才可以参加投标。资格预审文件的主要内容包括：资格预审公告的格式、内容；资格预审通知；资格预审申请书的内容及格式；资格预审合格通知书的内容及格式。

招标人应根据招标工程项目的特点与需要，编制招标文件，具体内容见 5.1.6。

资格预审文件和招标文件需向当地建设行政主管部门报审及备案，然后才可刊登资格预审公告、招标公告。

3. 编制标底

招标标底是招标人对招标工程项目所需工程费用的测算和事先控制，也是审核投标报价、评标和定标的重要依据。工程施工招标的标底，应在批准的工程概算或修正概算以内，招标单位用它来控制工程造价，并以此来判断投标者报价的合理性与可靠性。

标底制定得恰当与否，对投标竞争起着重要的作用。标底价过高或过低都会影响招标、评标结果，标底价过高，不利于项目投资控制，给国家或集体经济造成损失，并会造成投标人随意、盲目投标报价。标底价过低，对投标人没有吸引力，可能亏损，造成投标人弃标，不利于选到技术与经济实力强的施工队伍。所以只有科学合理的标底才能使招标人在评标、定标时选择到标价合理、保证质量、工期适当、企业信誉良好的施工企业。

招标项目需编制标底的，应根据批准的初步设计、投资概算、扩初施工图，依据有关计价办法，参照有关工程定额，结合市场供求状况，综合考虑投资、工期和质量等方面的因素合理确定。

标底价格由具有资质的招标人自行编制或委托具有相应资质的工程造价咨询单位、招标代理单位编制。编制人员须持有执业注册造价师资格证书，并严格在保密环境中按照国家的有关政策、法规，科学公正地编制标底价格。一个工程只能有一个标底。标底编制完毕后，在标底文件上应注明单位名称、执业人员的姓名和证书号码，并加盖编制单位公章，报招标投标管理机构审定后，密封保存至开标时，所有接触过标底的人均负有保密的责任，不得泄露。

4. 资格预审公告、招标公告发布

公开招标必须在主管部门指定的报刊、网站或其他媒介上发布招标公告，并同时在建筑信息网、建筑工程交易中心网发布招标公告，公告包括以下主要内容：招标人的名称、地址和联系方法，委托代理机构招标的，应注明委托代理机构名称、地址和联系方法；工程基本情况（如招标项目的名称、规模、计划工期、质量要求、招标范围、标段划分）；招标工程项目条件；投标人的资格要求及应提供的其他文件；获取招标文件的地点、时间等。招标公告的内容与格式可以参照表5 1所示。

招标公告 表 5-1

1. 招标条件

本招标项目×楼装修工程已由主管部门批准建设，招标人为×，建设资金自筹。项目已具备招标条件，现对该项目的施工进行公开招标。

2. 项目概况与招标范围

2.1 工程名称：略

2.2 建设地点：

2.3 招标范围：装修改造工程包括装修施工、消防施工

2.4 标段划分：本工程划分为两个标段：

一标段：装修工程施工；

二标段：消防系统改造工程施工。

2.5 工程规模：×楼建筑面积约 4900 平方米，共 5 层。

2.6 计划工期：201×年×月×日至 201×年×月×日，总计 52 日历天。

2.7 质量要求：合格

3. 投标人资格要求

3.1 要求投标人具备：

一标段：建设行政主管部门核发的装修装饰工程专业承包二级及以上资质，其中，投标人拟派项目经理必须具备建筑工程二级建造师注册证及有效的安全生产考核合格证书，且未担任其他建设工程项目的项目经理。

二标段：建设行政主管部门核发的消防设施工程专业承包二级及以上资质，其中，投标人拟派项目经理必须具备机电安装专业二级建造师注册证及有效的安全生产考核合格证书，且未担任其他建设工程项目的项目经理。

3.2 投标人不可以组成联合体进行投标。

3.3 本招标项目采用资格后审的资格审查方式，主要资格审查标准和内容详见招标文件，只有资格审查合格的投标申请人才有可能被授予合同。

3.4 与招标人存在利害关系可能影响招标公正性的法人、其他组织或者个人，不得参加投标；单位负责人为同一人或者存在控股、管理关系的不同单位，不得同时参加同一标段投标或者未划分标段的同一招标项目投标；同一集团公司具有独立法人的子公司同时参加同一标段投标或者未划分标段的同一招标项目投标时最多不得超过两家（以投标登记的先后顺序为准）。

4. 投标报名

4.1 凡有意参加投标者，请于201×年×月×日至201×年×月×日（法定公休日、法定节假日除外），每天上午9时至11时，下午14时至16时在市建设工程交易中心报名并获取相关资料。

4.2 报名时须携带法人授权委托书、授权委托人身份证件、无拖欠工程款和农民工工资证明、营业执照副本、资质证书、安全生产许可证书、企业基本账户开户许可证、注册建造师证及安全考核证书的原件及复印件各一份。非本省注册的投标申请人，除应提供以上资料外，应提供省建设行政主管部门出具的经备案的针对本工程的外省投标企业入省介绍信，施工企业须携带企业锁进行市级电子平台录入，以便核对企业报名信息。

5. 招标文件的获取

5.1 招标文件每套售价500元，售后不退。

6. 招标人（或招标代理机构）将通过《检察机关行贿犯罪档案查询系统》对投标企业行贿犯罪档案进行查询，对存在行贿犯罪记录的投标人不得投标。

7. 投标文件提交时间及地点见招标文件。逾期送达的或不符合规定的投标文件将被拒绝。

8. 本次招标公告在：略

招标代理机构：××项目管理有限责任公司。

招标人采用资格预审程序的，应当发布资格预审公告。按照《标准施工招标资格预审文件》的规定，资格预审公告具体包括以下内容：招标条件、项目概况与招标范围、申请人的资格要求、资格预审的方法、资格预审文件的获取方式、资格预审申请文件的递交、发布公告的媒介、联系方式等。

5. 对投标人资格预审，发售招标文件

公开招标对投标人的资格审查有资格预审和资格后审两种。

资格预审是指在招投标活动中，招标人在发放招标文件前，对报名参加投标的申请人的承包能力、业绩、资格和资质、历史工程情况、财务状况和信誉等进行审查，并确定合格的投标人的过程。

投标申请人要编写资格预审申请书，并递交资格预审申请书。审查的主要内容有：是否具有独立订立合同的资格；是否具有履行合同的能力；有没有处于停业、投标资格被取消、财产被接管或冻结、破产状态；在最近三年内有没有骗取中标和严重违约及重大工程质量问题；法律法规规定的其他资格条件。

在资格预审结束后，招标人应当及时向资格预审申请人发出资格预审结果通知书。未通过资格预审的申请人不具有投标资格。通过资格预审的申请人少于3个的，应当重新招标。

对于一些工期要求比较紧，工程技术、结构不复杂的项目，可不进行资格预审，或进行资格后审。资格后审即在招标文件中加入资格审查的内容，投标者在报送投标文件的同时还应报送资格审查资料。评标委员会在开标后评标前先对投标人进行资格审查，对资格审查合格的投标人的投标文件进行评审，经资格后审不合格的投标人，对其投标文件不予评审。

招标人应按招标公告公布的时间、地点、联系方式发售招标文件。招标文件发售时间要根据工程项目实际情况和投标人的分布范围确定，要确保招标人有合理、足够的时间获得招标文件。

发售招标文件时，招标人或招标代理机构应做好购买招标书的记录，包括投标人名称、地址、联系方式、邮编、邮寄地址、联系人姓名、招标文件编号，便于招标情况变化、修改、补充，或时间、地点调整时能及时准确地通知投标人。

如果招标人对已发出的招标文件需要进行必要的澄清或者修改，必须在招标文件要求的提交投标文件截止时间至少15日前，以书面形式发出，且必须直接通知所有招标文件收受人。

6. 投标人做标及参加标前会议

（1）投标人做标

投标人在取得招标文件后即可开始做标。做标的主要工作有：分析招标文件，进行合同评审，开展环境调查，设计实施方案，拟定施工组织计划，估算工程成本，制作投标报价，决定投标策略，起草投标文件等。

（2）勘察现场

勘察现场一般安排在投标预备会的前1～2天。招标人向投标人介绍有关现场的情况，以获取投标人认为有必要的信息，投标人在勘察现场中如有疑问，应在投标预备会前以书面形式向招标人提出，但应给招标人留有解答时间。

（3）标前会议

标前会议也称为投标预备会或招标文件交底会，是招标人给所有投标人提供的一次质疑的机会。标前会议前，投标人应消化吸收招标文件中的得到的各类问题，整理成书面文件，及时寄往招标单位指定地点要求答复，或在标前会议上要求澄清。会上招标人对投标人书面提出的问题和会议上即席提出的问题给以解答。会议结束后，招标人应将会议纪要用书面通知的形式发给每一个投标人，这些文件都是招标文件的有效组成部分，与招标文件具有同等法律效力。

勘察现场和标前会议并不是硬性规定程序，如果进行，一定要公平、公正与公开。

（4）接受投标文件

投标人应当在招标文件中规定的提交投标文件的截止时间前，将投标文件密封送达投标地点。招标人收到投标文件后，应当向投标人出具标明签收人和签收时间的凭证，在开标前任何单位和个人不得开启投标文件。

7. 开标

对在招标文件要求的提交投标文件截止时间前收到的所有投标文件，在所有投标人的法定代表人或授权代表在场的情况下，在招标文件规定的时间和地点，由投标人检查确认密封情况无误后，由工作人员当众拆封、唱标。参加开标的投标人的代表应签名报到，以证明其出席开标会议。开标会议在招标投标管理机构监督下，由招标人组织并主持。

开标时，投标人少于 3 个不得开标；对按规定提交合格撤回通知的投标文件，不予开封；投标人的法定代表人或其授权代表未参加开标会议的，视为自动放弃投标；未按招标文件的规定标志，密封的投标文件，或者在投标截止时间以后送达的投标文件将被作为无效的投标文件对待。招标人当众宣读有效的投标人名称、投标报价、修改内容、工期、质量、投标保证金、项目负责人名称以及招标人认为适当的其他内容。开标时，招标代理机构打印审查记录表，确认投标文件的符合性，记录表见表 5-2。

开标记录表 表 5-2

序号	投标单位名称	投标保证金/投标保证函	报价文件（唱标信封）	密封性是否完好	投标文件（1 正 x 副）	投标人代表签字确认
1						
...						

8. 评标

所谓评标，是依据招标文件的规定和要求，对投标文件进行的审查、评审和比较，招标文件中没有规定的标准和方法不得作为评标的依据。评标的过程一般如下。

（1）评审委员会

评标是审查确定中标人的必经程序，是保证招标成功的重要环节。因此，为了确保评标的公正性，评标不能由招标人或其代理机构独自承担，要由招标人依法组成评标委员会。

评标委员会由招标人或其委托的招标代理机构熟悉相关业务的代表，以及有关技术、经济等方面的专家组成，成员人数为 5 人以上单数，其中技术、经济等方面的专家不得少于成员总数的三分之二，评标委员会成员的名单应于开标前确定。

评标委员会应有回避更换制度。在评标过程中，成员有回避事由、擅离职守，或因健康问题不能继续评标，应及时更换，其评审结论无效，由更换的成员重新评审。评标委员会成员有下列规定情形之一的，应主动提出回避：近三年内曾在参加该招标项目的单位中任职（包括一般工作）或担任顾问的；配偶或直系亲属在参加该招标项目的单位中任职或担任顾问的；配偶或直系亲属参加同一项目评审工作的；与参加该招标项目的单位发生过法律纠纷的；在评审委员会中，同一任职单位的评审专家超过两名的；任职单位与招标人或参加该招标项目的投标人存在行政隶属关系的。

评标委员会按照招标文件确定的评标标准与方法，对有效投标文件进行评审与比较，并对评标结果签字确认。常用的评标方法如下：

1）最低评标价法

是指以价格为主要因素确定中标候选人的评标方法，即在全部满足招标文件实质性要求的前提下，依据统一的价格要素评定最低报价，以提出最低报价的投标人作为中标候选中标人或者中标人的评标方法。

采用最低评标价法进行评标时，投标人的报价不能低于合理的价格，且中标人必须满足两个必要条件：第一，能满足招标文件的实质性要求；第二，经评审投标价格为最低。

但投标价格低于成本的除外，否则就是不符合要求的投标。

2）综合评分法

是指在最大限度地满足招标文件实质性要求前提下，按照招标文件中规定的各项因素进行综合评审后，以评标总得分最高的投标人作为中标候选中标人或者中标人的评标方法。

综合评分的主要因素包括：报价、施工组织设计（施工方案）、质量保证、工期保证、业绩与信誉等。上述各种因素所占的相应比重或者权值应当在招标文件中事先规定。

评标时，评标委员会各成员应当独立对每个有效投标人的标书进行评价、打分，然后汇总每个投标人每项评分因素的得分后加权平均得出评标总得分。

3）性价比法

是一种特殊的综合评标办法，指按照要求对投标文件进行评审后，计算出每个有效投标人除价格因素以外的其他各项评分因素（包括技术、财务状况、信誉、业绩、服务、对投标文件的响应程度等）的汇总得分，并除以该投标人的投标报价，以商数（评标总得分）最高的投标人作为中标候选中标人或者中标人的评标方法。性价比评标方法是双信封评标的其中一种方法，原因是这种评标方法需要开两次标，价格标（报价、清单）与商务标、技术标分别密封，分两次开标，先开技术标和商务标，再开价格标（密封于信封中）。

（2）资格审查与符合性审查

资格性审查。依据法律法规和招标文件的规定，对投标文件中的资格证明、投标保证金等进行审查，以确定投标人是否具有投标资格。

符合性审查。依据招标文件的规定，从投标文件的有效性、完整性和对招标文件的响应程度进行审查，以确定是否对招标文件做出实质性响应。

所谓的实质性响应，是指投标文件与招标文件要求的全部条款、条件和规格相符，没有重大偏离。对关键条文的偏离、保留或反对（如对投标保证金、付款方式、售后服务、质量保证、交货日期、设备数量的偏离）可以认为是实质上的偏离。

（3）技术性评审

确认备选的中标人完成招标项目的技术能力以及其所提供的方案的可靠性。评审的重点在于评审投标人将怎样实施招标项目。技术评审的主要内容有：投标文件是否包括了招标文件所要求提交的各项技术文件，它们与招标文件中的技术说明和图样是否一致；实施进度计划是否符合业主或招标人的时间要求；实施进度计划的保证措施、质量的保证措施，这些措施是否可行；合作人或分包公司是否具有足够的能力和经验保证项目的实施和顺利完成；投标人对招标项目在技术上有何种保留或建议，这些保留或建议是否影响技术性能和质量，其建议的可行性和技术经济价值如何。

（4）商务性评审

从成本、财务和经济分析等方面评定投标报价的合理性和可靠性，并估量授标给各投标人后的不同经济效果。参加商务评审的人员通常要有成本、财务方面的专家，有时还要有估价以及经济管理方面的专家。商务性评审包括：投标报价校核；审查全部报价数据计算的正确性；分析报价构成的合理性，并与标底价格进行对比分析；进一步评审投标人的财务实力与资信程度。

（5）评审中的澄清和说明

评标委员会可以要求投标人对投标文件中含意不明确的内容作必要的澄清或者说明，或同类问题表述不一致或者有明显文字和计算错误的内容可以进行澄清。如果投标文件前后矛盾，评标委员会无法认定以哪个为准，或者投标文件正本和副本不一致，投标人可以进行澄清。澄清或者说明不得超出投标文件的范围或者改变投标文件的实质性内容。但是，在评标过程中，投标人补充递交文件（如业绩复印件），是不允许的。澄清和说明一定要采用书面形式。且经法定代表人或授权代理人签字，作为投标文件的组成部分。

（6）废标

投标出现下列情况之一，应当作为废标处理。

1）无单位盖章并无法定代表人或法定代表人授权的代理人签字或盖章的；

2）未按规定的格式填写，内容不全或关键字迹模糊、无法辨认的；

3）投标人递交两份或多份内容不同的投标文件或在一份投标文件中对同一招标项目报有两个或多个报价，且未声明哪个有效（按招标文件规定提交备选投标方案的除外）；

4）投标人名称或组织机构与资格预审时不一致的（通过资格预审后法人名称变更的，应提供相关部门的合法批件及营业执照和资质证书的副本变更记录复印件）；

5）未按招标文件要求提交投标保证金的；

6）联合体投标未附联合体各方共同投标协议的；

7）投标人串通投标，弄虚作假；

8）投标报价低于成本；

9）投标书未对招标书要求与条件做实质性响应。

9. 定标

所谓的定标，就是通过评标委员会的评审，将某个招标项目的中标结果通过某种方式确定下来或将招标授予某个投标人的过程（确定中标人）。定标一般是与评标联系在一起的，评标的过程就是确定招标归属的过程。

（1）评标报告

评标委员会在评标结束后要提交给招标人评标报告。报告根据评标委员会全体评标成员签字的原始评标记录和评标结果编写，其主要内容包括：招标公告刊登的媒体名称、开标日期和地点；购买招标文件的投标人名单和评标委员会成员名单；评标方法与标准；开标记录和评标情况及说明，包括无效投标人名单及原因；评标结果和中标候选人排列表；评标委员会的授标建议。

对评标结论持有异议的评标委员会成员可以以书面方式阐述其不同意见和理由。评标委员会成员拒绝在评标报告上签字且不陈述其不同意见和理由的，视为同意评标结论。评标委员会应当对此作出书面说明并记录在案。

（2）中标候选人的确定

除招标文件中特别规定了授权评标委员会直接确定中标人外，招标人应依据评标委员会推荐的中标候选人确定中标人，评标委员会推荐中标候选人的人数应符合招标文件的要求，一般应当限定在1~3人并标明排列顺序。

10. 中标公告

确定中标人必须依据评标委员会的评标报告，预中标人应为评标委员会推荐，排名第一的中标候选人。采用公开招标的工程项目，在中标通知书发出前，要将预中标人的情况在该工程项目招标公告发布的同一信息网络和建筑工程交易中心予以公示，接受社会监督。《中华人民共和国招标投标法实施条例》第五十四条规定："依法必须进行招标的项目，招标人应当自收到评标报告之日起 3 日内公示中标候选人，公示期不得少于 3 日。"

11. 签订合同

（1）发出中标通知书

预中标人在公示期间未受到投诉、质疑，中标人确定。中标公示结束后，招标人可提交中标结果，报建设行政主管部门备案后，向中标人发出中标通知书。并将中标结果通知所有未中标的投标人。中标通知书对招标人和中标人具有同等法律效力。中标通知书发出后，招标人改变中标结果，或者中标人放弃中标项目的，应当依法承担法律责任。

（2）合同的签署

招标人和中标人应当自中标通知书发出之日起 30 日内，按照招标文件和中标人的投标文件订立书面合同，招标人和中标人不得再订立背离合同实质性内容的其他协议。合同签订后，招标工作即告结束，签约双方都必须严格执行合同。

招标人与中标人签订合同后 5 个工作日内，应当向中标和未中标的投标人退还投标保证金。

（3）履约担保

中标人应按投标人须知规定的金额、担保形式、担保格式向招标人提交履约担保。如投标人不按规定执行，招标人有充分的理由废除授标，并不退还其投标保证金。

5.1.6 施工招标文件的编制

招标文件是招标过程中必须遵守的法律文件，是投标人编制投标文件，招标代理机构接受投标、组织开标，评标委员会评标，招标人确定中标人、签订合同的重要依据。招标文件编制的优劣将直接影响招标质量和招标成败。

招标文件是招标人向投标人发出的要约邀请文件，是向投标人发出的旨在向其提供编写投标文件所需资料，并向其通报招标投标将依据的规则、标准、方法和程序等内容的书面文件。

1. 招标文件的编制必须遵守国家有关招标投标的法律、法规和部门规章的规定，遵循下列原则和要求：

（1）招标文件必须遵循公开、公平、公正的原则，不得以不合理的条件限制或者排斥潜在投标人，不得对潜在投标人实行歧视待遇。

（2）招标文件必须遵循诚实信用的原则，招标人向投标人提供的工程情况，特别是工程项目的审批、资金来源和落实等情况，都要确保真实和可靠。

（3）招标文件介绍的工程情况和提出的要求，必须与资格预审文件的内容相一致。

（4）招标文件的内容要能清楚地反映工程的规模、性质、商务和技术要求等内容，设计图纸应与技术规范或技术要求相一致，使招标文件系统、完整、准确。

（5）招标文件规定的各项技术标准应符合国家强制性标准。

（6）招标文件不得要求或者标明特定的专利、商标、名称、设计、原产地或建筑材料、构配件等生产供应者，以及含有倾向或者排斥投标申请人的其他内容。如果必须引用某一生产供应者的技术标准才能准确或清楚地说明拟招标项目的技术标准时，则应当在参照后面加上"或相当于"的字样。

（7）招标人应当在招标文件中规定实质性要求和条件，并用醒目的方式标明。

2. 建设工程施工招标文件主要有以下几方面内容：

（1）封面编写

封面写作内容一般有：国别，项目来源，项目名称，招标书字样，贷款编号，信贷编号，合同编号，招标编号，招标人或代理招标人，日期。

（2）招标公告（第一章）

招标单位和招标工程的名称，招标条件，招标项目概况与招标范围，承包方式，招标文件的获取，投标单位资格，领取招标书的地点、时间和应缴费用，发布公告的媒介等。

招标书发售地点和费用，投标语言要求，投标人保证金额，投标人交投标书时间和地点，开标时间和地点，招标人和代理招标人的名称、地址、联系人、联系方式。

（3）投标人须知及前附表（第二章）

投标人须知及前附表是招标文件的重要组成部分，是工程业主或招标机构对投标人如何投标的指导性文件，一般随招标书一起发售给合格的投标人。投标须知前附表是投标人须知正文部分的概括和提示，放在投标人须知正文前面，有利于引起投标人注意，便于查阅检索。投标须知前附表部分内容如表5-3所示。投标须知正文主要内容如下：

投标人须知前附表

表 5-3

条款号	条 款 名 称	编 列 内 容
1.1.2	招标人	
1.1.3	招标代理机构	
1.1.4	项目名称	××装修工程施工二标段
1.1.5	建设地点	
1.2.1	资金来源	自筹
1.2.2	出资比例	100％
1.2.3	资金落实情况	已落实
1.3.1	招标范围	××楼装修改造工程消防工程施工，关于招标范围的详细说明见第七章"技术标准和要求"
1.3.2	计划工期	计划工期：__52__日历天
1.3.3	质量要求	质量标准：合格
1.4.1	投标人资质条件、能力和信誉	
1.4.2	是否接受联合体投标	✿不接受
1.9.1	踏勘现场	✿不组织
1.10.1	投标预备会	✿不召开
1.10.2	投标人提出问题的截止时间	投标截止×日×日前
1.10.3	招标人书面澄清的时间	接到投标疑问2日内
1.11	分 包	✿不允许
2.1	构成招标文件的其他材料	
2.2.1	投标人要求澄清招标文件的截止时间	投标截止时间×日前
2.2.2	投标截止时间	201×　年×月　×　日9时00分

条款号	条 款 名 称	编 列 内 容
2.2.3	投标人确认收到招标文件澄清的时间	在收到相应澄清文件后 24 小时内
2.3.2	投标人确认收到招标文件修改的时间	在收到相应修改文件后 24 小时内
3.1.1	构成投标文件的其他材料	
3.3.1	投标有效期	___60 天
3.4.1	投标保证金	
3.5.3	近年完成的类似项目的年份要求	
3.6	是否允许递交备选投标方案	✿不允许
3.7.3	签字和（或）盖章要求	
3.7.4	投标文件副本份数	4 份
3.7.5	装订要求	
4.1.2	封套上写明	
4.2.2	递交投标文件地点	
4.2.3	是否退还投标文件	✿否
5.1	开标时间和地点	
5.2	开标程序	
7.3.1	履约担保	履约担保的形式：履约保函或现金 履约担保的金额：合同价款的10%

1）总则：项目概况，工程范围，资金来源和落实情况，招标范围、计划工期和质量要求，合格的投标人，投标人的资格，投标费用，保密，语言文字，现场考察，投标预备会，分包等。

2）招标文件

投标须知中对招标文件本身的组成、格式、解释、修改等问题所作的说明。除了在投标须知写明的招标文件的内容外，对招标文件的澄清、修改和补充内容也是招标文件的组成部分。投标人应对组成招标文件的内容全面阅读。若投标人的投标文件没有按招标文件要求提交全部资料或投标文件没有对招标文件做出实质上响应，其风险由投标人自行承担，并且该投标将有可能被拒绝。

3）投标文件

投标须知中对投标文件各项要求的具体阐述，主要从以下几个方面阐述：

① 投标文件的语言

投标文件及投标人与招标人之间与投标有关的来往通知、函件和文件均应使用一种官方主导语言（如中文或英文）。

② 投标文件的组成：投标书；投标书附录；投标保证金；法定代表人资格证明书；授权委托书；具有标价的工程量清单与报价表；施工组织设计；辅助资料表；资格审查表（资格预审的不采用）；按投标人须知规定提交的其他资料。

投标人必须使用招标文件提供的表格格式，但表格可以按同样格式扩展。投标保证金、履约保证金的方式按投标须知有关条款的规定可以选择。

③ 投标报价要求

包括投标价格的方式、投标的货币及币种等要求进行阐述。

④ 投标有效期

投标须知的前附表中应明确规定投标有效期。

⑤ 投标保证金

前附表明确规定投标人应提供的投标保证金数额及形式。

⑥ 投标预备会

招标须知应明确投标预备会时间和地点及出席人员要求。

⑦ 投标文件的份数和签署

招标前附表应明确规定"投标文件正本"和"投标文件副本"提交份数及签署要求。

4）投标文件的提交

投标须知中对投标文件的密封与标记、投标文件提交的截止日期、迟交的投标文件、投标文件的补充、修改与撤回等做出的具体详细阐释。

5）开标与评标

招标文件要对开标的时间、地点、程序做具体详细的阐释。

投标须知中对评标的阐释，包括对评标委员会、保密过程、评标原则、评标标准、评标程序；投标书的澄清、投标书的审查与符合性的鉴定、技术性错误的修改等做出具体详细阐释。开标、评标、定标办法要符合现行的法律法规并具有可操作性和公开公平性。

6）合同授予

投标须知中对合同授予问题，主要包括定标方式、合同授予标准、业主接受与拒绝标书的权利、中标通知书、合同的签署、履约担保等做出的具体详细阐释。

（4）工程合同条款及格式（第三章）

招标文件中的合同条件和合同协议条款，是招标人单方面提出的关于招标人、投标人、监理理工程师等各方权利义务关系的设想和意愿，是对合同签订、履行过程中遇到的工程进度、质量、检验、支付、索赔、争议、仲裁等问题的示范性、定式性阐释。

招标人拟订的合同协议书条件、通用条款（条件）、专用条款（条件）是招标文件的重要组成部分。招标人在招标文件中应说明本招标工程项目采用的合同条件和对国家合同示范文本的修改、补充或不采用的条款意见。招标人在编制招标文件中的"合同条款"时可根据招标项目的具体特点和实际需要，对《建设施工合同（示范文本）》中的"合同条款"进行补充、细化和修改，但不得违反法律、行政法规的强制性规定，以及平等、自愿、公平、诚实信用原则。

投标人对招标文件中的合同条件是否同意，以及对招标文件合同条件的修改、补充或不采用的意见，在投标文件中要作一一说明。中标后，双方同意的合同条件和协商一致的合同条款，是双方意愿的体现，是签订合同的主要依据并成为合同的组成部分。

（5）工程量清单（第四章）

工程量清单是招标人或招标代理单位依据招标文件及施工图纸、施工现场条件和《建设工程工程量清单计价规范》GB 50500—2013，对招标工程的全部项目按统一的工程量计算规则、项目划分和计量单位计算出的工程数量列出的表格，是招标文件的重要组成部分。

工程量清单应由具备招标文件编制资格的招标人或招标人委托的具有相应资质的工程造价咨询机构、招标代理机构负责编制。工程施工招标时所编制的工程量清单是招标人编制确定招标标底价的依据。主要内容包括：1）工程量清单封面、总说明；2）分部分项工程量清单；3）措施项目清单；4）其他项目清单；5）规费税金清单。

（6）图纸（第五章）

是指用于招标工程施工用的全部图纸，是进行施工的依据，也是施工管理的基础。招标人应将招标工程的全部图纸编入招标文件，供投标申请人全面了解招标工程情况，以编制投标文件。

（7）技术标准和要求（第六章）

招标人在编制招标文件时，为了保证工程质量，向投标人提出使用工程建设标准的要求。应按现行的国家、地方、行业工程建设标准、技术规范执行。

（8）投标文件格式（第七章）

投标文件的格式是由招标人在招标文件中提供，由投标人按照招标文件所提供统一规定的格式，无条件填写的，用以表达参与招标工程投标意愿的文件。主要有投标书及投标书附录、工程量清单与报价表辅助资料表等。工程量清单与报价表格式，采用综合单价和工料单价有所不同，同时要注意对此进行说明。

这种由招标人在招标文件中所提供的统一的投标文件格式是平等对待所有投标人的。若投标人不按此格式进行投标文件的编制，则判为投标无效或称为废标。

【案例分析】

案例 5-1：招标程序

1. 背景资料

某通风与空调工程施工项目采取公开招标的方式，由建设单位自行组织招标。2009年1月中旬，工程建设单位在当地媒体刊登招标公告，招标公告明确了本次招标对象为本省内有相应资质的施工企业。由工程建设单位组建的资格评审小组对申请投标的27家施工企业进行了资格审查，9家企业通过了资格审查，获得投标资格。2009年1月20日，建设单位向上述9家企业发售了招标文件，招标文件确定了各投标单位的投标截止日是2009年1月30日。建设单位曾于1月22日向政府有关部门发出参加招标活动的邀请。

2. 问题

（1）本案招标前的有关活动合乎程序吗？

（2）本案中招标人在招标公告中限定招标对象的做法合法吗？

3. 分析

（1）本案招标前的有关活动违反程序。建设单位应在发布招标公告的5日前，向政府主管部门申报备案招标方案，由主管部门审核其是否具备编制招标文件的能力和组织招标的能力。招标活动中，建设单位违反了上述两项要求，不但未在招标前向主管部门报送备案，而且擅自组织编制招标文件和招标活动。尽管建设单位曾向政府有关部门发出参加招标活动的邀请，但这并不能弥补其违反程序的做法。

（2）本案中招标人在招标公告中明确提出本次招标对象为本省内有相应资质的施工企业的做法是违法的，违反了我国《招标投标法》第十八条"招标人不得以不合理的条件限制或者排斥潜在投标人"的规定。

5.2 建设工程施工投标

工程项目施工投标是指（承包商、施工单位）经过招标人资格审查获得投标资格后，根据招标人的标书条件和要求，在规定的期限内向招标人递交投标书，通过竞争取得承包工程资格的过程。

5.2.1 投标人应具备的基本条件

施工单位投标应具备以下几方面的基本条件：

1. 投标人应当具备承担招标项目的能力。国家有关规定对投标人资格条件或者招标文件对投标人资格条件是有规定的，投标人应当具备规定的资格条件。

2. 参加投标的单位必须至少满足该工程所要求的资质等级。对于建设工程施工企业，这种能力体现在不同资质等级的认定上，其法律依据为《建筑业企业资格管理规定》。

3. 参加投标的单位必须具有独立法人资格和相应的施工资质。

4. 为具有被授予合同的资格，投标单位应该提供令招标单位满意的资格文件，以证明其符合投标资格条件和具有履行合同的能力。

5. 两个以上法人或者其他组织可以组成一个联合体，以一个投标人的身份共同投标。联合体各方均应具备承担招标项目的相应能力，国家有关规定或者招标文件对投标人资格条件有规定的，联合体各方均应当具备规定的相应资格条件。由同一专业的单位组成的联合体，按照资质等级较低的单位确定资质等级。

6. 投标人不得相互串通投标报价，不得排挤其他投标人的公平竞争，损害招标人或者其他投标人的合法权益。投标人不得与招标人串通投标，损害国家利益、社会公共利益或者他人的合法权益。禁止投标人以向招标人或者评标委员会成员行贿的手段谋取中标。

此外，根据《国家基本建设大中型项目实行招标投标的暂行规定》中规定的条件，参加建设项目主体工程的设计、建筑安装和监理以及主要设备、材料供应等投标单位，必须具备下列条件：

（1）具有招标条件要求的资质证书，并为独立的法人实体；

（2）承担过类似建设项目的相关工作，并有良好的工作业绩和履约记录；

（3）财产状况良好，没有财产被接管、破产或者其他关、停、并、转状态；

（4）在最近三年没有参与骗取合同以及其他经济方面的严重违法行为；

（5）近几年有较好的安全记录，投标当年内没有发生重大质量、特大安全事故。

5.2.2 建设工程施工投标的程序

图 5-2 所示包括了建设工程施工项目投标的所有程序。从投标人的角度看，建设工程投标一般要经历的主要环节如下：

1. 投标的前期工作

投标的前期工作包括获取招标信息和前期投标决策两项内容。

（1）获取招标信息

投标人获取招标信息的渠道很多，可以在政府行政主管部门指定的报刊、网站或其他媒介上发布的招标公告，或在建筑信息网、建筑工程交易中心网发布的招标公告中获取招

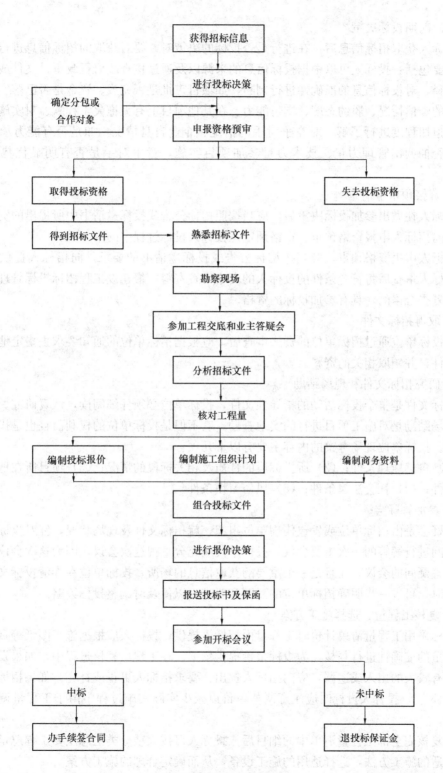

图 5-2　项目投标程序图

标信息。

（2）前期投标决策

投标人获取招标信息后，在进行是否投标的决策时，要对获取的招标信息进行分析研究，主要包括：投标人可以根据投标信息的来源以及通过核查政府行政审批文件或许可证件的途径，对投标信息的准确性进行判断，如项目审批是否完成、资金是否已落实等；对招标人的资信情况、履约态度、支付能力、在其他项目上有无拖欠工程款、对实施的工程需求的迫切程度进行了解；对竞争对手的情况、企业自身情况，如是否有能力承包该项目，能否抽调出管理力量、技术力量参加项目实施，竞争对手是否有明显优势等进行分析。

2. 资格预审申请

投标人在做出参加投标决策后，应当按照招标公告或投标邀请书中所提出的资格审查要求，向招标人申报资格预审。资格预审是投标人投标过程中的第一关。

投标人申报资格预审，应当按招标公告或投标邀请书的要求，向招标人提供有关资料。招标人审查后将符合条件的投标人的资格审查资料，报建设工程招标投标管理机构复查。经复查合格的，具有参加投标的资格。

3. 取得招标文件

当投标单位通过招标单位的资格审查后，应根据招标单位的通知要求去指定地点购买招标文件，并领取相关的资料。

4. 研究招标文件和现场踏勘

招标文件是整个投标活动的指导性文件，投标单位必须仔细阅读，认真研究。

现场踏勘是对施工项目进行的实地查勘，它不但是投标单位的权利而且也是投标单位的义务。投标单位现场考察的内容主要有以下几项：

（1）自然地理条件；（2）所投标段的性质及相关标段的情况；（3）项目所在地的工程经济条件；（4）社会法律条件；（5）风俗习惯条件。

5. 参加答疑会

答疑会是由招标单位或发包代理单位组织，就招标文件及现场状况，针对投标单位提出的疑问进行解答的一次重要会议。投标单位应充分重视这次会议，因为这次会议不但是一个解答疑问的会议，而且是一个重要的获取信息的场所，投标单位在弄清投标文件中问题的同时，可进一步明确招标单位的意图和要求，以便及时调整投标策略。

6. 复核工程量、选择施工方案

招标采用工程量清单计价时工程量由招标人提供，投标人应根据施工图纸等资料对给定工程量的准确性进行复核，为投标报价提供依据。在工程量复核过程中，如果发现某些工程量有较大的出入或遗漏，应向招标人提出，要求招标人更正或补充。如果招标人不做更正或补充，投标人投标时应注意调整单价以减少实际实施过程中由于工程量调整带来的风险。

在复核完全部工程量清单中的细目后，投标人可按大项分类汇总主要工程总量，据此研究合适的施工方法，选择适用的施工设备，从而确定合理的施工方案。

7. 编制投标书

投标书是投标工作的主要成果，经过前期工作，投标人应按照招标文件的内容、格式和顺序要求编制投标书，包括以下内容：（1）标书综合说明；（2）有报价的工程量表；（3）技术保证措施；（4）进度计划；（5）施工方案及选用的主要设备；（6）开、竣工日期及总工期；（7）招标文件规定的合同条件。

8. 递送投标文件

递送投标文件，也称递标，是指投标人在招标文件要求提交投标文件的截止时间前，将所有准备好的投标文件密封送达投标地点。招标人收到投标文件后，应当签收保存，不得开启。投标人在递交投标文件以后，投标截止时间之前，可以对所递交的投标文件进行补充、修改或撤回，并书面通知招标人，但所递交的补充、修改或撤回通知必须按招标文件的规定编制、密封和标志。补充、修改的内容为投标文件的组成部分。

9. 投标保函（保证金）

投标保函是银行出具的一张信用凭证，其作用是保证投标单位在中标后与招标单位签订合同。一般情况下投标保函的金额为投标报价的 $1\%\sim2\%$。

10. 出席开标会议

投标人在编制、递交了投标文件后，要积极准备出席开标会议。参加开标会议对投标人来说，既是权利也是义务。按照国际惯例，投标人不参加开标会议的，视为弃权，其投标文件将不予启封，不予唱标，不允许参加评标。投标人参加开标会议，要注意其投标文件是否被正确启封、宣读，对于被错误地认定为无效的投标文件或唱标出现的错误，应当场提出异议。

11. 参加评标期间的澄清会谈

澄清又称询标。评标组织要求澄清投标文件中不清楚问题的，投标人应积极予以说明、解释、澄清。澄清招标文件一般可以采用向投标人发出书面询问，由投标人书面作出说明或澄清的方式，也可以采用召开澄清会的方式。澄清会是评标组织为有助于对投标文件的审查、评价和比较，而个别地要求投标人澄清其投标文件（包括单价分析表）而召开的会议。有关澄清的要求和答复，最后均应以书面形式进行。所说明、澄清和确认的问题，经招标人和投标方签字后，作为投标书的组成部分。

12. 接受中标通知书，签订合同

经评标，投标人被确定为中标人后，应接受招标人发出的中标通知书。招标人和中标人应当自中标通知书发出之日起 30 日内，按照招标文件和中标人的投标文件订立书面合同。中标人应按照招标文件的要求提供履约保证金或其他形式履约担保，招标人也应当同时向中标人提供工程款支付担保。招标人与中标人签订合同后 5 个工作日内，应当向中标人和未中标的投标人退还投标保证金。中标人与招标人正式签订合同后，应按要求将合同副本分送有关主管部门备案。

5.2.3 施工投标决策

1. 投标决策的含义

决策是指人们为一定的行为确定目标和制定并选择行动方案的过程。投标决策是承包商选择、确定投标目标和制订投标行动方案的过程。

建筑工程投标是一项系统工程，是极其复杂的并具有相当风险的事业。在瞬息万变工程市场中，投标竞争不仅取决于竞争者的实力，而且取决于投标的策略。其成功与否，主要在于经营管理，而经营管理的重点是决策。

建设工程投标决策主要包括两个方面：一对是否参加投标进行决策（投标机会决策）；二是对如何投标进行决策（投标方案决策）。

2. 投标策略

施工企业投标的目的，是为了获得工程的承包权。它是投标企业之间进行的一场比技术、比管理、比经验、比策略、比实力的复杂竞争。要想在竞争中获胜，就必须认真研究投标策略，总结经验，不断提高投标工作水平，投标策略的实质就是研究如何在投标竞争中获胜。

（1）投标机会选择决策

要根据企业自身条件，决定是否参加工程项目的投标。可以考虑企业的自身信誉，现有工程任务是否饱和，以及承接该项目对提高企业信誉带来的影响；本企业拥有的技术能力是否达到拟投项目的技术要求；竞争的激烈程度；工程招标的基本条件和以往投标经验等而定。

在分析企业的投标条件是否满足招标项目要求后，对可以满足招标条件的工程项目，分别进行不同标价的盈利分析和中标可能性分析，从中选择中标可能性大而利润又高的工程项目作为投标对象。

（2）投标方案选择决策

当对某一具体工程决定投标，即进入投标决策的后期。指从申报资格预审至封送投标书前完成的决策阶段，主要研究在投标中采取的策略问题。

可以采取的投标策略如下：

1）提高经营管理水平取胜。这主要靠做好施工组织设计，采取合理的施工方案，施工进度安排紧凑，严把材料、设备采购环节，选择可靠的分包单位，力求节省管理费用等，从而有效地降低工程成本而获得较大的利润。

2）改进设计、缩短工期取胜。即仔细研究原设计图纸，发现有不够合理之处，提出能降低造价的修改设计建议，以提高对业主的吸引力。另外，靠缩短工期取胜，即比规定的工期有所缩短，达到早投产，早收益，有时甚至标价稍高，对业主也是很有吸引力的。

3）着眼发展、采用低利政策取胜。施工企业为了在某地打开局面或企业生产任务不饱满，为了获取施工任务，即使对盈利很少的工程，也可采取较低的报价，宁愿目前少赚钱或不赚钱，而着眼于发展，以争取将来的优势。

4）加强索赔管理。有时虽然报价低，却着眼于施工索赔，还能赚到高额利润。香港某些大的承包企业就常用这种方法，有时报价甚至低于成本，以高薪雇佣1至2名索赔专家，千方百计地从设计图纸、标书、合同中寻找索赔机会。这种策略并不是可以随意利用。

以上这些策略不是互相排斥的，可以根据具体情况，综合、灵活运用。

3. 投标报价策略

投标报价策略是投标策略的一种，在满足招标单位对工程质量和工期要求的前提下，投标获胜的关键因素是报价。报价是工程投标的核心。报价一般要占整个投标文件分值的$60\%\sim70\%$，代表着企业的综合竞争力和施工能力。若报价过高，则可能因为超出最高限价而丢失中标机会；若报价过低，则可能因为低于合理报价而废标，即使中标，也可能会给企业带来亏本的风险，因此，投标企业应针对工程的实际情况，凭借自己的实力，综合分析，研究形成最终的报价，达到中标和赢利的目的。常用的投标标价策略主要有：

（1）不平衡报价法

项目总报价基本确定后，调整内部各个子项目的报价，以期做到既不提高总报价，又不影响中标，且能获得更好的经济效益。下列情况通常采用不平衡报价：

1）对能早期结算的项目（如基础工程、土石方工程等）可以适当提高报价，以利资金周转。对后期工程项目如设备安装、装饰工程等的报价可适当降低。

2）经过工程量复核，预计今后工程量会增加的项目，单价适当提高，而将来工程量有可能减少的项目单价可降低。上述情况要具体问题具体分析。

3）图纸内容不明确或有错误，估计修改后工程量要增加的，其单价可提高；而工程内容不明确的，其单价可降低。

4）对于暂定项目，其实施的可能性大的项目，价格可报高价；估计该工程不一定实施的可报低价。

5）如招标文件要求投标人对工程量大的项目报"综合单价分析表"，投标时可将单价分析表中的人工费及机械设备费报得较高，而材料费报得较低。这主要是为了在今后补充项目报价时，可以参考选用"综合单价分析表"中较高的人工费和机械费，而材料则往往采用市场价，因而可获得较高的收益。没有工程量只填报单价的项目其单价可报高些。

（2）多方案报价法

对于一些招标文件，如果发现招标文件工程范围不很明确，条款不清楚或很不公正，或技术规范要求过于苛刻；或发现设计图纸中存在不合理，但可以改进或利用新技术、新工艺、新材料替代。可以在充分估计投标风险的基础上，按招标文件要求报一个价，然后再提出如招标人对某些条款做变动，报价可降低多少，由此可报出一个较低的价。

（3）突然降价法

突然降价法是指为迷惑竞争对手而采用的一种竞争方法。报价时先按一般情况报价或表现出自己对该工程兴趣不大，到快投标截止时，再突然降价。

采用这种方法时，要在准备投标报价的过程中考虑好降价的幅度，在临近投标截止日期前，根据情报信息与分析判断，再做最后决策。如果由于采用突然降价法而中标，因为开标只降总价，在签订合同后可采用不平衡报价的思想调整工程量表内的各项单价或价格，以期取得更高的效益。

（4）先亏后盈法

有的承包商为了打入某一地区或某一领域，依靠自身实力，采取不惜代价、只求中标的低价投标策略。一旦中标之后，可以承揽这一地区或这一领域更多的工程任务，达到总体盈利的目的。

（5）无利润报价

缺乏竞争优势的承包商，如在有可能得标后，可将大部分工程分包给索价较低的一些分包商；对于分期建设的项目，先以低价获得首期工程，而后赢得机会创造第二期工程的竞争优势，在以后的实施中盈利；投标人没有在建的工程项目，如果再不得标，就难以维持生存等，只好在报价时根本不考虑利润而去夺标。

（6）分包商报价的采用

总承包商在投标前先取得分包商的报价，并增加一定的管理费，作为投标总价的组成部分列入报价单中。

（7）许诺优惠条件

投标时主动提出提前竣工、低息贷款、赠给施工设备、免费转让新技术或某种技术专利、免费技术协作、代为培训人员等，均是吸引招标人、利于中标的辅助手段。

【案例分析】

案例 5-2：投标报价

1. 背景资料

某承包商通过资格预审后，对招标文件进行了仔细分析，发现业主的工期要求过于苛刻，且合同条款中规定每拖延 1 天工期罚合同价的 1‰。若保证工期要求，必须采取特殊措施，从而大大增加成本。因此，该承包商在投标文件中说明业主的工期要求难以实现，在工期方面按自己认为的合理工期编制施工进度计划并据此报价。

投标人将技术标和商务标分别封装，在封口处加盖本单位公章和项目经理签字后，在投标截止日期前 1 天上午将投标文件报送业主。次日（即投标截止日当天）下午，在规定的开标时间前 1 小时，该承包商又递交了一份补充材料，其中声明将原报价降低 4‰。招标单位的有关工作人员认为，根据国际上"一标一投"的惯例，一个承包商不得递交两份投标文件，因而拒收承包商的补充材料。

开标会由市招投标办的工作人员主持，市公证处有关人员到会，各投标单位代表均到场。开标前，市公证处人员对各投标单位的资质进行审查，并对所有投标文件进行审查，确认所有投标文件均有效后，正式开标。主持人宣读投标单位名称、投标价格、投标工期和有关投标文件的重要说明。

2. 问题

（1）该承包商运用了哪几种报价技巧？其运用是否得当？请逐一加以说明。

（2）招标人对投标人进行资格预审应包括哪些内容？

（3）从所介绍的背景资料来看，在该项目招标程序中存在哪些问题？请分别简单说明。

3. 分析

问题 1：该承包商运用了 2 种报价技巧，即多方案报价法和突然降价法。其中，多方案报价法运用不当，因为运用该报价技巧时，必须对原方案（本案指业主的工期要求）报价，而该承包商在投标时仅说明了该工期要求难以实现，却未相应报价。

突然降价法运用得当，原投标文件的递交时间比规定的投标截止时间仅提前 1 天多，这既符合常理的，又为竞争对手调整、确定最终报价留有一定的时间，起到了迷惑竞争对手的作用。若提前时间太多，会引起竞争对手的怀疑，而在开标前 1 小时突然递交一份补充文件，这时竞争对手已不可能再调整报价了。

问题 2：招标人对投标人进行资格预审主要包括以下内容：是否具有独立订立合同的资格；是否具有履行合同的能力；有没有处于停业、投标资格被取消、财产被接管或冻结、破产状态；在最近三年内有没有骗取中标和严重违约及重大工程质量问题；法律法规规定的其他资格条件。

问题3：该项目招标程序中存在以下问题：

（1）招标单位的有关工作人员不应拒收承包商的补充文件，因为承包商在投标截止时间之前所递交的任何正式书面文件都是有效文件，都是投标文件的有效组成部分，补充文件与原投标文件共同构成一份投标文件，而不是两份相互独立的投标文件。

（2）开标会应由招标人（招标单位）主持，而不应由市招投标办工作人员主持。

（3）采用资格预审的，已在投标之前进行资格审查，无需再审查，且公证处人员无权对承包商资格进行审查，及对投标书的有效性进行审查。其到场的作用在于确认开标的公正性与合法性。

（4）投标人应将投标书正本和所有的副本分开密封装在单独的信封中，且在信封上标明"正本""副本"字样，然后再将所有信封封装在一个外层信封中，按投标人须知要求密封和加写标记，而不是将技术标和商务标分别封装，所以此标书应作为废标处理。

5.2.4 施工投标文件的内容及编制

1. 投标文件的主要内容

建设工程投标文件，是建设工程投标人单方面阐述自己响应招标文件要求，旨在向招标人提出愿意订立合同的意思表示，是投标人确定和解释有关投标事项的各种书面表达形式的统称。从合同订立过程来分析，建设工程投标文件在性质上属于一种要约，其目的在于向招标人提出订立合同的意愿。

工程建设施工项目的投标文件的内容及构成一般包括投标函、投标报价、施工组织设计、资格审查表和辅助资料表等。

（1）投标函

包括：1）投标书。投标书就是由投标负责人签署的正式报价信。招标人对投标书的编写有格式要求，投标人应按照要求填写。其主要内容为：投标报价、质量、工期目标、履约保证金数额等。2）投标书附录。其内容为投标人对开工日期、履约保证金、违约金以及招标文件规定其他要求的具体承诺。3）投标保证金。投标保证金的形式有：现金、支票、汇票和银行保函，但具体采用何种形式应根据招标文件规定。另外，投标保证金被视作投标文件的组成部分，未及时交纳投标保证金，该投标将被作为废标而遭拒绝。4）法定代表人资格证明书。5）授权委托书。

（2）具有标价的工程量清单与报价表

工程量清单应当按招标文件规定的格式填写，并核对无误。它应当与投标须知、合同通用条款、合同专用条款、技术规范和图纸一起使用。

采用综合单价形式的，其主要内容为：1）投标报价说明；2）投标报价汇总表；3）主要材料清单报价表；4）设备清单报价表；5）工程量清单报价表；6）措施项目报价表；7）其他项目报价表；8）工程量清单项目价格计算表；9）投标报价需要的其他资料。

采用工料单价形式的，其主要内容为：1）投标报价说明；2）投标报价汇总表；3）主要材料清单报价表；4）设备清单报价表；5）分部工程工料价格计算表；6）分部工程费用计算表；7）投标报价需要的其他资料。

（3）施工组织设计

主要包括：1）拟投入的主要施工机械设备、材料、劳动力配置计划；计划开、竣工日期和施工进度计划；施工平面图；施工方案。2）项目管理机构配备情况。3）拟分包项目情况。4）工程质量、进度保证措施。5）安全保证措施、环境保护措施及文明施工保证措施等。

（4）辅助资料表

常见的有：企业资信证明资料、企业业绩证明资料、项目经理简历及证明资料、项目技术负责人简历及证明资料、项目管理机构配备情况辅助说明资料。

（5）资格审查表（资格预审的不采用）

企业有关资质、社会信誉、类似工程经验等。

（6）对招标文件中的合同协议条款内容的确认和响应。该部分内容往往并入投标书或投标书附录。

（7）按招标文件规定提交的其他资料。

上述第一、二项及第六项内容组成商务标，第三项为技术标的主要内容，第四、五项内容组成资信标或并入商务标、技术标，具体根据招标文件规定。

2. 投标文件的编制

（1）投标人编制投标文件时必须使用招标文件提供的投标文件表格格式，但表格可以按同样格式扩展。投标保证金、履约保证金的方式，按招标文件有关条款的规定可以选择。投标人根据招标文件的要求和条件填写投标文件的空格时凡要求填写的空格都必须填写，不得空着不填，否则即被视为放弃意见。

（2）应当编制的投标文件"正本"仅一份，"副本"则按招标文件前附表所述的份数提供，同时要在标书封面标明"投标文件正本"和"投标文件副本"字样。投标文件正本和副本如有不一致之处，以正本为准。

（3）投标文件正本和副本均应使用不能擦去的墨水打印或书写，各种投标文件的填写都要字迹清晰、端正，补充设计图纸要整洁、美观。

（4）所有投标文件均由投标人的法定代表人签署、加盖印鉴，并加盖法人单位公章。

（5）填报投标文件应反复校核，保证分项和汇总计算均无错误。全套投标文件均应无涂改和行间插字，除非这些删改是根据招标人的要求进行的，或者是投标人造成的必须修改的错误。修改处应由投标文件签字人签字证明并加盖印鉴。

（6）如招标文件规定投标保证金为合同总价的某百分比时，开投标保函不要太早，以防泄漏乙方报价。但有的投标商提前开出并故意加大保函金额，以麻痹竞争对手的情况也是存在的。

（7）投标文件的打印应力求整洁、悦目，避免评标专家产生反感。投标文件的装订也要力求精美，使评标专家从侧面产生对投标人企业实力的认可。

5.2.5 施工投标文件递交

《招标投标法》对投标文件的送达、签收、保存的程序作出规定，有明确的规则。对于投标文件的补充、修改、撤回也有具体规定，明确了投标人的权利义务，这些都是适应公平竞争需要而确立的共同规则。从对这些事项的有关规定来看，招标投标需要规范化，应当在规范中体现保护竞争的宗旨。

1. 投标文件的密封和标记

（1）投标人应将投标书正本和所有的副本分开密封装在单独的信封中，且在信封上标明"正本"、"副本"字样，然后再将所有信封封装在一个外层信封中。

（2）投标文件内外层封套均应做到：按"投标资料表"中注明的地址发至买方；注明"投标资料表"中标明的项目名称，投标邀请书的标题和编号，注明"在之前不得启封"的字样，并根据规定填入"投标资料表"中规定的日期和时间。

（3）内层信封应写明投标人名称和地址，以便如果其投标被宣布为"迟到"投标时，能原封退回。

（4）如果外层信封未按投标人须知要求密封和加写标记，买方对误投或过早启封概不负责。

（5）所有内层包封的封口处应加盖投标单位印章、所有投标文件的外层包封的封口处加盖签封章。

2. 投标文件提交的截止日期

投标人应按投标须知前附表所规定的地点，于截止时间前提交投标文件；招标人因补充通知修改招标文件而酌情延长投标截止日期的，招标人和投标人在投标截止日期方面的全部权力、责任和义务，将适用延长后新的投标截止期；到投标截止时间止，招标人收到投标文件少于3个的，招标人将依法重新组织招标。

3. 迟交的投标书

招标方将拒绝并原封退回在其规定的截止期后收到的任何投标书。

4. 投标书的修改和撤回

（1）投标人在递交投标书后，可以修改或撤回其投标书，但招标方必须在规定的投标截止期之前，收到修改包括替代或撤回的书面通知。

（2）投标人的修改或撤回通知书应按规定编制、密封、标记和发送，撤回通知书也可以用电报传递，但随后要用经过签字的信件确认，邮戳时间不得迟于投标截止时间。

（3）在投标截止期之后，投标人不得对其投标书做任何修改。

（4）从投标截止期到投标人在投标函格式中确定的投标有效期期满的这段时间内，投标人不得撤回其投标，否则其投标保证金将按照投标人须知规定被没收。

5.2.6 投标有效期

投标有效期是指为保证招标人有足够的时间在开标后完成评标、定标、合同签订等工作而要求投标人提交的投标文件在一定时间内保持有效的期限，该期限由招标人在招标文件中载明，从提交投标文件的截止之日起算。

在原定投标有效期满之前，如果出现特殊情况，招标人可以书面形式向投标人提出延长投标有效期的要求。投标人须以书面形式予以答复，不同意延长的，招标人不可以没收其投标保证金。同意延长投标有效期的投标人不允许修改其投标文件，但需要相应地延长投标保证金的有效期，在延长期内，投标须知关于投标保证金的退还与不退还的规定仍然适用。

5.2.7 投标保证金

投标保证金是指在招投标活动中，投标人随投标文件一同递交给招标人的一定形式、一定金额的投标责任担保。其主要目的是：（1）担保投标人在招标人定标前不得撤销其投标；（2）担保投标人在被招标人宣布为中标人后，即受合同成立的约束，不得反悔或者改变其投标文件中的实质性内容，否则其投标保证金将被招标人没收。

投标人应提供不少于前附表规定数额的投标保证金。投标保证金可以是现金、支票、银行汇票，也可以是在中国注册的银行出具的银行保函。银行保函的格式，应符合招标文件的格式。投标保证金的有效期应超出投标有效期30天。对于未能按要求提交投标保证金的投标，招标人将视为不响应投标而予以拒绝。未中标的投标人的投标保证金在投标有效期或经投标人同意的延长投标有效期内尽快退还（无息）。中标人的投标保证金，在按要求提交履约保证金并签署合同协议后，予以退还（无息）。投标人在投标有效期内撤回其投标文件的，保证金不予退还。

【案例分析】

案例5-3：投标文件

1. 背景资料

某工程项目招投标中评标委员会进行了封闭式评标。评标委员会按照评标程序（符合性检查、商务评议、技术评议、评比打分）对投标文件进行评议。评标委员会对8家公司投标文件的投标书、投标保证金、法人授权书、资格证明文件、技术文件、投标分项报价表等各个方面进行符合性检查时，发现A公司的投标文件未经法人代表签署，也未能提供法人授权书。评标委员会依照招标文件的要求，对通过符合性检查的投标文件进行商务评议时发现投标人B公司投标文件的竣工工期为"合同签订后150天"（招标文件规定"竣工工期为合同签订后3个月"）。

2. 问题

评标委员会对A公司、B公司的投标文件应如何处理？

3. 分析

对A公司、B公司的投标文件，评标委员会应认定为废标。投标文件应当对招标文件提出的实质性要求和条件做出响应，这是确认投标文件是否有效的最基本要求。评标中要审查投标文件是否对招标文件提出的所有实质性要求和条件做出响应。一般而言，投标文件对招标文件或多或少会存在一些偏差，这是正常情况，不是所有偏差都会造成非实质性响应，但重大偏差构成对实质性内容的改变。

单 元 小 结

本教学单元阐述了建设工程施工项目招标、投标的相关知识。重点介绍了建设工程施工项目招投标的基本概念、工作流程以及招投标文件的主要内容、编制方法。

复 习 思 考 题

1. 工程招标有哪些方式？各自的特点是什么？
2. 施工招标的种类有哪些？
3. 建设工程招标组织方式有哪些？
4. 招标文件主要包括哪些方面的内容？
5. 投标书主要包括哪些方面的内容？
6. 什么是废标？
7. 分别叙述施工招投标程序？
8. 投标报价的策略有哪些？

教学单元6 施工合同管理

【知识目标】

熟悉建设工程施工合同示范文本的内容及合同文件的组成。

熟悉施工合同变更的范围和内容，理解施工合同常见的争议及纠纷的处理方式。

了解我国施工合同索赔的有关程序。

熟悉施工合同违约责任。

【职业能力目标】

能对施工合同文件的组成进行分析。

能进行施工合同管理。

6.1 建设工程施工合同

6.1.1 建设工程施工合同概念

建设工程施工合同是建筑、安装工程承包合同，是建设单位（发包人）和施工单位（承包人）为完成商定的建筑、安装工程，明确相互权利、义务关系的协议。依照施工合同，承包人应完成一定的建筑、安装工程任务，发包人应提供必要的施工条件并支付工程价款。

建设工程施工合同是建设工程的主要合同，是工程建设质量控制、进度控制、投资控制的主要依据。在市场经济条件下，建设市场主体之间相互的权利义务关系主要是通过合同确立的，加强对施工合同的管理具有十分重要的意义。《中华人民共和国合同法》、《中华人民共和国建筑法》（以下简称"《建筑法》"）、《中华人民共和国招标投标法》（以下简称"《招标投标法》"）等法律是我国建设工程施工合同管理的依据。

工程施工合同具有以下特点：

（1）合同标的的特殊性

施工合同的标的是各类建筑产品，建设产品的固定性和生产的流动性；建设产品类别庞杂，形成其产品个体性和生产的单件性；一次性投资数额大。

（2）合同履行期限的长期性

建筑物的施工由于结构复杂、体积大、建筑材料类型多、工作量大，使得工期都较长。在较长的合同期内，项目进展、履行义务等可能受到不可抗力、政策法规、市场变化等多方面多条件的限制和影响。

（3）合同内容的复杂性

施工合同的履行过程中涉及的主体有许多，牵涉到分包方、材料供应单位、构配件生产和设备加工厂家，以及政府、银行等部门。施工合同内容的约定还需与其他相关合同、设计合同、供货合同等相协调，建设工程施工合同内容繁杂，合同的涉及面广。

（4）合同风险大

施工合同的上述特点以及金额大，再加上建筑市场竞争激烈等因素，构成和加剧了施工合同的风险性。因此，在合同中应慎重分析研究各种因素和避免承担风险条款。

6.1.2　工程承包合同类型

工程施工承包合同可以按照不同的方法加以分类，按照承包合同的计价方式可以分为单价合同、总价合同和成本加酬金合同等。

1. 单价合同

单价合同是指合同当事人约定以工程量清单及其综合单价进行合同价格计算、调整和确认的建设工程施工合同，在约定的范围内合同单价不做调整。

2. 总价合同

总价合同是指合同当事人约定以施工图、已标价工程量清单或预算书及有关条件进行合同价格计算、调整和确认的建设工程施工合同，在约定的范围内合同总价不做调整。

3. 成本加酬金合同

成本加酬金合同是指发包人向承包人支付工程项目的实际成本，并按事先约定的某种方式支付酬金的合同类型。该合同价款包括成本和酬金两部分。

4. 其他价格形式

《建设工程工程量清单计价规范》GB 50500—2013 规定：实行工程量清单计价的工程，应采用单价合同；建设规模较小、技术难度较低、工期较短且施工图设计已审查批准的建设工程，可采用总价合同；紧急抢险、救灾以及施工技术特别复杂的建设工程，可采用成本加酬金合同。

6.1.3　施工合同示范文本

为规范建筑市场秩序，加强和完善对建设工程施工合同的管理，提高合同的履约率，维护建设工程施工合同当事人的合法权益，维护建筑市场正常的经营与管理秩序，住房和城乡建设部、国家工商行政管理总局于 2013 年 4 月 3 日发布了新的《建设工程施工合同（示范文本）》（以下简称《示范文本》GF— 2013—0201），于 2013 年 7 月 1 日起正式实施。为非强制性使用文本，合同当事人可结合建设工程具体情况，根据《示范文本》订立合同，并按照法律法规规定和合同约定承担相应的法律责任及合同权利义务。

《示范文本》GF—2013—0201 由合同协议书、通用合同条款和专用合同条款三部分组成，包括 11 个附件。

1. 合同协议书

合同协议书是合同的纲领性文件，涵盖合同的基本条款，规定合同当事人双方最重要的权利和义务。

《示范文本》合同协议书共计 13 条，主要包括工程概况、合同工期、质量标准、签约合同价和合同价格形式、项目经理、合同文件构成、承诺以及合同生效条件等重要内容，集中约定了合同当事人基本的合同权利义务。

2. 通用合同条款

通用合同条款是合同当事人根据法律规范的规定，就工程项目的实施及相关事项，对合同当事人的权利义务做出的通用性约束。

《示范文本》通用合同条款共计 20 条，具体条款分别为一般约定、发包人、承包人、监理人、工程质量、安全文明施工与环境保护、工期和进度、材料与设备、试验与检验、变更、价格调整、合同价格、计量与支付、验收和工程试车、竣工结算、缺陷责任与保修、违约、不可抗力、保险、索赔和争议解决。前述条款安排既考虑了现行法律法规对工程建设的有关要求，也考虑了建设工程施工管理的特殊需要。

3. 专用合同条款

专用合同条款是对通用合同条款原则性约定的细化、完善、补充、修改或另行约定的条款。合同当事人可以根据不同建设工程的特点及具体情况，通过双方的谈判、协商，对相应的专用合同条款进行修改补充。

4. 附件

《示范文本》包括了 11 个附件，分别为承包人承揽工程项目一览表、发包人供应材料设备一览表、工程质量保修书、主要建设工程文件目录、承包人用于本工程施工的机械设备表、承包人主要施工管理人员表、分包人主要施工管理人员表、履约担保格式、预付款担保格式、支付担保格式、暂估价一览表。

6.1.4　施工合同文件组成

组成合同的各项文件应互相解释，互为说明。除合同另有约定外，解释合同文件的优先顺序如下：

1. 施工合同协议书。

2. 中标通知书（如果有）。

3. 投标函及其附录（如果有）。

4. 专用合同条款及其附件。

5. 通用合同条款。

6. 技术标准和要求。

7. 图纸。

8. 已标价工程量清单或预算书。

9. 其他合同文件。

在合同订立及履行过程中形成的与合同有关的文件均构成合同文件组成部分，并根据其性质确定优先解释顺序。上述各项合同文件包括合同当事人就该项合同文件所做出的补充和修改，属于同一类内容的文件，应以最新签署的为准。当合同文件出现含糊不清或者当事人有不同理解时，按照合同争议的解决方式处理。

6.2　施工合同签约管理

6.2.1　施工合同的谈判

1. 关于工程内容和范围的确认

招标人和中标人可就招标文件中的某些具体工作内容进行讨论、修改、明确或细化，从而确定工程承包的具体内容和范围。在谈判中双方达成一致的内容，包括在谈判讨论中经双方确认的工程内容和范围方面的修改或调整，应以文字方式确定下来，并以"合同补遗"或"会议纪要"方式作为合同附件，并明确它是构成合同的一部分。

对于为监理工程师提供的建筑物、家具、车辆以及各项服务，也应逐项详细地予以明确。

2. 关于技术要求、技术规范和施工技术方案

双方尚可对技术要求、技术规范和施工技术方案等进行进一步讨论和确认，必要的情况下甚至可以变更技术要求和施工方案。

3. 关于合同价格条款

依据计价方式的不同，建设工程施工合同可以分为总价合同、单价合同和成本加酬金合同。一般在招标文件中就会明确规定合同将采用什么计价方式，在合同谈判阶段往往没有讨论的余地。但在可能的情况下，中标人在谈判过程中仍然可以提出降低风险的改进方案。

4. 关于价格调整条款

对于工期较长的建设工程，容易遭受货币贬值或通货膨胀等因素的影响，可能给承包人造成较大损失。价格调整条款可以比较公正地解决这一承包人无法控制的风险损失。无论是单价合同还是总价合同，都可以确定价格调整条款，即是否调整以及如何调整等。

5. 关于合同款支付方式的条款

建设工程施工合同的付款分四个阶段进行，即预付款、工程进度款、最终付款和退还保留金。关于支付时间、支付方式、支付条件和支付审批程序等有很多种可能的选择，并且可能对承包人的成本、进度等产生比较大的影响，因此合同支付方式的有关条款是谈判的重要方面。

6. 关于工期和维修期

中标人与招标人可根据招标文件中要求的工期，或者根据投标人在投标文件中承诺的工期，并考虑工程范围和工程量的变动而产生的影响来商定一个确定的工期。同时，还要明确开工日期、竣工日期等。双方可根据各自的项目准备情况、季节和施工环境因素等条件洽商适当的开工时间。

双方应通过谈判明确，由于工程变更（业主在工程实施中增减工程或改变设计等）、恶劣的气候影响，以及种种"作为一个有经验的承包人无法预料的工程施工条件的变化"等原因对工期产生不利影响时的解决办法，通常在上述情况下应该给予承包人要求合理延长工期的权利。

合同文本中应当对维修工程的范围、维修责任及维修期的开始和结束时间有明确的规定，承包人应该只承担由于材料和施工方法及操作工艺等不符合合同规定而产生的缺陷。承包人应力争以维修保函来代替业主扣留的保留金。与保留金相比，维修保函对承包人有利，主要是因为可提前取回被扣留的现金，而且保函是有时效的，期满将自动作废。同时，它对业主并无风险，真正发生维修费用，业主可凭保函向银行索回款项。因此，这一作法是比较公平的。维修期满后，承包人应及时从业主处撤回保函。

7. 合同条件中其他特殊条款的完善

主要包括：合同图纸；违约罚金和工期提前奖金；工程量验收以及衔接工序和隐蔽工程施工的验收程序；施工占地；向承包人移交施工现场和基础资料；工程交付；预付款保函的自动减额条款等。

6.2.2 施工合同文本审查

1. 合同风险评估

在签订合同之前，承包人应对合同的合法性、完备性、合同双方的责任、权益以及合同风险进行评审、认定和评价。

2. 合同文件内容

建设工程施工承包合同文件构成：合同协议书、工程量及价格、合同条件（包括合同一般条件和合同特殊条件）、投标文件、合同技术条件（合图纸）、中标通知书、双方代表共同签署的合同补遗（有时也以合同谈判会议纪要形式）、招标文件、其他双方认为应该作为合同组成部分的文件。

对所有在招标投标及谈判前后各方发出的文件、文字说明、解释性资料进行清理。对凡是与上述合同构成内容有矛盾的文件，应宣布作废。可以在双方签署的《合同补遗》中，对此做出排除性质的声明。

3. 施工合同文本的审查

施工合同文本的审查应集中在下列方面：

(1) 检查合同内容的完整性，某些必须条款是否遗漏。

(2) 分析评价每一合同条文执行的法律后果。

(3) 是否有合同条款间的矛盾性，即不同条款对同一具体问题规定的不一致。

(4) 是否有对承包方不利、甚至有害的条款，如过于苛刻、责权利不平衡、单方面约束性条款等。

(5) 隐含着较大风险的条款。

(6) 是否有内容含糊、概念不清、不能完全理解的条款。

对于重大工程或者合同关系和合同文本很复杂的工程，应请律师或合同法律专家来进行合同审查，以防止合同中出现不利的条款。

4. 关于合同协议的补遗

在合同谈判阶段双方谈判的结果一般以《合同补遗》的形式，有时也可以以《合同谈判纪要》形式，形成书面文件。

同时应该注意的是，建设工程施工承包合同必须遵守法律。对于违反法律的条款，即使由合同双方达成协议并签了字，也不受法律保护。

6.2.3 施工合同的签订

对方在合同谈判结束后，应按上述内容和形式形成一个完整的合同文本草案，经双方代表认可后形成正式文件。双方核对无误后，由双方代表草签，至此合同谈判阶段即告结束。此时，承包人应及时准备和递交履约保函，准备正式签署施工承包合同。

6.2.4 施工合同履行

施工合同的履行是指工程建设项目的发包方和承包方根据合同规定的时间、地点、方式、内容及标准等要求，各自完成合同义务的行为。合同的履行是合同当事人双方都应尽的义务。任何一方违反合同，不履行合同义务，或者未完全履行合同义务，给对方造成损失时，都应当承担赔偿责任。

发包人和监理工程师在合同履行过程中，应当严格依照施工合同的规定，履行应尽的义务。施工合同内规定应由发包人负责的工作都是合同履行的基础，是为承包人开工、施工创造的先决条件，发包人必须严格履行。

在履行管理中，发包人、监理工程师也应实现自己的权利、履行自己的职责，对承包人的施工活动进行监督、检查。发包人对施工合同的履行管理主要是通过总监理工程师进行的；承包人也需建立一套完整的施工施工合同管理制度，确保合同各项指标的顺利实现。

在合同履行过程中，若需修改和补充合同内容，则可由双方协商，并在监督领导小组同意的情况下，另签署书面修改补充协议，并作为主合同不可分割的一部分。在合同执行期间，因特殊原因需变更内容的，应由招标代理机构负责提交书面申请，按合同签订程序对合同进行变更。

但是，在实践中，我国的工程项目由于从招标到合同的履行都存在不规范的情况，发生纠纷屡见不鲜。因此，加强对合同的管理，规范合同的履行，对降低合同风险乃至维护招标人、中标人的信誉都具有重要意义。

6.3　施工合同变更管理

6.3.1　施工合同变更的概念及原因

1. 施工合同变更的概念

施工合同变更是指合同成立以后和履行完毕以前由双方当事人依法对合同的内容所进行的修改，包括合同价款、工程的内容、数量、质量要求及标准、实施程序等作出的改变。

2. 施工合同变更的原因

工程变更一般主要有以下几个方面的原因：

(1) 业主新的变更指令，对建筑的新要求。如业主有新的意图，业主修改项目计划，削减项目预算等。

(2) 由于设计人员、监理方人员、承包商事先没有很好地理解业主的意图，或设计的错误，导致图纸修改。

(3) 工程环境的变化，预定的工程条件不准确，要求实施方案或实施计划变更。

(4) 由于产生新技术和知识，有必要改变原设计、原实施方案或实施计划，或由于业主指令及业主责任的原因造成承包商施工方案的改变。

(5) 政府部门对工程新的要求，如国家计划变化、环境保护要求、城市规划变动等。

(6) 由于合同实施出现问题，必须调整合同目标或修改合同条款。

6.3.2　变更的范围和内容

根据国家发展改革委员会等九部委联合编制的《标准施工招标文件》中的通用合同条款第15.1款的规定，除专用合同条款另有约定外，在履行合同中发生以下情形之一，应按照本条规定进行变更。

1. 取消合同中任何一项工作，但被取消的工作不能转由发包人或其他人实施；

2. 改变合同中任何一项工作的质量或其他特性；

3. 改变合同工程的基线、标高、位置或尺寸；

4. 改变合同中任何一项工作的施工时间或改变已批准的施工工艺或顺序；

5. 为完成工程需要追加的额外工作。

在履行合同中，承包人可以对发包人提供的图纸、技术要求以及其他方面提出合理化建议。

6.3.3　变更程序

1. 变更权

在履行合同过程中，经发包人同意，监理人可按合同约定的变更程序向承包人作出变更指示，承包人应遵照执行。没有监理人的变更指示，承包人不得擅自变更。

涉及设计变更的，应由设计人员提供变更后的图纸和说明。如变更超过原设计标准或批准的建设规模时，发包人应及时办理规划、设计变更等审批手续。

2. 变更程序

根据九部委《标准施工招标文件》中通用合同条款的规定，变更的程序如下。

（1）在合同履行过程中，可能发生通用合同条款第 15.1 款约定情形的变更，监理人可向承包人发出变更意向书。变更意向书应说明变更的具体内容和发包人对变更的时间要求，并附必要的图纸和相关资料。变更意向书应要求承包人提交包括拟实施变更工作的计划、措施和竣工时间等内容的实施方案。发包人同意承包人根据变更意向书要求提交的变更实施方案的，由监理人按合同约定的程序发出变更指示。

（2）在合同履行过程中，已经发生通用合同条款第 15.1 款约定情形的，监理人应按照合同约定的程序向承包人发出变更指示。

（3）承包人收到监理人按合同约定发出的图纸合同文件，经检查认为其中存在第 15.1 款约定情形的，可向监理人提出书面变更建议。变更建议应阐明要求变更的依据，并附必要的图纸和说明。监理人收到承包人书面建议后，应与发包人共同研究，确认存在变更的，应在收到承包人书面建议后的 14 天内作出变更指示。经研究后不同意作为变更的，应由监理人书面答复承包人。

（4）若承包人收到监理人的变更意向书后认为难以实施此项变更，应立即通知监理人，说明原因并附详细依据。监理人与承包人和发包人协商后确定撤销、改变或不改变原变更意向书。

6.4　合 同 索 赔 管 理

6.4.1　施工合同的违约

1. 违约责任的概念

建设工程合同是承发包双方在平等自愿基础上订立的明确权利义务的协议，是双方在建设实施过程中遵循的最高行为准则。违约责任，是指合同当事人因违反合同义务所承担的责任。

《合同法》规定，当事人一方不履行合同义务或者履行合同义务不符合约定的，应当承担继续履行、采取补救措施或者赔偿损失等违约责任。

2. 发包人违约责任

（1）发包人违约行为

发包人应当完成合同约定应由甲方完成的义务。如果发包人不履行合同义务或不按合同约定履行义务，则应承担相应的民事责任。发包人的违约行为包括：

1）发包人不按时支付工程预付款。

2) 发包人不按合同约定支付工程款导致施工无法进行。

3) 发包人无正当理由不支付工程竣工结算价款。

4) 发包人不履行合同或不按合同约定履行义务的其他情况。

(2) 发包人承担违约责任的方式

1) 赔偿损失。赔偿损失是发包人承担违约责任的重要方式，其目的是补偿因违约给承包方造成的经济损失。承发包双方应当在合同专用条款内约定发包人赔偿承包人损失的计算方法。损失赔偿额应相当于因违约造成的损失，包括合同履行后承包人可以获得的利益，但不得超过发包人在订立合同时预见或者应当预见到的因违约可能造成的损失。

2) 支付违约金。支付违约金的目的是补偿承包人损失，双方也可在专用条款中约定违约金的数额或计算方法。

3) 顺延工期。对于因发包人违约而延误的工期，应当相应顺延。

4) 继续履行。承包人要求继续履行合同的，发包人应当在承担上述违约责任后继续履行施工合同。

3. 承包人违约责任

承包人承担违约责任的方式

(1) 赔偿损失。承发包双方应当在合同专用条款内约定承包人赔偿发包人损失的计算方法。损失赔偿额应当相当于违约所造成的损失，包括合同履行后发包人可以获得的利益，但不得超过承包人在订立合同时预见或应当预见到的因违约可能造成的损失。

(2) 支付违约金。双方可以在专用条款内约定承包人应当支付违约金的数额或计算方法。

(3) 采取补救措施。对于施工质量不符合要求的违约，发包人有权要求承包人采取返工、修理、更换等补救措施。《建设工程质量管理条例》第三十二条规定："施工单位对施工中出现质量问题的建设工程或者施工验收不合格的建设工程，应当负责返修。"

(4) 继续履行。如果发包人要求继续履行合同，承包人应当在承担上述违约责任后继续履行施工合同。

4. 违约责任的免除

在合同履行过程中，如果出现法定的免责条件或合同约定的免责事由，违约人将免于承担违约责任。我国的《合同法》仅承认不可抗力为法定的免责事由。

《合同法》规定，因不可抗力不能履行合同的，根据不可抗力的影响，部分或者全部免除责任，但法律另有规定的除外。当事人延迟履行后发生不可抗力的，不能免除责任。本法所称不可抗力，是指不能预见、不能避免并不能克服的客观情况。

当事人一方因不可抗力不能履行合同的，应当及时通知对方，以减轻可能给对方造成的损失，并应当在合理期限内提供证明。

6.4.2　施工合同常见的争议及司法解释

施工合同履行时间长，参与履行的主体复杂且行为不够规范，履行过程中变更较多，难免会产生大量的合同争议问题，即合同纠纷。2005年1月1日起执行的《最高人民法院关于审理建设工程施工合同纠纷案件适用法律问题的解释》（以下简称《司法解释》），为解决一些典型的工程施工合同纠纷提供了可遵循的原则性规定。现就《司法解释》中对施工合同主要纠纷处理有关规定进行简单介绍。

1. 建设工程施工合同效力

（1）建设工程施工合同效力

1）《司法解释》第一条规定，建设工程施工合同具有下列情形之一的，应当根据合同法第五十二条第（五）项的规定，认定无效：

① 承包人未取得建筑施工企业资质或者超越资质等级的。

② 没有资质的实际施工人借用有资质的建筑施工企业名义的。

③ 建设工程必须进行招标而未招标或者中标无效的。

2）建设工程施工合同无效，但建设工程经竣工验收合格，承包人请求参照合同约定支付工程价款的，应给予支持。

3）《司法解释》第三条规定：建设工程施工合同无效，且建设工程经竣工验收不合格的，按照以下情形分别处理：

① 修复后的建设工程经竣工验收合格，发包人请求承包人承担修复费用的，应予支持。

② 修复后的建设工程经竣工验收不合格，承包人请求支付工程价款的，不予支持。

因建设工程不合格造成的损失，发包人有过错的，也应承担相应的民事责任。

4）承包人非法转包、违法分包建设工程或者没有资质的实际施工人借用有资质的建筑施工企业名义与他人签订建设工程施工合同的行为无效。人民法院可以根据民法通则第一百三十四条规定，收缴当事人已经取得的非法所得。

5）承包人超越资质等级许可的业务范围签订建设工程施工合同，在建设工程竣工前取得相应资质等级，当事人请求按照无效合同处理的，不予支持。

（2）建设工程施工合同解除

1）承包人具有下列情形之一，发包人请求解除建设工程施工合同的，应予支持：

① 明确表示或者以行为表明不履行合同主要义务的。

② 合同约定的期限内没有完工，且在发包人催告的合理期限内仍未完工的。

③ 已经完成的建设工程质量不合格，并拒绝修复的。

④ 将承包的建设工程非法转包、违法分包的。

2）发包人具有下列情形之一，致使承包人无法施工，且在催告的合理期限内仍未履行相应义务，承包人请求解除建设工程施工合同的，应予支持：

① 未按约定支付工程价款的。

② 提供的主要建筑材料、建筑构配件和设备不符合强制性标准的。

③ 不履行合同约定的协助义务的。

以上三种情形均属于发包人违约，因此，合同解除后发包人还要承担违约责任。

3）合同解除后的法律后果

建设工程施工合同解除后，已经完成的建设工程质量合格的，发包人应当按照约定支付相应的工程价款；已经完成的建设工程质量不合格的，参照《司法解释》第三条规定处理（即修复后两种结果的处理方式）。因一方违约导致合同解除的，违约方应当赔偿因此而给对方造成的损失。

【案例分析】

案例 6-1：合同效力

1. 背景资料

A 建筑公司挂靠于一资质较高的 B 建筑公司，以 B 建筑公司名义承揽了一项工程，并与建设单位 C 公司签订了施工合同。但在施工过程中，由于 A 建筑公司的实际施工技术力量和管理能力都较差，造成了工程进度的延误和一些工程质量缺陷。C 公司以此为由，不予支付余下的工程款。A 建筑公司以 B 建筑公司名义将 C 公司告上了法庭。

2. 问题

(1) A 建筑公司以 B 建筑公司名义与 C 公司签订的施工合同是否有效？

(2) C 公司是否应当支付余下的工程款？

3. 分析与解决

(1)《最高人民法院关于审理建设工程施工合同纠纷案件适用法律问题的解释》第 4 条规定："承包人非法转包、违法分包建设工程或者没有资质的实际施工人借用有资质的建筑施工企业名义与他人签订建设工程施工合同的行为无效"。A 建筑公司以 B 建筑公司名义与 C 公司签订的施工合同，是没有资质的实际施工人借用有资质的建筑施工企业名义签订的合同，属无效合同，不具有法律效力。

(2) C 公司是否应当支付余下的工程款要视该工程竣工验收的结果而定。《最高人民法院关于审理建设工程施工合同纠纷案件适用法律问题的解释》规定："建设工程施工合同无效，但建设工程经竣工验收合格，承包人请求参照约定支付工程价款的，应予支持。建设工程施工合同无效，且建设工程经竣工验收不合格的，按照以下情形分别处理：1) 修复后的建设工程经竣工验收合格，发包人请求承包人承担修复费用的，应予支持；2) 修复后的建设工程经竣工验收不合格的，承包人请求支付工程价款的，不予支持。"

2. 建设工程质量纠纷

(1) 承包人过错导致质量不符合约定

1) 因施工人的原因致使建设工程质量不符合约定的，发包人有权要求施工人在合理期限内无偿修理或者返工、改进。经过修理或者返工、重建后，造成逾期交付的，施工人应当承担违约责任。

2) 因承包人的过错造成建设工程质量不符合约定，承包人拒绝修理、返工或者改建，发包人请求减少支付工程价款的，应予支持。

(2) 发包人过错导致质量不符合约定

发包人具有下列情形之一，造成建设工程质量缺陷，应当承担过错责任：

1) 提供的设计有缺陷。

2) 提供或者指定购买的建筑材料、建筑构配件、设备不符合强制性标准。

3) 直接指定分包人分包专业工程。

(3) 发包人擅自使用后出现质量问题

建设工程未经竣工验收，发包人擅自使用后，又以使用部分质量不符合约定为由主张权利的，不予支持；但是承包人应当在建设工程的合理使用寿命内对地基基础工程和主体结构质量承担民事责任。

3. 建设工程竣工日期争议

（1）竣工日期的争议

《司法解释》第十四条规定当事人对建设工程实际竣工日期有争议的，按照以下情形分别处理：

1）建设工程经竣工验收合格的，以竣工验收合格之日为竣工日期。

2）承包人已经提交竣工验收报告，发包人拖延验收的，以承包人提交验收报告之日为竣工日期。

3）建设工程未经竣工验收，发包人擅自使用的，以转移占有建设工程之日为竣工日期。

（2）质量争议产生的竣工日期争议

工程质量鉴定结果不合格不涉及竣工日期争议，而如果鉴定结果合格，就涉及以哪一天作为竣工日期的问题。对此，《司法解释》第十五条规定：建设工程竣工前，当事人对工程质量发生争议，工程质量经鉴定合格的，鉴定期间为顺延工期期间。从这个规定可以看出，应该以提交竣工验收报告之日为实际竣工日期。

4. 建设工程价款纠纷

（1）因设计变更引起的纠纷

当事人对建设工程的计价标准或者计价方法有约定的，按照约定结算工程价款。因设计变更导致建设工程的工程量或者质量标准发生变化，当事人对该部分工程价款不能协商一致的，可以参照签订建设工程施工合同时当地建设行政主管部门发布的计价方法或者计价标准结算工程价款。

实践当中，当事人对工程量的确认也容易产生争议。工程量的确认应以工程师签证为准，但有时工程师口头同意但没有及时提供签证，对这部分工程量的确认就很容易引起纠纷。《司法解释》第十九条规定：当事人对工程量有争议的，按照施工过程中形成的签证等书面文件确认。承包人能够证明发包人同意其施工，但未能提供签证文件证明工程量发生的，可以按照当事人提供的其他证据确认实际发生的工程量。

（2）因欠付工程价款利息引起的纠纷

承包人按合同约定完成相应的工作内容，并获得工程价款是承包人的基本权利和义务。如果发包人不及时向承包人支付工程款，就损害了承包人的利益。承包人在要求发包人继续履行的基础上，还可以要求发包人为此支付利息。在实践中，对利息的纠纷主要集中在两个方面：一是利息的计付标准，二是何时开始计付利息。

《司法解释》规定：当事人对欠付工程价款利息计付标准有约定的，按照约定处理；没有约定的，按照中国人民银行发布的同期同类贷款利率计息；利息从应付工程价款之日计付。当事人对付款时间没有约定或者约定不明的，下列时间视为应付款时间：

1）建设工程已实际交付的，为交付之日；

2）建设工程没有交付的，为提交竣工结算文件之日；

3）建设工程未交付，工程价款也未结算的，为当事人起诉之日。

（3）因竣工结算引起的纠纷

工程竣工验收合格后，承包方应当在约定期限内提交竣工结算文件，发包方应当在收到竣工结算文件后的约定期限内予以答复，工程竣工结算文件经发包方与承包方确认即应当作为工程结算的依据。但实践中发包方往往不能及时答复和确认，就会导致承包人不能及时得到工程款而利益受损。

《司法解释》第二十条规定：当事人约定，发包人收到竣工结算文件后，在约定期限内不予答复，视为认可竣工结算文件的，按照约定处理。承包人请求按照竣工结算文件结算工程价款的，应予支持。

二十一条规定：当事人就同一建设工程另行订立的建设工程施工合同与经过备案的中标合同实质性内容不一致的，应当以备案的中标合同作为结算工程价款的根据。

二十二条规定：当事人约定按照固定价结算工程价款，一方当事人请求对建设工程造价进行鉴定的，不予支持。

(4) 因垫资承包引起的纠纷

垫资承包是指承包人预先垫付建设资金而承包工程的行为。早在1996年，原国家计委、建设部和财政部就联合发布了《关于严格禁止在工程建设中带资承包的通知》，《工程建设项目施工招标投标办法》也明确规定，招标人不得强制要求中标人垫付中标项目建设资金。但实践中垫资承包工程的现象依然存在，发包人与承包人经常就垫资和垫资利息产生纠纷。

《司法解释》第六条规定，当事人对垫资和垫资利息有约定，承包人请求按照约定返还垫资及其利息的，应予支持，但是约定的利息计算标准高于中国人民银行发布的同期同类贷款利率的部分除外。当事人对垫资没有约定的，按照工程欠款处理。当事人对垫资利息没有约定，承包人请求支付利息的，不予支持。

【案例分析】

案例6-2：垫资利息

1. 背景资料

某开发商在与某建筑公司商谈建筑工程施工合同时，要求该建筑公司必须先行垫资施工。该建筑公司为了获得签约，答应了开发商的要求，但对垫资作何处理没有做出特别约定。当工程按期如约完工后，该建筑公司要求开发商除支付工程款外，还应将先前的工程垫资款按照借款处理，并支付相应的利息。

2. 问题

该建筑公司要求开发商将工程垫资按借款处理并支付相应的利息是否可以得到法律的支持？

3. 分析与解决

《最高人民法院关于审理建设工程施工合同纠纷案件适用法律问题的解释》第6条规定："当事人对垫资和垫资利息有约定，承包人请求按照约定返还垫资及其利息的，应予支持，但是约定的利息计算标准高于中国人民银行发布的同期同类贷款利率的部分除外。当事人对垫资没有约定的，按照工程欠款处理。当事人对垫资利息没有约定，承包人请求支付利息的，不予支持。"依据上述规定，该建筑公司要求开发商支付工程垫资款的要求可以得到法律支持，但是对其按借款并支付相应利息的要求不符合司法解释的规定，不能得到法律的支持。

5. 建设工程"黑白合同"纠纷的处理

所谓"黑白合同",也称为"阴阳合同",即一个工程中有两份实质性内容不一致的合同，一份是公开备案的，称为"白合同"，另一份是不公开的"黑合同"。"黑白合同"经常伴随着虚假招标投标行为，其目的是规避政府部门的监管，经常造成在结算时双方当事人主张按不同合同作为结算依据的纠纷。

当事人就同一建设工程另行订立的建设工程施工合同与经过备案的中标合同实质性内容不一致的，应当以备案的中标合同作为结算工程价款的根据。

6.4.3 施工合同纠纷处理方式

1. 和解

合同当事人可以就争议自行和解，自行和解达成协议的经双方签字并盖章后作为合同补充文件，双方均应遵照执行。

2. 调解

合同当事人可以就争议请求建设行政主管部门、行业协会或其他第三方进行调解，调解达成协议的，经双方签字并盖章后作为合同补充文件，双方均应遵照执行。

3. 争议评审

合同当事人在专用合同条款中约定采取争议评审方式解决争议的，除专用合同条款另有约定外，合同当事人应当自工程开工之日起28天内，或者争议发生后一方当事人收到对方发出的要求评审解决争议的通知之日起14天内，共同选择一名或三名争议评审员。选择一名争议评审员的，由合同当事人共同确定；选择三名争议评审员的，各自选定一名，第三名成员为首席争议评审员，由合同当事人共同确定或由合同当事人委托已选定的争议评审员共同确定，或由专用合同条款约定的评审机构指定第三名首席争议评审员。除专用合同条款另有约定外，评审员报酬由发包人和承包人各承担一半。

合同当事人可在任何时间将与合同有关的任何争议共同提请争议评审小组进行评审。争议评审小组应秉持客观、公正原则，充分听取合同当事人的意见，依据相关法律、规范、标准、案例经验及商业惯例等，自收到争议评审申请报告后14天内做出书面决定，并说明理由。合同当事人可以在专用合同条款中对本项事项另行约定。

争议评审小组做出的书面决定经合同当事人签字确认后，对双方具有约束力，双方应遵照执行。任何一方当事人不接受争议评审小组决定或不履行争议评审小组决定的，双方可选择采用其他争议解决方式。

4. 申请仲裁或诉讼

经过谈判和调解，索赔要求仍得不到解决，争议一方有权要求将此争议根据合同规定提交仲裁机构仲裁。如合同中未规定仲裁协议，争议一方可以向人民法院提起诉讼，也可双方一致同意选择仲裁机构仲裁，仲裁的裁决结果对双方具有约束力。

仲裁制度和诉讼制度是解决建设工程施工合同纠纷两种截然不同的制度，选择了诉讼就不能选择仲裁，反之，选择了仲裁就排斥了诉讼。

6.4.4 施工合同索赔依据

1. 索赔的概念

索赔是合同管理的重要环节，是指在合同履行过程中，对于并非自己的过错，而是应由对方承担责任的情况造成的实际损失，向对方提出经济补偿和时间补偿要求的工作。

工程索赔是双向的，包括施工索赔和业主索赔两方面，一般习惯上将承包商向业主的施工索赔简称"索赔"，将业主向承包商的索赔称为"反索赔"。工程索赔是工程承包中经常发生的正常现象，对施工合同双方而言，工程索赔是维护双方合法利益的权利，它同合同条件中的合同责任一样，构成严密的合同制约关系。

2. 索赔依据

(1) 招标文件、工程合同及附件、发包方认可的施工组织设计、工程图纸、各种变更、签证、技术规范等。

(2) 工程各项会议纪要、往来信件、指令、信函、通知、答复等。

(3) 施工计划、现场实施情况记录、施工日报、工作日志、备忘录，图纸变更、交底记录的送达份数及日期记录，工程有关施工部位的照片及录像等，工程验收报告及各项技术鉴定报告等。

(4) 工程材料采购、订货、运输、进场、验收、使用等方面的凭据；工程停送电、停送水、道路开通封闭等干扰事件影响的日期及恢复施工的日期；工程现场气候记录，有关天气的温度、风力、雨雪等。

(5) 国家、省、市有关影响工程造价、工期的文件、规定等。

(6) 工程材料采购、订货、运输、进场、验收、使用等方面的凭据；工程预付款、进度款拨付的数额及日期记录；工程会计核算资料等其他与工程有关的资料。

3. 索赔成立的条件

(1) 与合同对照，事件已造成了承包人工程成本的额外费用增加或工期损失。

(2) 造成费用增加或工期损失的原因，按合同约定不属于承包人的行为责任或风险责任。

(3) 承包人在合同规定的期限内提交了书面的索赔意向通知和索赔报告。

6.4.5 施工合同索赔程序

1. 承包人的索赔

承包人认为有权得到追加付款和（或）延长工期的，应按以下程序向发包人提出索赔：

(1) 承包人应在知道或应当知道索赔事件发生后 28 天内，向监理人提交索赔意向通知书，并说明发生索赔事件的事由；承包人未在前述 28 天内发出索赔意向通知书的，表失要求追加付款和（或）延长工期的权利。

(2) 承包人应在发出索赔意向通知书后 28 天内，向监理人正式递交索赔报告，索赔报告应详细说明索赔理由以及要求追加的付款金额和（或）延长的工期，并附必要的记录和证明材料。

(3) 索赔事件具有持续影响的，承包人应按合理时间间隔继续递交延续索赔通知，说明持续影响的实际情况和记录，列出累计的追加付款金额和（或）工期延长天数。

(4) 在索赔事件影响结束后 28 天内，承包人应向监理人递交最终索赔报告，说明最终要求索赔的追加付款金额和（或）延长的工期，并附必要的记录和证明材料。

2. 对承包人索赔的处理

(1) 监理人应在收到索赔报告后 14 天内，完成审查并报送发包人。监理人对索赔报告存在异议的，有权要求承包人提交全部原始记录副本。

(2) 发包人应在监理人收到索赔报告或有关索赔的进一步证明材料后的 28 天内，由监理人向承包人出具经发包人签认的索赔处理结果。发包人逾期答复的，则视为认可承包人的索赔要求。

（3）承包人接受索赔处理结果的，索赔款项在当期进度款中进行支付；承包人不接受索赔处理结果的，按照争议解决的约定处理。

3. 发包人的索赔

根据合同约定，发包人认为有权得到赔付金额和（或）延长缺陷责任期的，监理人应向承包人发出通知并附有详细的证明。

发包人应在知道或应当知道索赔事件发生后 28 天内通过监理人向承包人提出索赔意向通知书，发包人未在前述 28 天内发出索赔意向通知书的，丧失要求赔付金额和（或）延长缺陷责任期的权利。发包人应在索赔意向通知书后 28 天内，通过监理人向承包人正式递交索赔报告。

4. 对发包人索赔的处理

（1）承包人收到发包人提交的索赔报告后，应及时审查索赔报告的内容、查验发包人证明材料。

（2）承包人应在收到索赔报告或有关索赔的进一步证明材料后 28 天内，将索赔处理结果答复发包人。如果承包人未在上述期限内做出答复的，则视为对发包人索赔要求的认可。

（3）承包人接受索赔处理结果的，发包人可从应支付给承包人的后续价款中扣除赔付的金额或延长缺陷责任期；发包人不接受索赔处理结果的，按争议解决约定处理。

5. 提出索赔的期限

（1）承包人按竣工结算审核的约定接收竣工付款证书后，应被视为已无权再提出在工程接收证书颁发前所发生的任何索赔。

（2）承包人按最终结清的约定提交的最终结清申请单中，只限于提出工程接收证书颁发后发生的索赔。提出索赔的期限自接受最终结清证书时终止。

6. 索赔文件的编制

索赔文件主要包括索赔意向通知和索赔报告。

（1）索赔意向通知

索赔意向通知标志着一项索赔的开始，通常包括以下四个方面的内容：

1）事件发生的时间和情况的简单描述。

2）合同依据的条款和理由。

3）有关后续资料的提供，包括及时记录和提供事件发展的动态。

4）对工程成本和工期产生不利影响的严重程度，以期引起工程师（或业主）的注意。

（2）索赔报告

索赔报告是承包商向工程师（或业主）提交的一份要求业主给予一定经济（费用）补偿和延长工期的正式报告，承包商应该在索赔事件对工程产生的影响结束后，在规定时限内向工程师（或业主）提交正式的索赔报告。索赔报告通常包括以下四个方面的内容：

1）总述部分

概要论述索赔事件发生的日期和工程；承包人为该索赔事件付出的努力和附加开支；承包人的具体索赔要求。

2）论证部分

说明索赔的合同依据，即基于何种理由提出索赔要求，责任分析应清楚、准确。要证明索赔事件与损失之间的因果关系，说明索赔前因后果的关联性、业主违约或合同变更与引起索赔的必然性联系。论证部分是否合理，是索赔能否成立的关键。

3）索赔款项（或工期）计算部分

索赔报告中必须有详细准确的损失金额及时间的计算。索赔事件发生后，如何正确计算索赔给承包商造成的损失，直接牵涉到承包商的利益。工程索赔费用包含了施工承包合同规定的所有可索赔费，具体哪些费用可以得到补偿，必须通过具体分析来决定。对于不同原因引起的索赔，其费用的具体内容有所不同，有的可以列入索赔费用，有的则不能列入，这是专业从事造价与合同管理必须熟悉的工作范围，必须针对具体问题分析、灵活对待。

4）证据部分

索赔的成功很大程度上取决于承包商对索赔做出的解释和具有强有力的证明材料。因此，承包商正式提出索赔报告前的资料准备工作极为重要，这就要求承包商注重记录和积累保存各方面的资料。这些证据资料必须真实、全面、及时、与干扰事件关联，并具有法律证明效力。

7. 反索赔的基本内容

反索赔的工作内容可以包括两个方面：一是防止对方提出索赔，二是反击或反驳对方的索赔要求。

要成功地防止对方提出索赔，应采取积极防御的策略。首先是自己严格履行合同规定的各项义务，防止自己违约，并通过加强合同管理，使对方找不到索赔的理由和根据，使自己处于不能被索赔的地位。其次，如果在工程实施过程中发生了干扰事件，则应立即着手研究和分析合同依据，收集证据，为提出索赔和反索赔做好两手准备。

如果对方提出了索赔要求和索赔报告，则自己一方应采取各种措施来反击或反驳对方的索赔要求。常用的措施有：

（1）抓住对方的失误，直接向对方提出索赔，以对抗或平衡对方的索赔要求，以求在最终解决索赔时互相让步或者互不支付；

（2）针对对方的索赔报告，进行仔细、认真研究和分析，找出理由和证据，证明对方索赔要求或索赔报告不符合实际情况和合同规定，没有合同依据或事实证据，索赔值计算不合理或不准确等问题，反击对方的不合理索赔要求，推卸或减轻自己的责任，使自己不受或少受损失。

8. 对索赔报告的反击或反驳要点

对对方索赔报告的反击或反驳，一般可以从以下几个方面进行。

（1）索赔要求或报告的时限性

审查对方是否在干扰事件发生后的索赔时限内及时提出索赔要求或报告。

（2）索赔事件的真实性

（3）干扰事件的原因、责任分析

如果干扰事件确实存在，则要通过对事件的调查分析，确定原因和责任。如果事件责任属于索赔者自己，则索赔不能成立，如果合同双方都有责任，则应按各自的责任大小分担损失。

（4）索赔理由分析

分析对方的索赔要求是否与合同条款或有关法规一致，所受损失是否属于非对方负责的原因造成。

（5）索赔证据分析

分析对方所提供的证据是否真实、有效、合法，是否能证明索赔要求成立。证据不足、不全、不当、没有法律证明效力或没有证据，索赔不能成立。

（6）索赔值审核

如果经过上述的各种分析、评价，仍不能从根本上否定对方的索赔要求，则必须对索赔报告中的索赔值进行认真细致地审核，审核的重点是索赔值的计算方法是否合情合理，各种取费是否合理适度，有无重复计算，计算结果是否准确等。

单 元 小 结

本教学单元概述了建设工程合同的概念、类型，施工合同示范文本的组成，施工合同文件的构成；施工合同谈判的主要内容，文本的审查和合同的签订；施工合同变更的概念、原因、范围和内容；施工合同常见的争议，合同纠纷的处理方式，合同索赔的依据及程序。

复习思考题

1. 工程承包合同可以分为哪几种类型？
2. 施工合同文件由哪几部分组成？
3. 施工合同文本审查的重点是什么？
4. 施工和变更的范围和内容有哪些？
5. 施工合同常见的争议有哪几种？
6. 施工合同纠纷的处理方式有哪些？
7. 索赔的主要依据有哪些？
8. 索赔成立的前提条件有哪些？
9. 施工合同索赔的程序是什么？

教学单元7　施工项目管理

【知识目标】

熟悉施工质量控制方法、质量验收。

熟悉施工安全管理的措施。

熟悉施工成本管理环节。

【职业能力目标】

具有进行施工质量检查评定初步能力。

具有施工安全检查与管理初步能力。

7.1　施工项目进度管理

建筑施工进度管理与成本管理和质量管理一样，是建筑施工目标管理的重要组成部分。施工的进度控制是中心环节，成本管理是关键，质量管理是根本。施工的进度控制在整个目标控制体系中处于协调和带动其他工作的主导地位，在建筑施工目标管理中具有举足轻重的作用。它是保证按时完成施工任务，合理安排资源供应的重要措施。

7.1.1　施工进度管理的概念

所谓施工项目进度管理是指在既定的工期内，编制出最优的施工进度计划，在执行该计划的施工中，经常检查施工实际进度情况，并将其与计划进度相比较，若出现偏差，便分析产生的原因和对工期的影响程度，找出必要的调整措施，修改原计划，不断地如此循环，直至工程竣工验收。施工项目进度控制的总目标是确保施工项目的既定目标工期的实现，或者在保证施工质量和不因此而增加施工实际成本的条件下，适当缩短施工工期。

7.1.2　施工进度管理的任务

施工项目进度管理的主要任务有：

1. 编制施工总进度计划并控制其执行，按期完成整个施工项目的任务。

2. 编制单位工程施工进度计划并控制其执行，按期完成单位工程的施工任务。

3. 编制分部分项工程施工进度计划，并控制其执行，按期完成分部分项工程的施工任务。

4. 编制季度、月（旬）作业计划，并控制其执行，完成规定的目标等。

为了保证上述进度控制任务的顺利完成，进度控制者还要协调各有关方面的关系，尽可能减少相互干扰，控制好各种物资的供应工作，尽可能减少对工期有重大影响的工程变更，并且编制一个包括施工、采购、加工制造、运输等内容的进度控制工作计划，确保进度目标的实现。

7.1.3　施工进度的影响因素

由于工程项目的施工特点，尤其是较大和复杂的施工项目、工期较长，影响进度因素较多。编制计划和执行控制施工进度计划时必须充分认识和估计这些因素，才能克服其影响，使施工进度尽可能按计划进行，当出现偏差时，应考虑有关影响因素，分析产生的原因。其主要影响因素有：

1. 有关单位的影响

施工项目的主要施工单位对施工进度起决定性作用，但是建设单位与业主、设计单位、银行信贷单位、材料设备供应部门、运输部门、水、电供应部门及政府的有关主管部门都可能给施工某些方面造成困难而影响施工进度。其中设计单位图纸不及时和有错误以及有关部门或业主对设计方案的变动是经常发生和影响最大的因素。材料和设备不能按期供应或质量、规格不符合要求，都将使施工停顿，资金不能保证也会使施工进度中断或速度减慢等。

2. 施工条件的变化

施工中工程地质条件和水文地质条件与勘察设计的不符，如地质断层、溶洞、地下障碍物、软弱地基以及恶劣的气候、暴雨、高温和洪水等都对施工进度产生影响、造成临时停工或破坏。

3. 技术失误

施工单位采用技术措施不当，施工中发生技术事故；应用新技术、新材料、新结构缺乏经验，不能保证质量等都要影响施工进度。

4. 施工组织管理不利

流水施工组织不合理、劳动力和施工机械调配不当、施工平面布置不合理等将影响施工进度计划的执行。

5. 意外事件的出现

施工中如果出现意外的事件，如战争、严重自然灾害、火灾、重大工程事故、工人罢工等都会影响施工进度计划。

7.1.4 施工进度的控制措施

施工项目进度控制采取的主要措施有组织措施、技术措施、合同措施、经济措施和信息管理措施等。

1. 组织措施主要是指落实各层次的进度控制的人员，具体任务和工作责任；建立进度控制的组织系统；按着施工项目的结构、进展的阶段或合同结构等进行项目分解，确定其进度目标，建立控制目标体系；确定进度控制工作制度，如检查时间、方法、协调会议时间、参加人等；对影响进度的因素分析和预测。

2. 技术措施主要是采取加快施工进度的技术方法。

3. 合同措施是指对分包单位签订施工合同的合同工期与有关进度计划目标相协调。

4. 经济措施是指实现进度计划的资金保证措施。

5. 信息管理措施是指不断地收集施工实际进度的有关资料，进行整理统计与计划进度比较，定期地向建设单位提供比较报告。

7.1.5 施工进度计划的实施

为了保证施工进度计划的实施，并且尽量按编制的计划时间逐步进行，保证各进度目标的实现，应做好如下工作：

1. 编制月（旬）作业计划

施工进度计划是施工前编制的，用于指导施工，多数只考虑主要施工过程，内容较粗略。因此，在计划执行中还需编制短期的、更为详细的执行计划，即月（旬）作业计划。为了实现施工进度计划，将规定的任务结合现场施工条件和施工现场的情况、劳动力和机械等资源条件和施工的实际进度，在施工开始前和施工过程中不断地编制本月（旬）作业计划，使施工计划更具体。

2. 签发施工任务书

施工任务书是向班组贯彻作业计划的有效形式，是向班组下达任务，实行责任承包、全面管理和原始记录的综合性文件。通过任务书可以把生产计划、质量、安全、降低成本、进度等各种技术经济指标分解为班组指标，并将其落实到班组和个人，达到高速度、高工效、低成本的要求。

3. 做好施工进度记录，填好施工进度统计表。在计划任务完成的过程中，各级建筑施工进度计划的执行者都要跟踪做好施工记录，记载计划中的每项工作开始日期、工作进度和完成日期，为建筑施工进度检查分析提供信息，因此要求实事求是记载，认真填好有关图表。

4. 做好施工中的调度工作。施工中的调度是组织施工中各阶段、环节、专业和工种的互相配合，调度工作是使建筑施工进度计划实施顺利进行的主要手段。其主要任务是掌握计划实施情况，协调各方面关系，采取措施，排除各种矛盾，加强各薄弱环节，实现动态平衡，保证完成作业计划和实现进度目标。

7.1.6 施工进度计划的比较

施工进度计划比较分析与计划调整是建筑施工进度控制的主要环节，进度计划的比较是调整的基础，常用的进度比较方法有以下几种：

1. 横道图比较法

横道图比较法是指将在项目实施中检查实际进度收集的信息，经整理后直接用横道线并列标于原计划的横道线处，进行直观比较的方法。例如某工程的施工实际进度与计划进度比较，如图 7-1 所示。其中粗实线表示计划进度，细实线表示工程施工实际进度。从比较中可以看出，在第 18 天进度检查时，管沟开挖（第 3 施工段）拖后 2 天，给水管道安装（第 2 施工段）拖后 1 天。

2. S 曲线比较法

S 形曲线比较法与横道图比较法不同，它不是在编制的横道图进度计划上进行实际进

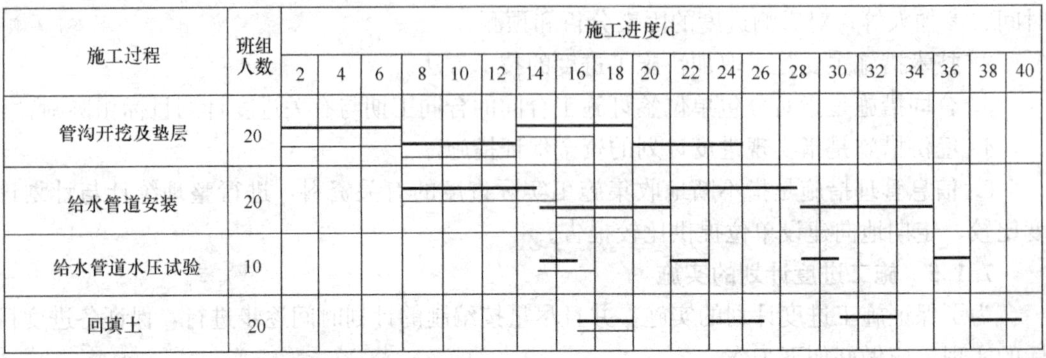

施工过程	班组人数	施工进度/d																			
		2	4	6	8	10	12	14	16	18	20	22	24	26	28	30	32	34	36	38	40
管沟开挖及垫层	20																				
给水管道安装	20																				
给水管道水压试验	10																				
回填土	20																				

图 7-1 横道图比较法

度与计划进度比较。它是以横坐标表示进度时间，纵坐标表示累计完成任务量，而绘制出一条按计划时间累计完成任务量的S形曲线，将施工项目的各检查时间实际完成的任务量与S形曲线进行实际进度与计划进度相比较的一种方法。

从整个施工项目的施工全过程而言，一般是开始和结尾阶段，单位时间投入的资源量较少，中间阶段单位时间投入的资源量较多，与其相关单位时间完成的任务量也是呈同样变化的，如图7-2（a）所示，而随时间进展累计完成的任务量，则应该呈S形变化，如图7-2（b）所示。

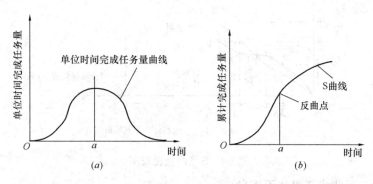

图7-2 时间与完成任务量关系曲线图

（1）S形曲线的绘制步骤

1）确定工程进展速度曲线。在实际工程中计划进度曲线，很难找到如图7-2所示的定性分析的连续曲线，但可以根据每单位时间内完成的实物工程量、投入的劳动力与费用，计算出计划单位时间的量值（q_j），它离散型的，如图7-3（a）所示。

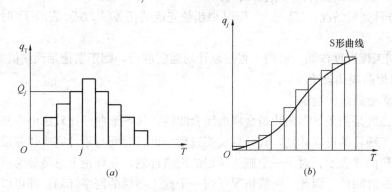

图7-3 实际工作中时间与完成任务量关系曲线

2）计算规定时间 j 累计完成的任务量。其计算方法是将各单位时间完成的任务量累加求和，可以按下式计算：

$$Q_j = \sum_{j=1}^{j} q_j \tag{7-1}$$

式中　Q_j —— j 时刻的累计完成的任务量；

　　　q_j —— 单位时间计划完成的任务量。

3）按各规定时间的 Q_j 值，绘制S形曲线，如图7-3（b）所示。

（2）S形曲线比较

利用 S 形曲线比较，同横道图一样，是在图上直观地进行施工项目实际进度与计划进度相比较。一般情况，计划进度控制人员在计划实施前绘制出 S 形曲线。在项目施工过程中，按规定时间将检查的实际完成情况，绘制在与计划 S 形曲线同一张图上，可得出实际进度 S 形曲线，如图 7-4 所示。

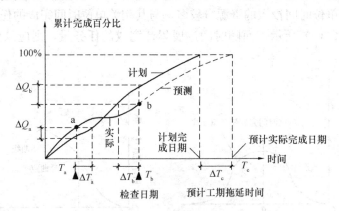

图 7-4　S 形曲线比较图

比较两条 S 形曲线获得如下信息：

1）项目实际进度与计划进度比较，当实际工程进展点落在计划 S 形曲线左侧则表示此时实际进度比计划进度超前；若落在其右侧，则表示拖后；若刚好落在其上，则表示二者一致。

2）项目实际进度比计划进度超前或拖后的时间。ΔT_a 表示 T_a 时刻实际进度超前的时间，ΔT_b 表示 T_b 时刻实际进度拖后的时间。

3）任务量完成情况，ΔQ_a 表示 T_a 时刻超额完成的任务量，ΔQ_b 表示 T_b 时刻拖欠的任务量。

4）后期工程进度预测。后期工程按原计划速度进行，则工期拖延预测值为 ΔT_c。

3. 香蕉形曲线比较法

（1）香蕉形曲线的绘制

香蕉形曲线是两条 S 形曲线组合成的闭合曲线，从 S 形曲线比较法中得知，按某一时间开始的施工项目的进度计划，其计划实施过程中进行时间与累计完成任务量的关系都可以用一条 S 形曲线表示。对于一个施工项目的网络计划，在理论上总是分为最早和最迟两种开始与完成时间的。因此，一般情况任何一个施工项目的网络计划，都可以绘制出两条曲线：

其一是计划以各项工作的最早开始时间安排进度而绘制的 S 形曲线，称为 ES 曲线。

其二是计划以各项工作的最迟开始时间安排进度而绘制的 S 形曲线，称为 LS 曲线。

两条 S 形曲线都是从计划的开始时刻开始和完成时刻结束，因此两条曲线形成图形是闭合的。一般情况下，在其余时刻，ES 曲线上的各点均落在 LS 曲线相应点的左侧，形成一个形如香蕉的曲线，故此称为香蕉形曲线，如图 7-5 所示。

在项目的实施中，进度控制的理想状况是任一时刻按实际进度描绘的点，应落在该"香蕉"形曲线的区域内，如图 7-5 中的实际进度曲线。

（2）香蕉形曲线比较法的作用

1）利用"香蕉"形曲线进行进度的合理安排；

2）进行施工实际进度与计划进度比较；

3）确定在检查状态下，后期工程的 ES 曲线和 LS 曲线的发展趋势。

4. 前锋线比较法

前锋线比较法也是一种工程实际进度与计划进度的比较方法，它主要适用于时标网络计划。主要方法是从检查时刻的时标点出发，首先连接与其相邻的工作箭线的实际进度点，由此再去连接该箭线相邻工作箭线的实际进度点。依此类推，将检查时刻正在进行工作的点都依次连接起来，组成一条折线的前锋线。按前锋线与箭线交点的位置判定工程实际进度与计划进度的偏差。

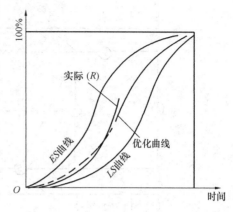

图 7-5　香蕉曲线比较图

前锋线比较法的步骤如下：

（1）绘制时标网络图。

（2）绘制前锋线。一般从上方时间坐标的检查日开始，依次连接相邻工作箭线的实际进度点，最后与下方时间坐标的检查日连接。

（3）比较实际进度与计划进度。前锋线明显地反映出检查日有关工作实际进度与计划进度的关系，有以下三种情况：

1）当工作实际进度点位置与检查日时间坐标相同时，则该工作实际进度与计划进度一致。

2）当工作实际进度点位置在检查日时间坐标右侧时，则该工作实际进度超前，超前天数为二者之差。

3）当工作实际进度点位置在检查日时间坐标左侧时，则该工作实际进展延迟，延迟天数为二者之差。

【实践训练】

任务 7-1：施工进度计划比较

1. 背景资料

某分部工程施工网络计划，在第 4 天下班时检查，C 工作完成了该工作的一天工作量，D 工作完成了该工作应完成的工作量，E 工作已完成该工作的全部工作量，则实际进度前锋线为图上点划线构成的折线，如图 7-6 所示。

2. 分析比较

通过比较可以看出：

（1）工作 C 实际进度拖后 1 天，其总时差和自由时差均为 2 天，既不影响总工期，也不影响其后续工作的正常进行；

（2）工作 D 实际进度与计划进度相同，对总工期和后续工作均无影响；

（3）工作 E 实际进度提前 1 天，对总工期无影响，将使其后续工作 F、I 的最早开始

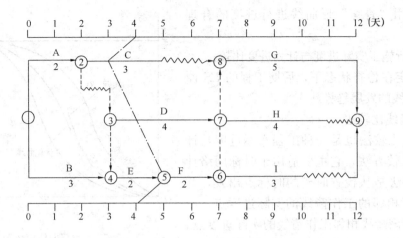

图 7-6　某网络计划前锋线比较图

时间提前 1 天。

综上所述，该检查时刻各工作的实际进度对总工期无影响，将使工作 F、I 的最早开始时间提前 1 天。

5. 列表比较法

当采用无时标双代号网络计划时，也可以采用列表比较法，比较工程实际进度与计划进度的偏差情况。该方法是记录检查时应该进行的工作名称和已进行的天数，然后列表计算有关时间参数，根据原有总时差和尚有总时差判断实际进度与计划进度的比较方法。列表比较法步骤如下：

（1）计算检查时正在进行的工作尚需要的作业时间。

（2）计算检查的工作从检查日期到最迟完成时间的尚余时间。

（3）计算检查的工作到检查日期止尚余的总时差。

（4）填表分析工作实际进度与计划进度的偏差。可能有以下几种情况：

1）若工作尚有总时差与原有总时差相等，则说明该工作的实际进度与计划进度一致。

2）若工作尚有总时差小于原有总时差，但仍为正值，则说明该工作的实际进度比计划进度拖后，产生的偏差值为二者之差，但不影响工期。

3）若尚有总时差为负值，则说明对总工期有影响，应当调整。

7.1.7　施工进度计划的调整

通过前述的进度比较方法，当判断出现进度偏差时，应当分析该偏差对后续工作和对总工期的影响。

1. 分析进度偏差的影响

（1）分析进度偏差的工作是否为关键工作

若出现偏差的工作为关键工作，则无论偏差大小，都对后续工作及总工期产生影响，必须采取相应的调整措施，若出现偏差的工作不为关键工作，需要根据偏差值与总时差和自由时差的大小关系，确定对后续工作和总工期的影响程度。

（2）分析进度偏差是否大于总时差

若工作的进度偏差大于该工作的总时差，说明此偏差必将影响后续工作和总工期，必须采取相应的调整措施；若工作的进度偏差小于或等于该工作的总时差，说明此偏差对总工期无影响，但它对后续工作的影响程度，需要根据比较偏差与自由时差的情况来确定。

（3）分析进度偏差是否大于自由时差

若工作的进度偏差大于该工作的自由时差，说明此偏差对后续工作产生影响，应该如何调整，应根据后续工作允许影响的程度而定；若工作的进度偏差小于或等于该工作的自由时差，则说明此偏差对后续工作无影响，因此原进度计划可以不做调整。

经过如此分析，进度控制人员可以确认应该调整产生进度偏差的工作和调整偏差值的大小，以便确定采取调整措施，获得新的符合实际进度情况和计划目标的新进度计划。

2. 施工进度计划的调整方法

施工项目进度计划的调整方法在对实施的进度计划分析的基础上，应确定调整原计划的方法，一般主要有以下两种：

（1）改变某些工作间的逻辑关系

若检查的实际施工进度产生的偏差影响了总工期，在工作之间的逻辑关系允许改变的条件下，改变关键线路和超过计划工期的非关键线路上的有关工作之间的逻辑关系，达到缩短工期的目的。用这种方法调整的效果是很显著的，例如可以把依次进行的有关工作组织平行或互相搭接，以及分成几个施工段进行流水施工等都可以达到缩短工期的目的。

（2）缩短某些工作的持续时间

这种方法是不改变工作之间的逻辑关系，而是缩短某些工作的持续时间，而使施工进度加快，并保证实现计划工期的方法。这些被压缩持续时间的工作是位于由于实际施工进度的拖延而引起总工期增长的关键线路和某些非关键线路上的工作。同时，这些工作又是可压缩持续时间的工作。这种方法实际上就是网络计划优化中的工期优化方法和工期与成本优化的方法。

7.2 施工项目成本管理

7.2.1 施工项目成本的概念

施工项目成本是指在建设工程项目的施工过程中所发生的全部生产费用的总和，包括所消耗的原材料、辅助材料、构配件等的费用，周转材料的摊销费或租赁费等，施工机械的使用费或租赁费等，支付给生产工人的工资、奖金、工资性质的津贴等，以及进行施工组织与管理所发生的全部费用支出。建设工程项目施工成本由直接成本和间接成本所组成。

7.2.2 施工项目成本的分类

按成本的核算方法，可将成本划分为下列几类：

1. 预算成本

预算成本是根据施工图预算计算出的工程成本。它是构成工程造价的主要部分，也是施工单位与建设单位确定工程造价，签订工程承包合同的基础。一旦造价在合同中确定，则工程预算成本就成为施工单位进行成本管理的依据，是决定施工单位能否盈利的前提条件，因此预算成本的计算是成本管理的基础。

2. 计划成本

计划成本是在预算成本的控制下，根据施工单位的生产技术、施工条件和生产经营管理水平，通过编制施工预算确定的工程预期成本。计划成本是控制成本支出、安排施工计划、人工和材料组织供应的依据。

3. 实际成本

实际成本是施工中实际产生的各项生产费用的总和。实际成本可以检验计划成本的执行情况，确定工程最终的盈亏结果，准确反映各项施工费用的支出是否合理。它对于加强成本核算和成本控制具有重要作用。

7.2.3 施工项目成本管理的任务和环节

施工项目成本管理的任务和环节主要包括：施工成本预测、施工成本计划、施工成本控制、施工成本核算、施工成本分析、施工成本考核。

1. 施工成本预测

施工成本预测就是根据成本信息和施工项目的具体情况，运用一定的专门方法，对未来的成本水平及其可能发展趋势做出科学的估计，是在工程施工以前对成本进行的估算。通过成本预测，可以在满足项目业主和本企业要求的前提下，选择成本低、效益好的最佳成本方案，并能够在施工项目成本形成过程中，针对薄弱环节，加强成本控制，克服盲目性，提高预见性。因此，施工成本预测是施工项目成本决策与计划的依据。施工成本预测，通常是对施工项目计划工期内影响其成本变化的各个因素进行分析，比照近期已完工施工项目或将完工施工项目的成本（单位成本），预测这些因素对工程成本中有关项目（成本项目）的影响程度，预测出工程的单位成本或总成本。

2. 施工成本计划

施工成本计划是以货币形式编制施工项目在计划期内的生产费用、成本水平、成本降低率以及为降低成本所采取的主要措施和规划的书面方案，它是建立施工项目成本管理责任制、开展成本控制和核算的基础，是该项目降低成本的指导文件，是设立目标成本的依据。可以说，成本计划是目标成本的一种形式。

3. 施工成本控制

施工成本控制是指在施工过程中，对影响施工成本的各种因素加强管理，并采取各种有效措施，将施工中实际发生的各种消耗和支出严格控制在成本计划范围内，随时揭示并及时反馈，严格审查各项费用是否符合标准，计算实际成本和计划成本之间的差异并进行分析，进而采取多种措施，消除施工中的损失浪费现象。

建设工程项目施工成本控制应贯穿于项目从投标阶段开始直至竣工验收的全过程，它是企业全面成本管理的重要环节。施工成本控制可分为事先控制、事中控制（过程控制）和事后控制。在项目的施工过程中，需按动态控制原理对实际施工成本的发生过程进行有效控制。

合同文件和成本计划是成本控制的目标，进度报告和工程变更与索赔资料是成本控制过程中的动态资料。

成本控制的程序体现了动态跟踪控制的原理。成本控制报告可单独编制，也可以根据需要与进度、质量、安全和其他进展报告结合，提出综合进展报告。

（1）成本控制应满足下列要求：

1）要按照计划成本目标值来控制生产要素的采购价格，并认真做好材料、设备进场数量和质量的检查、验收与保管。

2）要控制生产要素的利用效率和消耗定额，如任务单管理、限额领料、验收报告审核等。同时要做好不可预见成本风险的分析和预控，包括编制相应的应急措施等。

3）控制影响效率和消耗量的其他因素（如工程变更等）所引起的成本增加。

4）把施工成本管理责任制度与对项目管理者的激励机制结合起来，以增强管理人员的成本意识和控制能力。

5）承包人必须有一套健全的项目财务管理制度，按规定的权限和程序对项目资金的使用和费用的结算支付进行审核、审批，使其成为施工成本控制的一个重要手段。

（2）成本控制过程

1）工程投标阶段

① 根据工程概况和招标文件，分析建筑市场和竞争对手的情况，进行成本预测，提出投标决策意见。

② 中标以后，应根据项目的建设规模，组建项目经理部，确定项目的成本目标，下达给项目经理部。

2）施工准备阶段

① 依据设计图纸和相关技术资料，对施工方法、施工顺序、作业组织形式、机械设备选型、技术组织措施等进行认真的研究分析，制定出科学先进、技术合理的施工方案。

② 根据成本目标，以分部分项工程实物工程量为基础，结合定额和技术组织措施的节约计划，在优化施工方案的指导下，编制明细且具体的成本计划。将成本目标按部门、施工队、班组的分工进行分解，落实作业部门、施工队和班组的责任制，为后序的成本管理作好准备。

③ 间接费用预算的编制与落实，根据项目工期长短和施工参与人数的多少，编制间接费用预算并进行明细分解，以项目经理部有关部门责任成本进行落实，为以后的成本管理和绩效考核提供依据。

3）施工阶段

① 人工费

A. 管理人员和非管理人员的控制。

B. 施工班组工人工资控制。

② 材料费

A. 做好工程材料计划，合理确定进场时间。

B. 控制材料采购。

C. 严格执行材料消耗定额，控制材料消耗量，实行限额领料制度。

D. 剩余材料应分类收集整理，统一调拨处理。

③ 机械费

编制机具统计表，加强机具的管理，做好施工机具的使用计划，减少现场闲置，提高机具使用率，减少使用成本。

④ 现场管理费

A. 协调各专业之间的交叉施工，施工前规划好施工顺序和各自的空间。

B. 加强施工任务书和限额领料卡的管理，特别是做好每一个分部分项工程后的验收以及实耗人工、材料的数量核对。

C. 将施工任务书和限额领料卡的结算资料与施工预算进行核对，计算分部分项工程的成本差异，分析差异产生的原因，并采取有效的纠偏措施。

D. 月底做好成本原始资料的收集和整理，正确计算月度成本，分析月度预算成本与实际成本的差异，并采取措施，进行纠正。

E. 在月度成本核算的基础上，实行责任成本核算。

F. 经常检查合同的履约情况，为顺利施工提供物质保证。

G. 定期检查各责任部门和责任者的成本控制情况，检查成本控制责、权、利落实情况。

⑤ 工程变更及现场签证管理

项目施工过程中，由于前期工作深度不够、不可预见事件发生等原因，经常会出现工程量变化、施工进度变化等问题，并由此影响工程项目的成本和工期。应按《施工合同（示范文本）》的规定，采用现场签证的方式处理工程变更对施工成本和工期的影响。

现场签证是指在工程预算、工期和工程合同（协议）中未包括，而在实际施工中发生的，由各方（尤其是建设单位）会签认可的一种凭证，属于合同的延伸。现场签证涉及的内容很多，常见的有变更签证、工料签证、工期签证等。

A. 变更签证

施工现场由于客观条件变化，使施工难于按照施工图或工程合同规定的内容进行。若变动较小，不会对工程产生大的影响，此时无须修改设计和合同，而是由建设单位（或其驻工地代表）签发变更签证，认可变更，并以此作为施工变更的依据。

B. 工料签证

凡非施工原因而额外发生的一切涉及人工、材料和机具的问题，均需办理签证手续。

C. 工期签证

工程合同中都规定有合同工期，并且有些合同中明确规定了工期提前或拖后奖罚条款。在施工中，对于来自外部的各种因素所造成工期延长，必须通过工期签证予以扣除。工期签证常常也涉及工料问题，故也需要办理工料签证。

4）竣工验收阶段

① 精心安排，顺利完成工程竣工收尾工作

很多工程往往一到竣工收尾阶段，就会把主要的施工力量抽调到其他在建工程，以致收尾工作拖拉严重，机械、设备无法转移，成本费用照常发生，使建设阶段取得的经济效益逐步流失。因此，一定要做好竣工收尾工作。

② 重视竣工收尾工作，使之顺利交付使用

在验收前，要准备好验收所需的各种资料，对验收中提出的意见，应根据设计规范要求和合同内容认真处理。

③ 及时办理工程结算。

④ 在工程保修期间，应由项目经理指定保修工作的责任者，责成保修责任者根据实际情况提出保修计划，以此作为控制保修费用的依据。

4. 施工成本核算

施工成本核算包括两个基本环节：一是按照规定的成本开支范围对施工费用进行归集

和分配，计算出施工费用的实际发生额；二是根据成本核算对象，采用适当的方法，计算出该施工项目的总成本和单位成本。施工成本管理需要正确及时地核算施工过程中发生的各项费用，计算施工项目的实际成本。施工项目成本核算所提供的各种成本信息，是成本预测、成本计划、成本控制、成本分析和成本考核等各个环节的依据。

施工成本一般以单位工程为成本核算对象，但也可以按照承包工程项目的规模、工期、结构类型、施工组织和施工现场等情况，结合成本管理要求，灵活划分成本核算对象。施工成本核算的基本内容包括：人工费核算、材料费核算、周转材料费核算、结构件费核算、机械使用费核算、其他措施费核算、分包工程成本核算、间接费核算、项目月度施工成本报告编制。

项目经理部要建立一系列项目业务核算台账和施工成本会计账户，实施全过程的成本核算，具体可分为定期的成本核算和竣工工程成本核算，如：每天、每周、每月的成本核算。定期的成本核算是竣工工程全面成本核算的基础。

5. 施工成本分析

施工成本分析是在施工成本核算的基础上，对成本的形成过程和影响成本升降的因素进行分析，以寻求进一步降低成本的途径，包括有利偏差的挖掘和不利偏差的纠正。施工成本分析贯穿于施工成本管理的全过程，在成本的形成过程中，主要利用施工项目的成本核算资料（成本信息），与目标成本、预算成本以及类似的施工项目的实际成本等进行比较，了解成本的变动情况，同时也要分析主要技术经济指标对成本的影响，系统地研究成本变动的因素，检查成本计划的合理性，并通过成本分析，深入揭示成本变动的规律，寻找降低施工项目成本的途径，以便有效地进行成本控制。成本偏差的控制，分析是关键，纠偏是核心，要针对分析得出的偏差发生原因采取切实措施，加以纠正。

6. 施工成本考核

施工成本考核是指在施工项目完成后，对施工项目成本形成中的各责任者，按施工项目成本目标责任制的有关规定，将成本的实际指标与计划、定额、预算进行对比和考核，评定施工项目成本计划的完成情况和各责任者的业绩，并以此给以相应的奖励和处罚。通过成本考核，做到有奖有惩，赏罚分明，才能有效地调动每一位员工在各自施工岗位上努力完成目标成本的积极性，为降低施工项目成本和增加企业的积累做出自己的贡献。

施工成本考核是衡量成本降低的实际成果，也是对成本指标完成情况的总结和评价。成本考核制度包括考核的目的、时间、范围、对象、方式、依据、指标、组织领导、评价与奖惩原则等内容。

7.2.4 施工成本管理的措施

为了取得施工成本管理的理想效果，应当从多方面采取措施实施管理，通常可以将这些措施归纳为组织措施、技术措施、经济措施、合同措施。

1. 组织措施

组织措施是从施工成本管理的组织方面采取的措施。施工成本控制是全员的活动，如实行项目经理责任制，落实施工成本管理的组织机构和人员，明确各级施工成本管理人员的任务、职能分工、权利和责任。施工成本管理不仅是专业成本管理人员的工作，各级项目管理人员都负有成本控制责任。

组织措施的另一方面是编制施工成本控制工作计划，确定合理详细的工作流程。要做好施工采购规划，通过生产要素的优化配置、合理使用、动态管理，有效控制实际成本；加强施工定额管理和施工任务单管理，控制好劳动和物化劳动的消耗；加强施工调度，避免因施工计划不周和盲目调度造成窝工损失、机械利用率降低、物料积压等而使施工成本增加。成本控制工作只有建立在科学管理的基础之上，具备合理的管理体制，完善的规章制度，稳定的作业秩序，完整准确的信息传递，才能取得成效。组织措施是其他各类措施的前提和保障，而且一般不需要增加什么费用，运用得当可以收到良好的效果。

2. 技术措施

施工过程中降低成本的技术措施，包括进行技术经济分析，确定最佳的施工方案；结合施工方法，进行材料使用的比选，在满足功能要求的前提下，通过代用、改变配合比、使用添加剂等方法降低材料消耗的费用；确定最合适的施工机械、设备使用方案；结合项目的施工组织设计及自然地理条件，降低材料的库存成本和运输成本；先进的施工技术的应用，新材料的运用，新开发机械设备的使用等。在实践中，也要避免仅从技术角度选定方案而忽视对其经济效果的分析论证。

技术措施不仅对解决施工成本管理过程中的技术问题是不可缺少的，而且对纠正施工成本管理目标偏差也有相当重要的作用。因此，运用技术纠偏措施的关键，一是要能提出多个不同的技术方案，二是要对不同的技术方案进行技术经济分析。

3. 经济措施

经济措施是最易为人们所接受和采用的措施。管理人员应编制资金使用计划，确定、分解施工成本管理目标。对施工成本管理目标进行风险分析，并制订防范性对策。对各种支出，应认真做好资金的使用计划，并在施工中严格控制各项开支，及时准确地记录、收集、整理、核算实际发生的成本。对各种变更，及时做好增减账，及时落实业主签证，及时结算工程款。通过偏差分析和未完工工程预测，可发现一些潜在的问题将引起未完工程施工成本增加，对这些问题应以主动控制为出发点，及时采取预防措施。由此可见，经济措施的运用绝不仅仅是财务人员的事情。

4. 合同措施

采用合同措施控制施工成本，应贯穿整个合同周期，包括从合同谈判开始到合同终结的全过程。首先是选用合适的合同结构，对各种合同结构模式进行分析、比较，在合同谈判时，要争取选用适合于工程规模、性质和特点的合同结构模式。其次，在合同的条款中应仔细考虑一切影响成本和效益的因素，特别是潜在的风险因素。通过对引起成本变动的风险因素的识别和分析，采取必要的风险对策，如通过合理的方式，增加承担风险的个体数量，降低损失发生的比例，并最终使这些策略反映在合同的具体条款中。在合同执行期间，合同管理的措施既要密切注视对方合同执行的情况，以寻求合同索赔的机会；同时也要密切关注自己履行合同的情况，以防止被对方索赔。

7.3 施工项目质量管理

7.3.1 施工质量控制

1. 施工质量控制概念

施工质量是指建设工程项目施工活动及其产品的质量，即通过施工使工程满足业主

（顾客）需要并符合国家法律、法规、技术规范标准、设计文件及合同规定的要求，包括在安全、使用功能、耐久性、环境保护等方面所有明示和隐含需要的能力的特性综合。其质量特性主要体现在由施工形成的建筑工程的适用性、安全性、耐久性、可靠性、经济性及与环境的协调性六个方面。

施工项目质量管理是指工程项目在施工安装和施工验收阶段，指挥和控制工程施工组织关于质量的相互协调的活动，使工程项目施工围绕着使产品质量满足不断更新的质量要求，而开展的策划、组织、计划、实施、检查、监督和审核等所有管理活动的总和。它是工程项目施工各级职能部门领导的职责，而工程项目施工的最高领导即施工项目经理应负全责。施工项目经理必须调动与施工质量有关的所有人员的积极性，共同做好本职工作，才能完成施工质量管理的任务。

施工质量控制是在明确的质量方针指导下，通过对施工方案和资源配置的计划、实施、检查和处置，进行施工质量目标的事前控制、事中控制和事后控制的系统过程。

2. 施工质量控制的特点

（1）控制因素多

工程项目的施工质量受到多种因素的影响。这些因素包括设计、材料、机械、地质、水文、气象、施工工艺、操作方法、技术措施、管理制度、社会环境等。因此，要保证工程项目的施工质量，必须对所有这些影响因素进行有效控制。

（2）控制难度大

由于建筑产品生产的单件性和流动性，不具有一般工业产品生产常有的固定生产流水线、规范化的生产工艺、完善的检测技术、成套的生产设备和稳定的生产环境，不能进行标准化施工，施工质量容易产生波动；而且施工场面大、人员多、工序多、关系复杂、作业环境差，都加大了质量控制的难度。

（3）过程控制要求高

工程项目在施工过程中，由于工序衔接多、中间交接多、隐蔽工程多，施工质量具有一定的过程性和隐蔽性。在施工质量控制工作中，必须加强对施工过程的质量检查，及时发现和整改存在的质量问题，避免事后从表面进行检查。过程结束后的检查难以发现在过程中产生、又被隐蔽了的质量隐患。

（4）终检局限大

工程项目建成以后不能像一般工业产品那样，依靠终检来判断产品的质量和控制产品的质量；也不可能像工业产品那样将其拆卸或解体检查内在质量，或更换不合格的零部件。所以，工程项目的终检（竣工验收）存在一定的局限性。工程项目的施工质量控制应强调过程控制，边施工边检查边整改，及时做好检查、认证记录。

7.3.2　施工项目质量保证体系

1. 施工项目质量保证体系

施工项目质量保证体系是指施工单位为实施承建工程的施工质量管理和目标控制，以现在的施工管理组织架构为基础，通过质量管理目标的确定和分解、所需人员和资源配置，以及施工质量管理相关制度的建立和运行，形成具有质量控制和质量保证能力的工作系统，施工项目质量保证体系可以如图7-7所示设置。

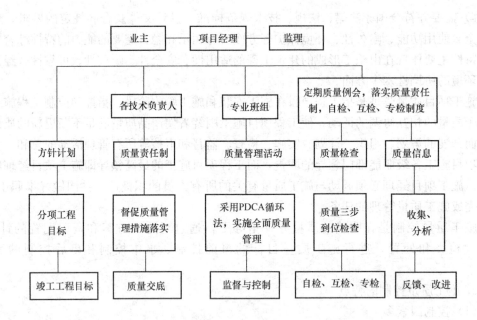

图 7-7　施工项目质量保证体系

2. 施工项目质量保证体系运作方式

质量保证体系运作的基本方式为全面质量管理，包括计划（Plan）——实施（Do）——检查（Check）——处理（Action）的管理循环，简称 PDCA 循环。基本内容如下：

计划阶段（即 P 阶段）。制订计划、方针、目标、拟定政策、措施、管理要点等。

实施阶段（即 D 阶段）。计划方案的交底，按计划规定的方法与要求展开施工作业技术活动。

检查阶段（即 C 阶段）。对计划实施过程进行必要的检查和测试。

处理阶段（即 A 阶段）。对质量检查发现的质量问题或质量不合格，及时分析原因，采取必要的措施纠正，保持施工质量处于受控状态。并肯定成功的经验，把暂时不能解决的问题移到下一个循环中去解决。

7.3.3　工程质量控制系统过程

1. 工程质量形成过程

1）按工程实体形成过程的时间阶段分：施工准备控制；施工过程控制；竣工验收控制。

2）按工程项目施工层次划分：单位工程质量控制；分部工程质量控制；分项工程质量控制；检验批质量控制。

2. 施工质量控制的程序

3. 施工质量控制的程序基本环节

施工质量控制应贯彻全面全过程质量管理的思想，运用动态控制原理，进行质量的事前控制、事中控制和事后控制。

（1）事前质量控制

即在正式施工前进行的事前主动质量控制，通过编制施工质量计划，明确质量目标，制订施工方案，设置质量管理点，落实质量责任，分析可能导致质量目标偏离的各种影响因素，针对这些影响因素制订有效的预防措施，防患于未然。

（2）事中质量控制

指在施工质量形成过程中，对影响施工质量的各种因素进行全面的动态控制。事中控制首先是对质量活动的行为约束，其次是对质量活动过程和结果的监督控制。事中控制的关键是坚持质量标准，控制的重点是工序质量、工作质量和质量控制点的控制。

（3）事后质量控制

也称为事后质量把关，以使不合格的工序或最终产品（包括单位工程或整个工程项目）不流入下道工序、不进入市场。事后控制包括对质量活动结果的评价、认定和对质量偏差的纠正。控制的重点是发现施工质量方面的缺陷，并通过分析提出施工质量改进的措施，保持质量处于受控状态。

以上三大环节不是互相孤立和截然分开的，它们共同构成有机的系统过程，在每一次滚动循环中不断提高，达到质量管理和质量控制的持续改进。

4. 质量控制系统过程

（1）施工准备质量控制

指在各工程对象正式施工活动开始前，对各项准备工作及影响质量的各因素进行控制，这是确保施工质量的先决条件。

1）监理工作

① 组建项目监理机构进驻现场

② 参与设计交底与施工图纸的现场核对

③ 审查承包单位的现场项目技术管理体系和质量管理体系

④ 分包单位资质的审核确认

⑤ 施工组织设计方案审核

2）现场施工准备的质量控制

① 工程定位及标高基准控制

② 施工平面布置的检查

③ 工程材料、半成品、构配件报验的签认

④ 检查进场的主要施工设备

⑤ 审查主要分部（分项）工程施工方案

3）审查现场开工条件签发开工报告

监理工程师应审查承包单位报送的工程开工报审表及相关资料，具备开工条件时由总监理工程师签发并报建设单位。

（2）施工过程质量控制

指在施工过程中对实际投入的生产要素质量及作业技术活动的实施状态和结果所进行的控制，包括作业者发挥技术能力过程的自控行为和来自有关管理者的监控行为。

1）质量监理程序

监理工程师要做到全过程监理、全方位控制，重点部位及重点工序应重点控制，尤其应重点控制各工序之间的交接。过程控制中应坚持上道工序被确认质量合格后，才能准许进行下道工序施工。

2）施工活动前的质量控制

① 质量控制点设置

质量控制点是指为了保证作业过程质量而确定的重点控制对象、关键部位或薄弱环节。就是质量控制人员在分析项目的特点之后，把影响工序施工质量的主要因素、对工程质量危害大的环节等事先列出来，分析影响质量的原因，提出相应的措施，以便进行预控的关键点。

② 进场材料构配件的质量控制

③ 机械设备控制

④ 环境状态的控制

A. 施工作业环境的控制

B. 管理环境的控制

C. 现场自然环境条件的控制

3）施工活动过程中的质量控制

① 坚持质量跟踪监控

② 抓好承包单位的自检与专检

③ 技术复核与见证取样

④ 工程变更控制

⑤ 工地例会管理

⑥ 停工令、复工令的应用

4）施工活动结果的质量控制

要保证最终单位工程产品的合格，必须使每道工序及各个中间产品均符合质量要求。

① 隐蔽工程验收

② 工序交接

③ 检验批、分项、分部工程验收

④ 单位工程或整个工程项目的竣工

7.3.4 施工质量控制的方法

（1）施工质量检验

施工质量检验的主要方式分为自我检验、相互检验、专业检验和交接检验。

1）自我检验，指作业组织和作业人员的自我质量检验。包括随时做随时检验和一批作业任务完成后提交验收前的全面自检。随时做随时检验可以使质量偏差及时得到纠正，持续改进和调整作业方法，保证工序质量始终处于受控状态。全面自检可以保证检验批施工质量的一次交验合格。

2）相互检验，指相同工种相同施工条件的作业组织和作业人员，在实施同一施工任务时相互间的质量检验。

3）专业检验，指专职质量管理人员的例行专业查验，也是一种施工企业质量管理部门对现场施工质量的监督检查方式之一。只有经过专业检验合格的施工成果才能提交施工监理机构检查验收。

4）交接检验，指前后工序或施工过程进行施工交接时的质量检查，通过质量交接检验，可以控制上道工序的质量隐患。

（2）施工质量检验的方法

施工质量检验的方法主要有目测法和量测法。

1）目测法。目测法即用观察、触摸等感观方式进行的检查，可以采用"看、摸、敲、照"的检查操作方法。

2）量测法。量测法即使用测量器具进行具体的量测，获得质量特性数据，分析判断质量状况及偏差情况的检查方式，常用"量、靠、吊、套"的检查操作方法。

（3）施工质量检查

1）施工质量检查的方式

施工质量检查的方式主要有日常检查、跟踪检查、专项检查、综合检查、监督检查等方式。

① 日常检查，指施工管理人员所进行的施工质量经常性检查。

② 跟踪检查，指设置施工质量控制点，指定专人所进行的相关施工质量跟踪检查。

③ 专项检查，指对某种特定施工方法、特定材料、特定环境等的施工质量，或某类质量通病所进行的专项质量检查。

④ 综合检查，指根据施工质量管理的需要，或来自企业职能部门的要求所进行的不定期的或阶段性全面质量检查。

⑤ 监督检查，指来自业主、监理机构、政府质量监督部门的各类例行检查。

2）施工质量检查的一般内容

① 检查施工依据，即检查是否严格按施工方案的要求和相关的技术标准进行施工，避免粗制滥造降低质量标准的情况。

② 检查施工结果，即检查已完施工的成果是否符合规定的质量标准。

③ 检查整改落实，即检查生产组织和人员对检查中已被指出的质量问题或需要改进的事项，是否认真执行整改。

（4）隐蔽工程施工验收

隐蔽工程是指凡被后续施工所覆盖的分项工程。因隐蔽工程在项目竣工时不易被检查，为确保工程质量，隐蔽工程施工过程应及时进行质量检查，并在其施工结果被覆盖前做好隐蔽工程验收，办理验收签证手续。

1）隐蔽工程在隐蔽前应由施工单位通知有关单位进行验收，并形成验收文件。

2）隐蔽工程的施工质量验收应按规定的程序和要求进行，即施工单位必须先进行自检，包括施工班组自检和专业质量管理人员的检查，自检合格后，开具"隐蔽工程验收单"，提前 24 小时或按合同规定通知现场监理工程师到场进行全面质量检查，并共同验收签证。合同有规定时应按同样的时间要求，提前约请工程设计单位参与验收。

3）隐蔽工程验收是施工质量验收的一种特定方式，其验收的范围、内容，应严格执行相关专业的施工验收标准进行验收。应保证验收单的验收范围与内容和实际查验的范围与内容相一致。检查不合格需整改纠偏的内容，必须在整改纠偏后，经重新查验合格才能进行验收签证。

7.3.5 施工质量验收

施工质量管理的重点是施工过程质量控制，即以工序质量控制为核心，设置质量控制点，严格质量检查，加强成品保护。

施工过程的工程质量控制是在施工过程中，在施工单位自行质量检查评定的基础上，参与建设活动的有关单位共同对检验批、分项工程、分部（子分部）工程、单位（子单位）工程的质量进行抽样复验，根据相关标准以书面形式对工程质量达到合格与否做出确认。其中检验批和分项工程是质量验收的基本单元，分部工程是在所含全部分项工程验收的基础上进行验收的，它们是在施工过程中随时完工随时验收；而单位工程是具有独立使用功能的建筑产品，进行的是最终的竣工验收。

建筑水暖与通风空调工程分部分项工程划分如表7-1所示。施工过程的质量验收包括：检验批质量验收、分项工程质量验收和分部工程质量验收。

建筑工程分部（子分部）工程、分项工程划分 表 7-1

分部工程	子分部工程	分 项 工 程
通风与空调	送排风系统	风管与配件制作、风管部件制作、风管系统安装、空气处理设备安装、消声设备制作与安装、风管与设备防腐、风机安装、系统调试
	防排烟系统	风管与配件制作、风管部件制作、风管系统安装、防排烟风口、常闭正压风口与设备安装风管与设备防腐；风机安装、系统调试
	除尘系统	风管与配件制作、风管部件制作、风管系统安装、除尘器与排污设备安装、风管与设备防腐、风机安装、系统调试
	空调风系统	风管与配件制作、风管部件制作、风管系统安装、空气处理设备安装、消声设备制作与安装、风管与设备防腐、风机安装、风管与设备绝热、系统调试
	净化空调系统	风管与配件制作、风管部件制作、风管系统安装、空气处理设备安装、消声设备制作与安装、风管与设备防腐、风机安装、风管与设备绝热、高效过滤器安装、系统调试
	制冷设备系统	制冷机组安装、制冷剂管道及配件安装、制冷附属设备安装、管道及设备的防腐与绝热、系统调试
	空调水系统	管道冷热（媒）水系统安装、冷却水系统安装、冷凝水系统安装、阀门及部件安装、冷却塔安装、水泵及附属设备安装、管道与设备的防腐与绝热、系统调试
建筑给水、排水及采暖	室内给水系统	给水管道及配件安装、室内消火栓系统安装、给水设备安装、管道防腐、绝热
	室内排水系统	排水管道及配件安装、雨水管道及配件安装
	室内热水供应系统	管道及配件安装、辅助设备安装、防腐、绝热
	卫生器具安装	卫生器具安装、卫生器具给水配件安装、卫生器具排水管道安装
	室内采暖系统	管道及配件安装、辅助设备及散热器安装、金属辐射板安装、低温热水地板辐射采暖系统安装、系统水压试验及调试、防腐、绝热
	室外给水管网	给水管道安装、消防水泵接合器及室外消火栓安装、管沟及井室
	室外排水管网	排水管道安装、排水管沟与井池
	室外供热管网	管道及配件安装、系统水压试验及调试、防腐、绝热

（1）检验批的质量验收

检验批是工程验收的最小单位，是分项工程乃至整个建筑工程质量验收的基础。检验批是施工过程中条件相同并有一定数量的材料、构配件或安装项目，由于其质量基本均匀一致，因此可以作为检验的基础单位，并按批验收。

建筑给水排水及采暖工程检验批的划分，应根据分项工程的大小，按一个设计系统或设备组别，以楼层或单元划分。如一个30层楼的室内给水系统，可按每5层或每10层为一个检验批；一个5层楼的室内排水系统，可按每单元为一个检验批。

检验批质量合格判定的两个方面：一是资料检查完整、合格；二是主控项目检验和一般项目检验合格。检验批质量验收由施工单位项目专业质量检验员填写检验批质量验收表，监理工程师（建设单位项目专业技术负责人）组织施工单位项目专业质量（技术）负责人等进行验收，并按检验批质量验收表填写验收结论，检验批质量验收记录举例如表7-2所示。

DB 21/1234—2003

风管系统安装检验批质量验收记录
（净化空调系统）

表 7-2

工程名称			分项工程名称		验收单位	
施工单位			专业工长		项目经理	
施工执行标准名称及编号						
分包单位			分包项目经理		施工班组长	
		项目	安装单位检查评定记录		监理（建设）单位验收记录	
主控项目	1	风管穿越防火、防爆墙				
	2	风管内严禁其他管线穿越				
	3	室外立管的固定拉索				
	4	高于80℃风管系统				
	5	风阀的安装				
	6	手动密闭阀安装				
	7	净化风管的安装				
	8	真空吸尘系统的安装				
	9	风管的严密性实验				
施工单位检查评定结果		项目专业质量检查员： 　　　　　　　年　月　日				
监理（建设）单位验收结论		专业监理工程师 （建设单位项目专业技术负责人）： 　　　　　　　年　月　日				

（2）分项工程质量验收

分项工程的验收在检验批的基础上进行，是将有关的检验批汇集构成分项工程。分项

183

工程合格质量的条件比较简单，只要构成分项工程的各检验批的验收资料文件完整，并且均已验收合格，则分项工程验收合格。分项工程质量验收由监理工程师（建设单位项目专业技术负责人）组织施工单位项目专业质量（技术）负责人等进行验收，并填写验收记录。

（3）分部（子分部）工程质量验收

在分项工程验收通过的基础上，对涉及安全、卫生和使用功能的重要部位进行抽样检验和检测。子分部工程质量验收由监理工程师（建设单位项目专业技术负责人）组织施工单位项目负责人、专业项目负责人进行验收。

分部工程工程质量验收记录举例如表 7-3 所示，分部工程质量验收表由施工单位填写，验收结论由监理（建设）单位填写。综合验收结论由参加验收各方共同商定，建设单位填写，填写内容应对工程质量是否符合设计和规范要求及总体质量做出评价。

DB 21/1234—2003

通风与空调安装分部工程验收记录   表 7-3

表 U.0.1

工程名称		结构类型		层数	地上
					地下
施工单位		技术部门负责人		质量部门负责人	
分包单位		分包单位负责人		分包技术负责人	
序号	子分部工程名称	检验批数	施工单位检查评定	验收意见	
1	送排风系统安装				
2	防、排烟系统安装				
3	除尘系统				
4	空调系统				
5	净化空调系统				
6	制冷系统				
7	空调水系统				
质量控制资料		表 U.0.1-1			
安全和功能检验（检测）报告		表 U.0.1-2			
观感质量验收		表 U.0.1-3			
验收单位	分包单位	项目经理：			年 月 日
	施工单位	项目经理：			年 月 日
	设计单位	项目经理：			年 月 日
	监理（建设）单位	总监理工程师： （建设单位项目专业负责人）			年 月 日

184

（4）单位（子单位）工程质量验收

单位（子单位）工程验收合格应符合下列规定：单位（子单位）工程所含分部（子分部）工程的质量均应验收合格；质量控制资料应完整；单位（子单位）工程所含分部工程有关安全和功能的检测资料应完整；主要功能项目的抽查结果应符合相关专业质量验收规范的规定；观感质量验收应符合要求，观感质量验收举例如表7-4所示。

DB 21/1234—2003

净化空调工程观感质量验收 表 7-4

表 U. 0. 1-3-2

工程名称											施工单位								
序号	各检验批中一般项目的规定	抽查质量情况										施工单位自评			监理单位核查			
		1	2	3	4	5	6	7	8	9	0	好	一般	差	好	一般	差
1	空调机组、风机、净化空调机组、风机过滤单元和空气吹淋室等安装																
2	高效过滤器与风管、风管与设备的连接																
3	净化空调机组、静压箱、风管及送回风口清洁无积尘																
4	装配式洁净室内墙面、吊顶和地面																
5	送回风口、各类末端装置以及各类管道等与洁净室内表面的连接																

检查结果	施工单位 项目负责人（项目经理）： 技术负责人： 质量负责人 年 月 日	验收结论	监理（建设）单位 总监理工程师： （建设单位项目专业负责人） 专业监理工程师： 年 月 日

注：此表须与表 U.0.1-3-1 同时使用。

7.3.6　工程质量事故的处理

（1）工程质量事故的概念

1）质量不合格

根据我国 GB/T 19000—2000 质量管理体系标准的规定，凡工程产品没有满足某个规定的要求，就称之为质量不合格；而没有满足某个预期使用要求或合理的期望（包括安全性方面）要求，称为质量缺陷。

2）质量问题

凡是工程质量不合格，必须进行返修、加固或报废处理，由此造成直接经济损失低于5000 元的称为质量问题。

3）质量事故

凡是工程质量不合格，必须进行返修、加固或报废处理，由此造成直接经济损失在5000 元（含 5000 元）以上的称为质量事故。

（2）工程质量事故的分类

由于工程质量事故具有复杂性、严重性、可变性和多发性的特点，所以建设工程质量事故的分类有多种方法，按事故造成损失严重程度划分为以下几类：

1）特别重大事故，是指造成 30 人以上死亡，或者 100 人以上重伤，或者 1 亿元以上直接经济损失的事故；

2）重大事故，是指造成 10 人以上 30 人以下死亡，或者 50 人以上 100 人以下重伤，或者 5000 万元以上 1 亿元以下直接经济损失的事故；

3）较大事故，是指造成 3 人以上 10 人以下死亡，或者 10 人以上 50 人以下重伤，或者 1000 万元以上 5000 万元以下直接经济损失的事故；

4）一般事故，是指造成 3 人以下死亡，或者 10 人以下重伤，或者 100 万元以上 1000 万元以下直接经济损失的事故。

本等级划分所称的"以上"包括本数，所称的"以下"不包括本数。

（3）施工质量事故处理的程序

施工质量事故处理的一般程序见图7-8所示。

1）事故调查

事故发生后，施工项目负责人应按规定的时间和程序，及时向企业报告事故的状况，积极组织事故调查。事故调查应力求及时、客观、全面，以便为事故的分析与处理提供正确的依据。调查结果，要整理撰写成事故调查报告，其主要内容包

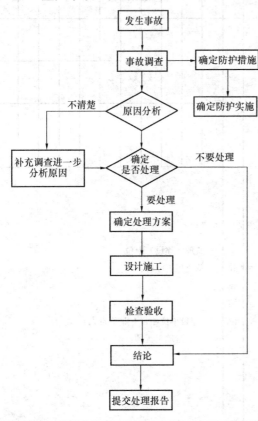

图 7-8　施工质量事故处理的一般程序

186

括：工程概况；事故情况；事故发生后所采取的临时防护措施；事故调查中的有关数据、资料；事故原因分析与初步判断；事故处理的建议方案与措施；事故涉及人员与主要责任者的情况等。

2) 事故的原因分析

要建立在事故情况调查的基础上，避免情况不明就主观推断事故的原因。特别是对涉及勘察、设计、施工、材料和管理等方面的质量事故，往往事故的原因错综复杂，因此必须对调查所得到的数据、资料进行仔细分析，去伪存真，找出造成事故的主要原因。

3) 制订事故处理的方案

事故的处理要建立在原因分析的基础上，并广泛听取专家及有关方面的意见，经科学论证，决定事故是否进行处理和怎样处理。在制订事故处理方案时，应做到安全可靠，技术可行，不留隐患，经济合理，具有可操作性，满足建筑功能和使用要求。

4) 事故处理

根据制订的质量事故处理的方案，对质量事故进行认真的处理。处理的内容主要包括：事故的技术处理，以解决施工质量不合格和缺陷问题；事故的责任处罚，根据事故的性质、损失大小、情节轻重对事故的责任单位和责任人做出相应的行政处分直至追究刑事责任。

5) 事故处理的鉴定验收

质量事故的处理是否达到预期的目的，是否依然存在隐患，应当通过检查鉴定和验收做出确认。事故处理的质量检查鉴定，应严格按施工验收规范和相关的质量标准的规定进行，必要时还应通过实际量测、试验和仪器检测等方法获取必要的数据，以便准确地对事故处理的结果做出鉴定。事故处理后，必须尽快提交完整的事故处理报告，其内容包括：事故调查的原始资料、测试的数据；事故原因分析、论证；事故处理的依据；事故处理的方案及技术措施；实施质量处理中有关的数据、记录、资料；检查验收记录；事故处理的结论等。

（4）施工质量事故处理的基本方法

1) 返工处理

返工处理即重新施工或更换零部件，自检合格后重新进行检查验收。

2) 返修处理

返修处理即经过适当的加固补强、修复缺陷，自检合格后重新进行检查验收。

3) 让步处理

让步处理即对质量不合格的施工结果，经设计人的核验，虽没达到设计的质量标准却不影响结构安全和使用功能，经业主同意后可予以验收。

4) 降级处理

如对已完工部位，因轴线、标高引测差错而改变设计平面尺寸，若返工损失严重，在不影响使用功能的前提下，可经承发包双方协商验收。

5) 不作处理

对于轻微的施工质量缺陷，可通过后续工序进行修复。

6) 报废处理

出现质量事故的工程，通过分析或实践，采取上述处理方法后仍不能满足规定的质量标准或要求，则必须予以报废处理。

7.4 施工项目安全管理

建立、实施和保持质量、环境与职业健康安全三项国际通行的管理体系认证是现代企业管理的一个重要标志。随着中国加入国际贸易组织（WTO）之后，我国越来越多的企业更加关注企业的现代化管理，很多企业正在积极地进行质量、环境、职业健康安全管理体系的认证工作。

7.4.1 职业健康安全管理体系

职业健康安全管理体系是组织全部管理体系中专门管理健康安全工作的部分，它是继ISO 9000 系列质量管理体系和 ISO 14000 系列环境管理体系之后又一个重要的标准化管理体系。组织实施职业健康安全管理体系的目的是辨别组织内部存在的危险源，控制其所带来的风险，从而避免或减少事故的发生。

7.4.2 施工安全管理措施

1. 施工安全管理目标

施工安全管理目标是在施工过程中，安全工作所要达到的预期效果。其目标由施工总承包单位根据本工程的具体情况进行展开、深入和具体化的修正，真正达到指导和控制安全施工的目的。施工安全管理的目标是：

六杜绝：杜绝因公受伤、死亡事故；杜绝坍塌伤害事故；杜绝物体打击事故；杜绝高处坠落事故；杜绝机械伤害事故；杜绝触电事故。

三消灭：消灭违章指挥；消灭违章作业；消灭"惯性事故"。

二控制：控制年负伤率，负轻伤频率控制在 6‰以内；控制年安全事故率。

一创建：创建安全文明示范工地。

2. 施工安全管理实施的基本要求

（1）必须取得《安全生产许可证》后方可施工。

（2）必须建立健全安全管理保障制度。

（3）各类施工人员必须具备相应的安全生产资格方可上岗。

（4）所有新工人（包括新招收的合同工、小时工、农民工及实习和代培人员）必须经过三级安全教育，即：施工人员进场作业前由公司进行安全基本知识、法规、法制教育；项目部进行现场规章制度、遵章守纪教育；作业班组进行工种岗位、安全操作、安全制度、纪律教育。

（5）特种作业（指对操作者本人和其他工种作业人员以及对周围设施的安全有重大危险因素的作业）人员，必须经过专门培训，并取得特种作业资格。未经教育，没有合格证和岗位证，不能上岗。

（6）对查出的事故隐患要做到整改"五定"的要求，即：定整改责任人、定整改措施、定整改时间、定整改完成人、定整改验收人。

（7）必须把好安全生产的"七关"标准，即：教育关、措施关、交底关、防护关、文明关、验收关、检查关。

（8）必须建立安全生产值班制度，并有现场领导带班。

（9）建立各级人员安全生产的责任制度，明确各级人员的安全责任，定期检查安全责任落实情况。

3. 施工安全技术措施的编制

施工安全技术措施是在施工项目生产活动中，根据工程特点、规模、结构复杂程度、工期、施工现场环境、劳动组织、施工方法、施工机械设备、变配电设施、架设工具以及各项安全防护设施等，针对施工中存在的不安全因素进行预测和分析，找出危险点，为消除和控制危险隐患，从技术和管理上采取措施加以防范，消除不安全因素，防止事故发生，确保施工项目安全施工。

施工安全技术措施可按施工准备阶段和施工阶段编写，其内容见表 7-5 和表 7-6。

施工准备阶段安全技术措施　　　　　　　　　　　　　　表 7-5

准备类型	内　　容
技术准备	1. 了解工程设计对安全施工的要求。 2. 调查工程的自然环境（水文、地质、气候、洪水、雷击等）和施工环境（粉尘、噪声、地下设施、管道和电缆的分布、走向等）对施工安全及施工对周围环境安全的影响。 3. 改扩建工程施工与建设单位使用、生产发生交叉，可能造成双方伤害时，双方应签订安全施工协议，搞好施工与生产的协调，明确双方责任，共同遵守安全事项。 4. 在施工组织设计中，编制切实可行、行之有效的安全技术措施，并严格履行审批手续，送安全部门备案
物资准备	1. 及时供应质量合格的安全防护用品（安全帽、安全带、安全网等），并满足施工需要。 2. 保证特殊工种（电工、焊工、爆破工、起重工等）使用工具、器械质量合格，技术性能良好。 3. 施工机具、设备（起重机、卷扬机、电锯、电气设备等）车辆等，须经安全技术性能检测，鉴定合格，防护装置齐全，制动装置可靠，方可进场使用。 4. 施工周转材料（脚手架、扣件、跳板等）须经认真挑选，不符合安全要求禁止使用
施工现场准备	1. 按施工总平面图要求做好现场施工准备。 2. 现场各种临时设施、库房，特别是炸药库、油库的布置，易燃易爆品存放都必须符合安全规定和消防要求，须经公安消防部门批准。 3. 电气线路、配电设备符合安全要求，有安全用电防护措施。 4. 场内道路通畅，设交通标志，危险地带设危险信号及禁止通行标志，保证行人、车辆通行安全。 5. 现场周围和陡坡、沟坑处设围栏、防护板，现场入口处设"无关人员禁止入内"的警示标志。 6. 塔吊等起重设备安置要与输电线路、永久或临设工程间有足够的安全距离，避免碰撞，以保证搭设脚手架、安全网的施工距离。 7. 现场设消火栓，有足够的有效的灭火器材、设施
施工队伍准备	1. 总包单位及分包单位都应持有《施工企业安全资格审查认可证》方可组织施工。 2. 新工人、特殊工种工人须经岗位技术培训、安全教育后，持合格证上岗。 3. 高险难作业工人须经身体检查合格，具有安全生产资格，方可施工作业。 4. 特殊工种作业人员，必须持有《特殊作业操作证》方可上岗

工程类型	内　　容
施工现场安全用电规定	1. 施工现场内不得架设裸导线。架空线路与建筑物水平距离一般不小于 10m，与地面垂直距离不小于 6m，与建筑物顶部垂直距离不小于 2.5m。 2. 各种绝缘导线应架空敷设，没有条件架设的应采用护套缆线，缆线易损段要加以保护。 3. 各种配电线路禁止敷设在树上，各种绝缘导线的绑扎，不得使用裸导线，配电线路的每一支路的始端要装设断路开关和有效的短路、过载保护。 4. 所有电气设备的金属外壳以及电气设备连接的金属架，必须采取保护接地或保护接零措施。 5. 凡移动式设备及手持式电动工具，必须装设漏电保护装置。 6. 各种电动工具使用前均应进行严格检查，其电源线不应有破损、老化等现象。其自身附带的开关必须安装牢固，动作灵活可靠。禁止使用金属丝绑扎开关或有明露的带电体。 7. 凡未经检查合格的设备，不得安装和使用。使用中的电器设备应保持正常工作状态，绝对禁止带故障运行。 8. 非专业电气工作人员，严禁在施工现场进行架设线路、安装灯具、手持电动工具等作业
施工现场安全纪律	1. 不戴好安全帽不准进入施工现场。 2. 不准带无关人员进入施工现场。 3. 不准赤脚或穿拖鞋、高跟鞋进入施工现场。 4. 作业前和作业中不准饮用含酒精的饮料。 5. 不准违章指挥和违章作业。 6. 特种作业人员无操作证不准独立从事特种作业。 7. 无安全防护措施不准进行危险作业。 8. 不准在施工现场嬉戏打闹。 9. 不准在施工现场非吸烟场所吸烟。 10. 不准破坏和污染环境
高处作业及登高架设作业安全措施	1. 作业前必须由施工班组长按照项目部的高处作业审批手续规定，向施工员办理高处作业申请，经施工员同意、现场安全确认、项目经理审批后方能施工，并要求制定监护人，监督高处作业过程的安全。 2. 高处作业人员及架设人员，必须经过专业技术培训，专业考试合格后，持证上岗，并定期检查身体。 3. 患有下列疾病不能从事高处作业及架设作业，如心脏病、高血压、贫血、癫痫病等。 4. 悬空作业处应有牢靠的立足处，并必须视具体情况，配置防护栏网、栏杆或其他安全设施。 5. 悬空作业所有的索具、脚手板、吊篮、吊笼、平台等设备均需经过技术鉴定或检测后方可使用。 6. 高处作业之前，应进行安全防护设施的逐项检查和验收，验收合格后，方可进行高处作业，验收也可分段、分层进行。 7. 高处作业必须戴好安全帽、系安全带、穿防滑鞋，衣着灵便。 8. 严禁酒后作业。 9. 在作业中如发现安全隐患时，必须及时解决，危及人身安全时，必须停止作业。 10. 高处作业中所有的物料，均应平稳堆放，工具应随手放入工具袋，作业中的走道、通道板应随时清扫干净，不得向下抛掷物件。 11. 遇有六级以上的大风、浓雾等恶劣气候，不得进行露天攀登与悬空高处作业

4. 施工安全技术措施计划实施

施工安全技术措施计划的实施主要包括建立安全生产责任制、加强安全教育和培训、安全技术交底和安全检查等内容，通过安全控制使生产作业的安全状况处于可控状态。

（1）建立安全生产责任制，实施责任管理

安全生产责任制是企业责任制度的重要组成部分，是安全管理制度的核心。建立和贯彻安全生产责任制，就是把安全与生产在组织上统一起来，把"管生产必须管安全"的原则在制度上明确固定下来。

1）建立、完善以项目经理为主的安全生产责任制，有组织、有领导地开展安全管理活动，承担组织、领导安全生产的责任。

2）建立各级人员安全生产的责任制度，明确各级人员的安全责任。抓制度落实，抓责任落实，定期检查安全责任落实情况，及时报告。

3）建立安全专业管理制度，监察部门对施工项目进行安全生产资质的检查。

4）建立操作岗位安全生产责任制，一切从事生产管理与操作人员，依照其从事的生产内容，分别通过企业、施工项目部的安全审查，取得安全操作认可证，持证上岗。特种操作人员，像安装电工、焊工和起重工等除经企业的安全审查，还需按规定参加考核，取得监察部门核发的《安全操作合格证》，坚持"持证上岗"。施工现场出现特种作业无证操作现象时，施工项目部必须承担管理责任。

（2）加强安全教育和培训

安全教育是落实"预防为主"的重要环节。通过安全教育，增长安全意识，使职工安全生产思想不松懈，并将安全生产贯彻于生产过程中，才能收到实际效果。

安全教育的内容有：

1）安全思想教育。主要是尊重人、爱护人的思想教育；国家对安全生产的方针、政策教育，遵守厂规、厂纪教育；使职工懂得遵守劳动纪律与安全生产的重要性，工作中执行安全操作规程，保证安全生产。

2）安全知识教育。对职工进行工作岗位安全生产知识的教育，使职工了解安装工程施工特点、注意事项、高空作业防护和各种防护设备品的使用等。

3）安全技术教育。安全生产技术与安全技术操作规程的教育，应结合工种岗位进行安全操作、安全防护、安全技能培训，使上岗职工能胜任本职工作。

4）安全法制教育。结合安全生产事故案例对职工进行安全生产法规、法律条文，安全生产规章制度的教育，使职工遵法、守法、懂法。

（3）施工安全技术交底

施工安全技术交底是在建设工程施工前，项目部的技术人员向施工班组和作业人员进行有关工程安全施工的详细说明，并由双方签字确认。安全技术交底一般由技术管理人员根据分部分项工程的实际情况、特点和危险因素编写，它是操作者的法令性文件。

1）施工安全技术交底的基本要求

① 施工安全技术交底要充分考虑到各分部分项工程的不安全因素，其内容必须具体、明确、针对性强。

② 施工安全技术交底应优先采用新的安全技术措施。

③ 在工程开工前，应将工程概况、施工方法、安全技术措施等情况，向工地负责人、

工长及全体职工进行交底。

④ 对于有两个以上施工队或工种配合施工时，要根据工程进度情况定期或不定期地向有关施工队或班组进行交叉作业施工的安全技术交底。

⑤ 在每天工作前，工长应向班组长进行安全技术交底。班组长每天也要对工人进行有关施工要求、作业环境等方面的安全技术交底。

⑥ 要以书面形式进行逐级的安全技术交底工作，并且交底的时间、内容及交底人和接受交底人要签名或盖章。

⑦ 安全技术交底书要按单位工程归放一起，以备查验。

2）施工安全技术交底制度

① 大规模群体性工程，总承包人不是一个单位时，由建设单位向各单项工程的施工总承包单位作建设安全要求及重大安全技术措施交底。

② 大型或特大型工程项目，由总承包公司的总工程师组织有关部门向项目经理部和分包商进行安全技术措施交底。

③ 一般工程项目，由项目经理部技术负责人和现场经理向有关施工人员（项目工程部、商务部、物资部、质量和安全总监及专业责任工程师等）和分包商技术负责人进行安全技术措施交底。

④ 分包商技术负责人，要对其管辖的施工人员进行详细的安全技术措施交底。

⑤ 项目专业责任工程师，要对所管辖的分包商工长进行专业工程施工安全技术措施交底，对分包工长向操作班组所进行的安全技术交底进行监督、检查。

⑥ 专业责任工程师要对劳务分包方的班组进行分部分项工程安全技术交底，并监督指导其安全操作。

⑦ 施工班组长在每天作业前，应将作业要求和安全事项向作业人员进行交底，并将交底的内容和参加交底的人员名单记入班组的施工日志中。

3）施工安全技术交底的主要内容

① 建设工程项目、单项工程和分部分项工程的概况、施工特点和施工安全要求。

② 确保施工安全的关键环节、危险部位、安全控制点及采取相应的技术、安全和管理措施。

③ 做好"四口"、"五临边"的防护设施，其中"四口"为通道口、楼梯口、电梯井口、预留洞口；"五临边"为未安栏杆的阳台周边、无外架防护的屋面周边、框架工程的楼层周边、卸料平台的外侧边及上下跑道、斜道的两侧边。

④ 项目管理人员应做好的安全管理事项和作业人员应注意的安全防范事项。

⑤ 各级管理人员应遵守的安全标准和安全操作规程的规定及注意事项。

⑥ 安全检查要求，注意及时发现和消除的安全隐患。

⑦ 对于出现异常征兆、事态或发生事故的应急救援措施。

⑧ 对于安全技术交底未尽的其他事项的要求（即应按哪些标准、规定和制度执行）。

（4）施工安全检查

1）施工安全检查的内容

施工安全检查应根据企业生产的特点，制定检查的项目标准，其主要内容是：查思想、查制度、查安全教育培训、查措施、查隐患、查安全防护、查劳保用品使用、查机械设备、查操作行为、查整改、查伤亡事故处理等主要内容。

2）施工安全检查的方式

施工安全检查通常采用经常性安全检查、定期和不定期安全检查、专业性安全检查、重点抽查、季节性安全检查、节假日前后安全检查、班组自检、互检、交接检查及复工检查等方式。

5. 安全文明施工措施

根据《建设工程施工现场管理规定》中的"文明施工管理"和《建设工程项目管理规范》中"项目现场管理"的规定，以及各省市有关建设工程文明施工管理的要求，施工单位应规范施工现场，创造良好生产、生活环境，保障职工的安全与健康，做到文明施工、安全有序、整洁卫生、不扰民、不损害公众利益。

（1）现场大门和围挡设置

1）施工现场设置钢制大门，大门牢固、美观。高度不宜低于4m，大门上应标有企业标识。

2）施工现场的围挡必须沿工地四周连续设置，不得有缺口。并且围挡要坚固、平稳、严密、整洁、美观。

3）围挡的高度：市区主要路段不宜低于2.5m，一般路段不低于1.8m。

4）围挡材料应选用砌体、金属板材等硬质材料，禁止使用彩条布、竹笆、安全网等易变形材料。

5）建设工程外侧周边使用密目式安全网（2000目/100cm²）进行防护。

（2）现场封闭管理

1）施工现场出入口设专职门卫人员，加强对现场材料、构件、设备的进出监督管理。

2）为加强对出入现场人员的管理，施工人员应佩戴工作卡以示证明。

3）根据工程的性质和特点，出入大门口的形式，各企业各地区可按各自的实际情况确定。

（3）施工场地布置

1）施工现场大门内必须设置明显的五牌一图（即工程概况牌、安全生产制度牌、文明施工制度牌、环境保护制度牌、消防保卫制度牌及施工现场平面布置图），标明工程项目名称、建设单位、设计单位、施工单位、监理单位、工程概况及开工、竣工日期等。

2）对于文明施工、环境保护和易发生伤亡事故（或危险）处，应设置明显的、符合国家标准要求的安全警示标志牌。

3）设置施工现场安全"五标志"，即：指令标志（佩戴安全帽、系安全带等），禁止标志（禁止通行、严禁抛物等），警告标志（当心落物、小心坠落等），电力安全标志（禁止合闸、当心有电等）和提示标志（安全通道、火警、盗警、急救中心电话等）。

4）现场道路有条件的可采用混凝土路面，无条件的可采用其他硬化路面。现场地面也应进行硬化处理，以免现场扬尘，雨后泥泞。

5）施工现场必须有良好的排水设施，保证排水畅通。

6）现场内的施工区、办公区和生活区要分开设置，保持安全距离，并设标志牌。办公区和生活区应根据实际条件进行绿化。

7）各类临时设施必须根据施工总平面图布置，而且要整齐、美观。办公和生活用的临时设施宜采用轻体保温或隔热的活动房，既可多次周转使用，降低暂设成本，又可达到整洁美观的效果。

8）施工现场临时用电线路的布置，必须符合安装规范和安全操作规程的要求，严格按施工组织设计进行架设，严禁任意拉线接电。而且必须设有保证施工要求的夜间照明。

9）工程施工的废水、泥浆应经流水槽或管道流到工地集水池统一沉淀处理，不得随意排放和污染施工区域以外的河道、路面。

（4）现场材料、工具堆放

1）施工现场的材料、构件、工具必须按施工平面图规定的位置堆放，不得侵占场内道路及安全防护等设施。

2）各种材料、构件堆放应按品种、分规格整齐堆放，并设置明显标牌。

3）施工作业区的垃圾不得长期堆放，要随时清理，做到每天工完场清。

4）易燃易爆物品不能混放，要有集中存放的库房。班组使用的零散易燃易爆物品，必须按有关规定存放。

5）对于楼梯间、休息平台、阳台临边等地方不得堆放物料。

（5）施工现场安全防护布置

根据建设部有关建筑工程安全防护的有关规定，项目经理部必须做好施工现场安全防护工作。

1）施工临边、洞口交叉、高处作业及楼板、屋面、阳台等临边防护，必须采用密目式安全立网全封闭，作业层要另加防护栏杆和18cm高的踢脚板。

2）通道口设防护棚，防护棚应为不小于5cm厚的木板或两道相距50cm的竹笆，两侧应沿栏杆架用密目式安全网封闭。

3）预留洞口用木板全封闭防护，对于短边超过1.5m长的洞口，除封闭外四周还应设有防护栏杆。

4）电梯井口设置定型化、工具化、标准化的防护门，在电梯井内每隔两层（不大于10m）设置一道安全平网。

5）楼梯边设1.2m高的定型化、工具化、标准化的防护栏杆，18cm高的踢脚板。

6）高空作业施工，必须有悬挂安全带的悬索或其他设施，有操作平台，有上下的梯子或其他形式的通道。

（6）施工现场防火布置

1）施工现场应根据工程实际情况，订立消防制度或消防措施。

2）按照不同作业条件和消防有关规定，合理配备消防器材，符合消防要求。消防器材设置点要有明显标志，夜间设置红色警示灯，消防器材应垫高设置，周围2m内不准乱放物品。

3）当建筑施工高度超过30m（或当地规定）时，为防止单纯依靠消防器材灭火不能满足要求，应配备有足够的消防水源和自救的用水量。扑救电气火灾不得用水，应使用干粉灭火器。

4）在容易发生火灾的区域施工或储存、使用易燃易爆器材时，必须采取特殊的消防安全措施。

5）现场动火，必须经有关部门批准，设专人管理。五级风及以上禁止使用明火。

6）坚决执行现场防火"五不走"的规定，即：交接班不交代不走、用火设备火源不熄灭不走、用电设备不拉闸不走、可燃物不清干净不走、发现险情不报告不走。

（7）施工现场临时用电布置

1）施工现场临时用电配电线路

① 按照 TN—S 系统要求配备五芯电缆、四芯电缆和三芯电缆。

② 按要求架设临时用电线路的电杆、横担瓷夹、瓷瓶等，或电缆埋地的地沟。

③ 对靠近施工现场的用电线路，设置木质、塑料等绝缘体的防护设施。

2）配电箱、开关箱

① 按三级配电要求，配备总配电箱、分配电箱、开关箱、三类标准电箱。开关箱应符合一机、一箱、一闸、一漏。三类电箱中的各类电器应是合格品。

② 按两级保护的要求，选取符合容量要求和质量合格的总配电箱和开关箱中的漏电保护器。

3）接地保护：装置施工现场保护零线的重复接地应不少于三处。

（8）施工现场生活设施布置

1）职工生活设施要符合卫生、安全、通风、照明等要求。

2）职工的膳食、饮水供应等应符合卫生要求。炊事员必须有卫生防疫部门颁发的体检合格证。生熟食分别存放，炊事员要穿白工作服，食堂卫生要定期清扫检查。

3）施工现场应设置符合卫生要求的厕所，有条件的应设水冲式厕所，并有专人清扫管理。现场应保持卫生，不得随地大小便。

4）生活区应设置满足使用要求的淋浴设施和管理制度。

5）生活垃圾要及时清理，不能与施工垃圾混放，并设专人管理。

6）职工宿舍要考虑到季节性的要求，冬季应有保暖、防煤气中毒措施；夏季应有消暑、防虫叮咬措施，保证施工人员的良好睡眠。

7）生活设施的周围环境要保持良好的卫生条件，周围道路、院区平整，并要设置垃圾箱和污水池，不得随意乱泼乱倒。

（9）施工现场综合治理

1）项目部应做好施工现场安全保卫工作，建立治安保卫制度和责任分工，并有专人负责管理。

2）施工现场在生活区域内适当设置职工业余生活场所，以便施工人员工作后能劳逸结合。

3）现场不得焚烧有毒有害物质，该类物质必须按有关规定进行处理。

4）现场施工必须采取不扰民措施，要设置防尘和防噪声设施，做到噪声不超标。

5）为适应现场可能发生的意外伤害，现场应配备相应的保健药箱和一般常用药品及应急救援器材，以便保证及时抢救，不扩大伤势。

6）为保障施工作业人员的身心健康，应在流行病发生季节及平时，定期开展卫生防疫的宣传教育工作。

7）施工作业区的垃圾不得长期堆放，要随时清理，做到每天工完场清。

8）施工现场应设置密闭式垃圾站，施工垃圾、生活垃圾应分类存放。施工垃圾必须采用相应容器或管道运输。

7.4.3 建设工程安全事故处理

安全事故一旦发生，首先根据事故严重程度，按有关规定及时向上级主管部门进行报告与登记。事故报告应及时准确、完整，任何单位和个人对事故不得迟报、漏报、谎报或者瞒报。同时要及时、准确地查明事故原因，明确事故责任，使责任人受到追究；又要总结经验教训，落实整改和防范措施，防止类似事故再次发生。

事故报告要讲明事故发生的时间、地点和工程项目、有关单位的名称；事故的简要经过；事故已经或可能造成的人员伤亡情况（包括下落不明的人数）和初步估计的直接经济损失；事故的初步原因；事故发生后采取的措施及事故控制情况；事故报告单位或报告人员；其他应当报告的情况。

事故报告后出现新情况，以及事故发生之日起30日内伤亡人数发生变化的，应及时补报。

7.4.4 建设工程环境管理

1. 环境管理体系的概念

建设工程是人类社会发展过程中一项规模浩大、旷日持久的频密生产活动。在这个生产过程中，不仅改变了自然环境，还不可避免地对环境造成污染和损害。因此，在建设工程生产过程中，要竭尽全力控制工程对资源环境污染和损害程度，采用组织、技术、经济和法律的手段，对不可避免的环境污染和资源损坏予以治理，保护环境，造福人类，防止人类与环境关系的失调，促进经济建设、社会发展和环境保护的协调发展。

ISO 14000环境管理体系标准是ISO（国际标准化组织）在总结了世界各国的环境管理标准化成果，在全球范围内通过实施ISO 14000系列标准，可以规范所有组织的环境行为，降低环境风险和法律风险，最大限度地节约能源和资源消耗，从而减少人类活动对环境造成的不利影响，维持和改善人类生存和发展的环境。

2. 现场施工对环境的影响

通常建设工程现场施工对环境产生的影响，见表7-7。

现场施工对环境的影响 表 7-7

序号	环境因素	产生的地点、工序和部位	环境影响
1	噪声的排放	施工机械、运输设备、电动工具运行中	影响人体健康、居民休息
2	粉尘的排放	施工场地平整、土堆、砂堆、石灰、现场路面、进出车辆车轮带泥石、水泥搬运、混凝土搅拌、木工房锯末、喷砂、除锈、衬里	污染大气、影响居民身体健康
3	运输的遗撒	现场渣土、商品混凝土、生活垃圾、原材料运输当中	污染路面、影响居民生活
4	化学危险品、油品的泄漏或挥发	试验室、油漆库、油库、化学材料库及其作业面	污染土地和人员健康
5	有毒有害废弃物排放	施工现场、办公区、生活区废弃物	污染土地、水体、大气

序号	环境因素	产生的地点、工序和部位	环境影响
6	生产、生活污水的排放	现场搅拌站、厕所、现场洗车处、生活区服务设施、食堂等	污染水体
7	生产用水、用电的消耗	现场、办公室、生活区	资源浪费
8	办公用纸的消耗	办公室、现场	资源浪费
9	光污染	现场焊接、切割作业中、夜间照明	影响居民生活、休息和邻居人员健康
10	离子辐射	放射源储存、运输、使用中	严重危害居民、人员健康
11	混凝土防冻剂（氨味）的排放	混凝土使用当中	影响健康
12	混凝土搅拌站噪声、粉尘、运输遗撒污染	混凝土搅拌站	严重影响了周围居民生活、休息

3. 施工现场环境保护的有关规定

（1）工程的施工组织设计中应有防治扬尘、噪声、固体废物和废水等污染环境的有效措施，并在施工作业中认真组织实施。

（2）施工现场应建立环境保护管理体系，责任落实到人，并保证有效运行。

（3）对施工现场防治扬尘、噪声、水污染及环境保护管理工作进行检查。

（4）定期对职工进行环保法规知识培训考核。

4. 建设工程环境保护措施

施工单位应遵守国家有关环境保护的法律规定，采取有效措施控制施工现场的各种粉尘、废气、废水、固体废物以及噪声、振动等对环境的污染和危害。根据《建设工程施工现场管理规定》第三十二条规定，施工单位应当采取下列防止环境污染的措施：

（1）妥善处理泥浆水，未经处理不得直接排入城市排水设施和河流；

（2）除设有符合规定的装置外，不得在施工现场熔融沥青或者焚烧油毡、油漆以及其他会产生有毒有害烟尘和恶臭气体的物质；

（3）使用密封式的圆筒或者采取其他措施处理高空废弃物；

（4）采取有效措施控制施工过程中的扬尘；

（5）禁止将有毒有害废弃物用作土方回填；

（6）对产生噪声、振动的施工机械，应采取有效控制措施，减轻噪声扰民。

【案例分析】

案例 7-1：施工现场电梯井安全措施

1. 背景资料

某机关综合办公楼工程，建筑面积 $12000m^2$，9 层，框架结构。工程主体已封顶，砌筑已进展到第 5 层，室内抹灰和水电安装也已开始穿插进行。该工程共有两处电梯井，为防止出现安全事故，项目经理指派工人把工程周转下来的整张竹木胶合板立放在电梯井口进行封堵。

2. 问题

(1) 请问该项目部对电梯井口的防护是否安全？为什么？

(2) 对于电梯井，除了井口需要防护外，井内是否还需要防护？如需要防护，应采取何种防护措施？

(3) 建筑施工单位项目经理安全生产岗位职责的主要内容有哪些？

3. 分析

(1) 该项目所采取的防护是不安全的。因为对防护立板没有采取固定加固措施，很容易发生挪动移位，失去防护作用。

(2) 对于电梯井，除了井口需要防护外，井内也需要进行防护。电梯井内应每隔两层（不大于 10m）设一道安全平网进行防护。

(3) 施工单位项目经理安全生产岗位职责的主要内容有：

1) 对建设工程项目的安全施工负责；

2) 负责落实安全生产责任制度、安全生产规章制度和操作规程；

3) 确保安全生产费用的有效使用；

4) 根据工程的特点组织制定安全措施计划，消除安全事故隐患；

5) 及时、如实报告生产安全事故。

案例 7-2：施工现场安全警示

1. 背景资料

一花园小区工程，其 3 号、4 号两栋高层住宅由某建筑集团公司承建，均为地下 1 层，地上 18 层，总建筑面积 28000m²，框架剪力墙结构，2001 年 8 月 1 日工程正式开工。

2002 年 5 月 9 日晚 20：00 左右，现场夜班塔吊司机王某在穿越在建的 4 号楼裙房的上岗途中，因夜幕降临，现场光线较暗，不慎从通道附近的 ⑩ ～ ⑥ 轴间的 1.5m 长、0.38m 宽，没有加设防护盖板和安全警示的洞口坠落至 4.1m 深的地下室地面，后虽经医院全力抢救，王某还是在次日早 9：00 左右不治身亡。

2. 问题

(1) 导致这起事故发生的直接原因是什么？

(2) 安全警示标牌的设置原则是什么？

(3) 对施工现场通道附近的各类洞口与坑槽等处的安全警示和防护有何具体要求？

3. 分析

(1) 导致这起事故发生的直接原因为事发地点的光线较暗，洞口没有加设防护盖板，邻近处也没有设置相应的安全警示。

(2) 设置原则："标准"、"安全"、"醒目"、"便利"、"协调"、"合理"。

(3) 施工现场通道附近的各类洞口与坑槽等处，除设置防护设施与安全标志外，夜间还应设红灯示警。

教学单元 8　施工项目收尾管理及施工文件档案管理

【知识目标】

熟悉项目竣工验收工作。

熟悉施工文件档案管理的内容。

掌握竣工图的编制要求。

【职业能力目标】

能进行项目竣工验收资料的整理，并参加竣工验收。

能进行施工文件的归档。

8.1　施工项目竣工验收

工程项目按照批准的设计图纸和文件的内容全部建成，达到设计要求的标准，称为竣工。建设工程竣工验收，是施工单位将竣工的建筑产品和有关资料移交给建设单位，同时接受对产品质量和技术资料审查验收的一系列工作，它是建筑施工与管理的最后环节。竣工验收是全面考核建设工作，检查工程项目是否符合设计要求和工程质量的重要环节，对促进建设项目（工程）及时投产、发挥投资效益、总结建设经验都有着重要作用。

8.1.1　施工项目竣工验收

1. 施工项目竣工验收概念

施工项目竣工验收，是承包人按照建设工程施工合同的约定，完成设计文件和施工图纸规定的工程内容，经业主组织验收后办理的工程交接手续。施工项目竣工验收是发包人和承包人的交易行为。交工的主体是承包人，验收的主体是发包人即甲方。验收对象是单项工程。

8.1.2　竣工验收的准备工作

1. 做好项目施工的收尾工作

建设安装工程到接近交工阶段，有时不可避免会存在一些零星的未完项目，形成所谓收尾工程。收尾工程的特点是零星、分散、工程量小、分布面广，如果不及时完成，就会直接影响到工程的投产和使用，所以有必要在竣工验收前做好收尾工作。

2. 竣工验收资料准备

竣工验收资料主要包括以下各项：

（1）竣工工程项目一览表。包括竣工工程名称、位置、结构、层数、面积、概算、装修标准、功能、开竣工日期等。

（2）设备清单。包括设备名称、规格、数量、产地、主要性能指标、附件等。

（3）竣工图。

（4）材料、构件出厂合格证及试验检验记录。

（5）建设项目土建施工记录。

（6）设备安装调试记录，管道系统安装、试压、试漏检查记录。

（7）建筑物、构筑物的沉降、变形、防震、绝缘、密闭、隔声、隔热等指标的测试记录，重要钢结构的焊缝探伤检查记录。

（8）隐蔽工程验收记录。

（9）工程质量事故的发生处理记录。

（10）图纸会审记录，设计变更通知和技术核定单。

（11）试运转、考核资料，如单机试运转记录、无负荷试运转记录等。

（12）竣工结算。

3. 施工项目竣工验收的条件

（1）生产性或科研性建筑施工项目验收标准：土建工程、水、暖、电气、卫生、通风工程（包括其室外的管线）和属于该建筑物组成部分的控制室、操作室、设备基础、生活间及至烟囱等，均已全部完成，即只有工艺设备尚未安装者，即可视为房屋承包单位的工作达到竣工标准，可进行竣工验收。这种类型建设工程竣工的基本概念是：一旦工艺设备安装完毕，即可试运转乃至投产使用。

（2）民用建筑（即非生产科研性建筑）和居住建筑施工项目验收标准：土建工程、水、暖、电气、通风工程（包括其室外的管线），均已全部完成，电梯等设备亦已完成，达到水到灯亮，具备使用条件，即达到竣工标准，可以组织竣工验收。这种类型建设工程竣工的基本概念是：房屋建筑能交付使用，住宅能够住人。

（3）具备下列条件的建设工程施工项目，亦可按达到竣工标准处理：

一是房屋室外或小区内管线已经全部完成，但属于市政工程单位承担的干管干线尚未完成，因而造成房屋尚不能使用的建设工程，房屋承包单位可办理竣工验收手续。二是房屋工程已经全部完成，只是电梯尚未到货或晚到货而未安装，或虽已安装但不能与房屋同时使用，房屋承包单位亦可办理竣工验收手续。三是生产性或科研性房屋建筑已经全部完成，只是因为主要工艺设计变更或主要设备未到货，因而剩下设备基础未做的，房屋承包单位亦可办理竣工验收手续。

8.1.3 施工项目竣工验收程序

施工项目竣工质量验收是施工质量控制的最后一个环节，是对施工过程质量控制成果的全面检验，是从终端把关进行质量控制。未经验收或验收不合格的工程，不得交付使用。

1. 施工项目竣工质量验收程序

工程项目竣工验收工作通常可分为三个阶段，即准备阶段、初步验收（预验收）和正式验收。

（1）竣工验收的准备

参与工程建设的各方均应做好竣工验收的准备工作。其中建设单位应完成组织竣工验收班子，审查竣工验收条件，准备验收资料，做好建立建设项目档案、清理工程款项、办理工程结算手续等方面的准备工作；监理单位应协助建设单位做好竣工验收的准备工作，督促施工单位做好竣工验收的准备；施工单位应及时完成工程收尾，做好竣工验收资料的准备（包括整理各项交工文件、技术资料并提出交工报告），组织准备工程预验收；设计单位应做好资料整理和工程项目清理等工作。

（2）初步验收（预验收）

当工程项目达到竣工验收条件后，施工单位在自检合格的基础上，填写工程竣工报验单，并将全部资料报送监理单位，申请竣工验收。监理单位根据施工单位报送的工程竣工报验申请，由总监理工程师组织专业监理工程师，对竣工资料进行审查，并对工程质量进行全面检查，对检查中发现的问题督促施工单位及时整改。经监理单位检查验收合格后，由总监理工程师签署工程竣工报验单，并向建设单位提出质量评估报告。

（3）正式验收

项目主管部门或建设单位在接到监理单位的质量评估和竣工报验单后，经审查，确认符合竣工验收条件和标准，即可组织正式验收。

竣工验收由建设单位组织，验收组由建设、勘察、设计、施工、监理和其他有关方面的专家组成，验收组可下设若干个专业组。建设单位应当在工程竣工验收7个工作日前将验收的时间、地点以及验收组名单书面通知当地工程质量监督站。

验收合格后，可办理工程交接手续，建设单位、施工单位、设计单位在《竣工验收书》上签字盖章，质监部门在竣工核验单上签字盖章。之后向使用单位进行工程档案资料移交，并办理保修事项及进行工程结算。

2. 召开竣工验收会议的程序

（1）建设、勘察、设计、施工、监理单位分别汇报工程合同履行情况和在工程建设各个环节执行法律、法规和工程建设强制性标准的情况。

（2）审阅建设、勘察、设计、施工、监理单位的工程档案资料。

（3）实地查验工程质量。

（4）对工程勘察、设计、施工、设备安装质量和各管理环节等方面做出全面评价，形成经验收组人员签署的工程竣工验收意见。参与工程竣工验收的建设、勘察、设计、施工、监理等各方不能形成一致意见时，应当协商提出解决方法，待意见一致后，重新组织工程竣工验收，必要时可提请建设行政主管部门或质量监督站调解。正式验收完成后，验收委员会应形成《竣工验收鉴定证书》，对验收做出结论，并确定交工日期及办理承发包双方工程价款的结算手续等。

8.1.4　施工项目回访及保修

1. 施工项目回访

工程项目在竣工验收交付使用后，按照合同和有关的规定，在回访保修期内（例如一年左右的时间），应由项目经理部组织原项目人员主动对交付使用的竣工工程进行回访，听取用户对工程的质量意见，填写质量回访表，报有关技术与生产部门备案处理。回访一般采用以下三种形式：

（1）季节性回访。大多数是雨季回访屋面、墙面的防水情况，冬季回访供暖系统的情况，发现问题，采取有效措施及时加以解决。

（2）技术性回访。主要了解在工程施工过程中可采用的新材料、新技术、新工艺、新设备等的技术性能和使用后的效果，发现问题及时加以补救和解决，同时也便于总结经验，获取科学依据，为改进、完善和推广创造条件。

（3）保修期满前的回访。这种回访一般是在保修期即将结束之前进行回访。

2. 施工项目保修

（1）质量保修制度

《建筑法》、《建设工程质量管理条例》均规定，建设工程实行质量保修制度。建设工程质量保修制度，是指建设工程经竣工验收后，在规定的保修期限内，因勘察、设计、施工、材料等原因造成的质量缺陷，应当由施工承包单位负责维修、返工或更换，由责任单位负责赔偿损失的法律制度。建设工程质量保修制度对于促进建设各方加强质量管理，保护用户及消费者的合法权益可起到重要的保障作用。

建设工程承包单位在向建设单位提交工程竣工验收报告时，应当向建设单位出具质量保修书。质量保修书中应当明确建设工程的保修范围、保修期限和保修责任等。

（2）质量保修期限

在正常使用条件下，建设工程的最低保修期限为：

1）基础设施工程、房屋建筑的地基基础工程和主体结构工程，为设计文件规定的该工程的合理使用年限；

2）屋面防水工程、有防水要求的卫生间、房间和外墙面的防渗漏，为5年；

3）供热与供冷系统，为2个供暖期、供冷期；

4）电气管线、给水排水管道、设备安装和装修工程，为2年。

其他项目的保修期限由发包方与承包方约定。

建设工程的保修期，自竣工验收合格之日起计算。建设工程在保修范围和保修期限内发生质量问题的，施工单位应当履行保修义务，并对造成的损失承担赔偿责任。建设工程在超过合理使用年限后需要继续使用的，产权所有人应当委托具有相应资质等级的勘察、设计单位鉴定，并根据鉴定结果采取加固、维修等措施，重新界定使用期。

8.2　施工文件档案管理

8.2.1　施工文件档案管理内容

建设工程文件是反映建设工程质量和工作质量状况的重要依据，是评定工程质量等级的重要依据，也是单位工程在日后维修、扩建、改造、更新的重要档案材料。施工文档资料是城建档案的重要组成部分，是建设工程进行竣工验收的必要条件，是全面反映建设工程质量状况的重要文档资料。

施工文件档案管理的内容主要包括：工程施工技术管理资料、工程质量控制资料、工程施工质量验收资料、竣工图四大部分。

1. 工程施工技术管理资料

工程施工技术管理资料是建设工程施工全过程中的真实记录，是施工各阶段客观产生的施工技术文件。

（1）图纸会审记录文件

图纸会审记录是对已正式签署的设计文件进行交底、审查和会审，对提出的问题予以记录的文件。

（2）工程开工报告相关资料（开工报审表、开工报告）

开工报告是建设单位与施工单位共同履行基本建设程序的证明文件，是施工单位承建单位工程施工工期的证明文件。

（3）技术、安全交底记录文件

此文件是施工单位负责人把设计要求的施工措施、安全生产贯彻到基层乃至每个工人的一项技术管理方法。交底主要项目为：图纸交底、施工组织设计交底、设计变更和洽商交底、分项工程技术交底、安全交底。技术、安全交底只有当签字齐全后方可生效，并发至施工班组。

（4）施工组织设计（项目管理规划）文件

承包单位在开工前为工程所做的施工组织、施工工艺、施工计划等方面的设计，用来指导拟建工程全过程中各项活动的技术、经济和组织的综合性文件。参与编制的人员应在"会签表"上签字，交项目监理签署意见并在会签表上签字，经报审同意后执行并进行下发交底。

（5）施工日志记录文件

施工日志是项目经理部的有关人员对工程项目施工过程中的有关技术管理和质量管理活动以及效果进行逐日连续完整的记录。要求对工程从开工到竣工的整个施工阶段进行全面记录，要求内容完整，并能全面地反映工程相关情况。

（6）设计变更文件

设计变更是在施工过程中，由于设计图纸本身差错，设计图纸与实际情况不符，施工条件变化，建设各方提出合理化建议，原材料的规格、品种、质量不符合设计要求等原因，需要对设计图纸部分内容进行修改而办理的变更设计文件。设计变更是施工图的补充和修改的记载，要及时办理，内容要求明确具体，必要时附图，不得任意涂改和事后补办。按签发的日期先后顺序编号，要求责任明确，签章齐全。

（7）工程洽商记录文件

工程洽商是施工过程中一种协调业主与施工单位、施工单位和设计单位洽商行为的记录。工程洽商分为技术洽商和经济洽商两种，通常情况下由施工单位提出。

（8）工程测量记录文件

工程测量记录是在施工过程中形成的确保建设工程定位、尺寸、标高、位置和沉降量等满足设计要求和规范规定的资料统称。

（9）施工记录文件

施工记录是在施工过程中形成的，确保工程质量和安全的各种检查、记录的统称。主要包括：工程定位测量检查记录、预检记录、施工检查记录、冬期混凝土搅拌称量及养护测温记录、交接检查记录、工程竣工测量记录等。

（10）工程质量事故记录文件

包括工程质量事故报告和工程质量事故处理记录。

1）工程质量事故报告。发生质量事故应有报告，对质量事故进行分析，按规定程序报告。

2）工程质量事故处理记录。做好事故处理鉴定记录，建立质量事故档案，主要包括：质量事故报告、处理方案、实施记录和验收记录。

（11）工程竣工文件

包括竣工报告、竣工验收证明书和工程质量保修书。

竣工报告是指工程项目具备竣工条件后，施工单位向建设单位报告，提请建设单位组织竣工验收的文件。

竣工验收证明书是指工程项目按设计和施工合同规定的内容全部完工，达到验收规范及合同要求，满足生产、使用并通过竣工验收的证明文件。

建设工程实行质量保修制度，工程承包单位在向建设单位提交工程竣工验收报告时，应当向建设单位出具质量保修书。质量保修书应当明确建设工程的保修范围、保修期限和保修责任等。

2. 工程质量控制资料

工程质量控制资料是建设工程施工全过程全面反映工程质量控制和保证的依据性证明资料。包括原材料、构配件、器具及设备等的质量证明，合格证明，进场材料试验报告，试验记录，隐蔽工程检查记录等。

（1）工程项目原材料、构配件、成品、半成品和设备的出厂合格证及进场检（试）验报告

合格证、试验报告的整理按工程进度有序进行，品种规格应满足设计要求，否则为合格证、试验报告不全。材料检查报告是为保证工程质量，对用于工程的材料进行有关指标测试，由试验单位出具试验证明文件，报告责任人签章必须齐全，有见证取样试验要求的必须进行见证取样试验。

（2）施工试验记录和见证检测报告

施工试验记录是根据设计要求和规范规定进行试验，记录原始数据和计算结果，并得出试验结论的资料统称。见证检测报告是指在建设单位或工程监理单位人员的见证下，由施工单位的现场试验人员对工程中涉及结构安全的试块、试件和材料在现场取样，并送至经过省级以上建设行政主管部门对其资质认可和质量技术监督部门对其计量认证的质量检测单位进行检测，并由检测单位出具的检测报告。

（3）隐蔽工程验收记录文件

隐蔽工程验收记录是指为下道工序所隐蔽的工程项目，关系到结构性能和使用功能的重要部位或项目的隐蔽检查记录。隐蔽工程检查是保证工程质量与安全的重要过程控制检查记录，应分专业、分系统（机电工程）、分区段、分部位、分工序、分层进行。隐蔽工程未经检查或验收未通过，不允许进行下一道工序的施工。隐蔽工程验收记录为通用施工记录，适用于各专业。

（4）交接检查记录

不同工程或施工单位之间工程交接，当前专业工程施工质量对后续专业工程施工质量产生直接影响时，应进行交接检查，填写《交接检查记录》。移交单位、接收单位和见证单位共同对移交工程进行验收，并对质量情况、遗留问题、工序要求、注意事项、成品保护等进行记录。《交接检查记录》中"见证单位"的规定：当在总包管理范围内的分包单位之间移交时，见证单位为"总包单位"；当在总包单位和其他专业分包单位之间移交时，见证单位应为"建设（监理）单位"。

3. 工程施工质量验收资料

工程施工质量验收资料是建设工程施工全过程中按照国家现行工程质量检验标准，对施工项目进行单位工程、分部工程、分项工程及检验批的划分，再由检验批、分项工程、

分部工程、单位工程逐级对工程质量做出综合评定的工程质量验收资料。但是，由于各行业、各部门的专业特点不同，各类工程的检验评定均有相应的技术标准，工程质量验收资料的建立均应按相关的技术标准办理。具体内容为：

（1）施工现场质量管理检查记录

为督促工程项目做好施工前准备工作，建设工程应按一个标段或一个单位（子单位）工程检查填报施工现场质量管理记录。专业分包工程也应在正式施工前由专业施工单位填报施工现场质量管理检查记录。在开工前由施工单位现场负责人填写"施工现场质量管理检查记录"，报项目总监理工程师（或建设单位项目负责人）检查，并做出检查结论。

（2）单位（子单位）工程质量竣工验收记录

在单位工程完成后，施工单位自行组织人员进行检查验收，质量等级达到合格标准，并经项目监理机构复查认定质量等级合格后，向建设单位提交竣工验收报告及相关资料，由建设单位组织单位工程验收的记录且单位（子单位）工程质量控制资料核查记录、单位（子单位）工程安全和功能检验资料核查及主要功能抽查记录、单位（子单位）工程观感质量检查记录相关内容应齐全并均符合规范规定的要求。

（3）分部（子分部）工程质量验收记录文件

分部（子分部）工程完成，施工单位自检合格后，应填报"分部（子分部）工程质量验收记录表"，由总监理工程师（建设单位项目负责人）组织有关设计单位及施工单位项目负责人（项目经理）和技术、质量负责人等到场共同验收并签认，分部工程按部位和专业性质确定。

（4）分项工程质量验收记录文件

分项工程完成，即分项工程所包含的检验批均已完成，施工单位自检合格后，应填报"分项工程质量验收记录表"，由监理工程师（建设单位项目专业技术负责人）组织项目专业技术负责人进行验收并签认。分项工程按主要工种、材料、施工工艺、设备类别等划分。

（5）检验批质量验收记录文件

检验批施工完成，施工单位自检合格后，应由项目专业质量检查员填报"检验批质量验收记录表"，按照建设部施工质量验收系列标准表格执行。检验批质量验收应由监理工程师（建设单位项目专业技术负责人）组织项目专业质量检查员等进行验收并签认。

4. 竣工图

竣工图是指工程竣工验收后，真实反映建设工程项目施工结果的图样。它是真实、准确、完整反映和记录各种地下和地上建筑物、构筑物等详细情况的技术文件，是工程竣工验收、投产或交付使用后进行维修、扩建、改建的依据，是生产（使用）单位必须长期妥善保存和进行备案的重要工程档案资料。竣工图的编制整理、审核盖章、交接验收按国家对竣工图的要求办理。承包人应根据施工合同约定，提交合格的竣工图。

8.2.2 施工技术文件收集及归档

归档指文件形成单位完成其工作任务后，将形成的文件整理立卷后，按规定移交相关管理机构。

1. 施工文件的归档范围

对与工程建设有关的重要活动、记载工程建设主要过程和现状、具有保存价值的各种载体文件，均应收集齐全，整理立卷后归档。具体归档范围详见《建设工程文件归档整理规范》的要求。

2. 归档文件的质量要求

(1) 归档的文件应为原件。

(2) 工程文件的内容及其深度必须符合国家有关工程勘察、设计、施工、监理等方面的技术规范、标准和规程。

(3) 工程文件的内容必须真实、准确，与工程实际相符合。

(4) 工程文件应采用耐久性强的书写材料，如碳素墨水、蓝黑墨水，不得使用易褪色的书写材料，如：红色墨水、纯蓝墨水、圆珠笔、复写纸、铅笔等。

(5) 工程文件应字迹清楚，图样清晰，图表整洁，签字盖章手续完备。

(6) 工程文件文字材料幅面尺寸规格宜为 A4 幅面（297mm×210mm）。图纸宜采用国家标准图幅。

(7) 工程文件的纸张应采用能够长期保存的韧力大、耐久性强的纸张。图纸一般采用蓝晒图，竣工图应是新蓝图。计算机出图必须清晰，不得使用计算机出图的复印件。

(8) 所有竣工图均应加盖竣工图章。

1) 竣工图章的基本内容应包括："竣工图"字样、施工单位、编制人、审核人、技术负责人、编制日期、监理单位、现场监理、总监理工程师。

2) 竣工图章尺寸为：50mm×80mm。具体详见《建设工程文件归档整理规范》的竣工图章示例。

3) 竣工图章应使用不易褪色的红印泥，应盖在图标栏上方空白处。

(9) 利用施工图改绘竣工图，必须标明变更修改依据；凡施工图结构、工艺、平面布置等有重大改变，或变更部分超过图面 1/3 的，应当重新绘制竣工图。

3. 施工文件归档的时间和相关要求

(1) 根据建设程序和工程特点，归档可以分阶段分期进行，也可以在单位或分部工程通过竣工验收后进行。

(2) 施工单位应当在工程竣工验收前，将形成的有关工程档案向建设单位归档。

(3) 施工单位在收齐工程文件整理立卷后，建设单位、监理单位应根据城建档案管理机构的要求对档案文件完整、准确、系统情况和案卷质量进行审查。审查合格后向建设单位移交。

(4) 工程档案一般不少于两套，一套由建设单位保管，一套（原件）移交当地城建档案馆（室）。

(5) 施工单位向建设单位移交档案时，应编制移交清单，双方签字、盖章后方可交接。

8.2.3 竣工图编制

竣工图编制要求如下：

1. 各项新建、扩建、改建、技术改造、技术引进项目，在项目竣工时要编制竣工图。项目竣工图应由施工单位负责编制。如行业主管部门规定设计单位编制或施工单位委托设计单位编制竣工图的，应明确规定施工单位和监理单位的审核和签认责任。

2. 竣工图应完整、准确、清晰、规范，修改到位，真实反映项目竣工验收时的实际情况。

3. 如果按施工图施工没有变动的，由竣工图编制单位在施工图上加盖并签署竣工图章。

4. 一般性图纸变更及符合杠改或划改要求的变更，可在原图上更改，加盖并签署竣工图章。

5. 涉及结构形式、工艺、平面布置、项目等重大改变及图面变更面积超过35％的，应重新绘制竣工图。重绘图按原图编号，末尾加注"竣"字，或在新图图标内注明"竣工阶段"并签署竣工图章。

6. 同一建筑物、构筑物重复的标准图、通用图可不编入竣工图中，但应在图纸目录中列出图号，指明该图所在位置并在编制说明中注明；不同建筑物、构筑物应分别编制。

7. 竣工图图幅应按《技术制图复制图的折叠方法》GB/T 10609.3—89 要求统一折叠。

8. 编制竣工图总说明及各专业的编制说明，叙述竣工图编制原则、各专业目录及编制情况。

8.2.4 施工技术文件组卷

组卷是指按照一定的原则和方法，将有保存价值的文件分门别类整理成案卷，亦称立卷。案卷是指由互相有联系的若干文件组成的档案的基本保管单位和统计单位。

1. 组卷的基本原则

施工文件档案的立卷应遵循工程文件的自然形成规律，保持卷内工程前期文件、施工技术文件和竣工图之间的有机联系，便于档案的保管和利用。

（1）一个建设工程由多个单位工程组成时，工程文件按单位工程立卷。

（2）施工文件资料应根据工程资料的分类和"专业工程分类编码参考表"进行立卷。

（3）卷内资料排列顺序要依据卷内的资料构成而定，一般顺序为封面、目录、文件部分、备考表、封底。组成的案卷力求美观、整齐。

（4）卷内资料若有多种资料时，同类资料按日期顺序排列，不同资料之间的排列顺序应按资料的编号顺序排列。

2. 组卷的具体要求

（1）施工文件可按单位工程、分部工程、专业、阶段等组卷，竣工验收文件按单位工程、专业组卷。

（2）竣工图可按单位工程、专业等进行组卷，每一专业根据图纸多少组成一卷或多卷。

3. 卷内文件的排列

文字材料按事项、专业顺序排列。同一事项的请示与批复、同一文件的印本与定稿、主件与附件不能分开，并按批复在前、请示在后，印本在前、定稿在后，主件在前、附件在后的顺序排列。图纸按专业排列，同专业图纸按图号顺序排列。既有文字材料又有图纸的案卷，文字材料排前，图纸排后。

4. 案卷装订与图纸折叠

案卷可采用装订与不装订两种形式。文字材料必须装订。既有文字材料，又有图纸的案卷应装订。装订应采用缆绳三孔左侧装订法，要整齐、牢固，便于保管和利用。装订时必须剔除金属物。

不同幅面的工程图纸应按《技术制图复制图的折叠方法》GB/10609.3—89 统一折叠成 A4 幅面、(297mm×210mm)，图标栏外露在外面。

5. 卷盒、卷夹、案卷脊背

(1) 案卷装具一般采用卷盒、卷夹两种形式。

1) 卷盒的外表尺寸为 310mm×220mm，厚度分别为 20mm、30mm、40mm、50mm。

2) 卷夹的外表尺寸为 310mm×220mm，厚度一般为 20mm、30mm。

3) 卷盒、卷夹应采用无酸纸制作。

(2) 案卷脊背的内容包括档号、案卷题名。

单 元 小 结

本教学单元概述了施工文件档案管理的主要内容，施工技术文件的归档范围，竣工图的编制要求，施工技术文件组卷的基本原则及要求等。详细介绍了施工项目竣工验收资料准备的内容，竣工验收的程序及内容，施工项目回访及保修。

复习思考题

1. 项目竣工验收需准备的资料有哪些？

2. 施工项目竣工验收分为哪几个阶段？

3. 施工项目竣工验收的内容有哪些？

4. 施工项目回访的方式有哪几种？

5. 施工项目最低保修期限的要求有哪些？

6. 施工文件档案管理的内容是什么？

7. 施工技术文件归档的要求有哪些？

8. 竣工图编制有哪些要求？

9. 施工技术文件组卷的原则和要求是什么？

教学单元9　通风与空调工程施工组织设计实例

9.1　工　程　概　况

1. 工程名称：××建设项目中央空调工程　第一标段

2. 工程地点：略

3. 工期要求：×年×月×日开工，×年×月×日竣工

4. 质量标准：达到合格标准

5. 工程范围：图书馆综合楼空调通风工程采购、安装

6. 建筑概况：本工程位于××，建筑面积×，地下1层、地上部分19层的一类高层建筑，以阅览室、书库及办公为主。建筑总高度×m。

7. 项目管理的总体要求：

根据本项目的具体要求组建项目经理部，设置管理岗位，制定项目经理部各岗位职责，在企业管理内部，优选施工管理人员和施工作业人员。在施工中，应根据该工程特点，组织各专业均衡大流水施工，做好生产要素的优化组合和动态平衡，抓好施工前准备阶段的控制、施工过程中控制以及施工过程所形成的产品控制，严格履约，确保项目目标的实现。

8. 工程总体设想：

本工程建筑面积较大，工程安排较多的人力，工序应采用并行工序，水管、风管、设备安装应同时进行，公司对本工程安排大量劳动力，安排专项施工员，以保证工程的连续性，对订货周期长的设备和材料派专人进行货物催交。最大限度地保证工程进度、质量及安全。

9.2　施　工　总　体　布　署

第一节　施　工　总　体　目　标

一、质量目标计划　略

二、工期目标计划　略

三、安全目标计划　略

四、文明施工目标计划　略

第二节　施　工　布　署　内　容

一、施工布署要点

1. 各专业技术人员认真熟悉图纸，学习规范、标准，编制施工工艺。

2. 编制设备、主要材料、配件的进场计划。

3. 配备技术过硬、责任心强的操作人员，及时到位。

4. 落实施工机具，不合格的不得进入现场。

二、做好专业技术交底

交底主要内容有：图纸要求，工程特点，质量标准，质量控制程序，施工工艺流程，与前后工程的程序衔接的工作界面，隐蔽工程的交接，施工总进度计划，各阶段计划，交叉作业协作配合的注意事项，消除质量通病的技术措施和方法，安全规程，文明施工的具体要求等。

三、严格按图纸施工，加强质量监督检查

1. 图纸及会审确定的意见，不准随意变动。需变更的部位必须先办理签证。凡是三检（自检、互检、专职检查）不合格，不准进行下道工序施工。

2. 现场设专业质检员，实行质量一票否决权。隐蔽工程必须经监理验收签证。工程技术资料做到及时、真实，自觉接受质量部门、业主、监理的检查和指导。

四、建立专业技术会议制度

项目经理每周最少召开一次工程技术例会，现场全体技术人员参加，分析本周存在的问题，提出改进意见；若遇到突发事件，随时召开会议，专项研讨，以期保证工程质量。项目经理不定期召开内部各工种间的协调会议，及时解决交叉作业、材料需求、进度安排、工程质量、技术洽商、工程变更等内容存在的问题，保持项目质量、技术"一盘棋"思想。

五、现场临时设施布置

由于本项目为空调工程，现场布置应服从总承包方统一安排。考虑到进入施工场地将进入全面施工，工人及管理人员生活区一律设置在施工现场外，按照总包的规划进行办公室、加工厂及仓库的搭设。

六、施工临时用水

1. 工程生产用水根据班次施工最高用水量，同时需考虑消防用水量的要求，由于生活区设于场外，计划施工临时用水时不考虑生活区用水，由于现场消防由总包单位进行设置，故此处不考虑消防用水。

2. 本工程在安装施工过程中用水量较少，只有在管道试压及调试时才用到较大数量的水，与总承包协商在每层楼设置一个取水点，可考虑利用临时软水管接驳即可。

3. 各临时加工场装设一个临时消防栓，该消防栓受严格管制，除发生火警外，平时禁止使用，以免造成积水。

七、施工临时用电

1. 临时供电根据现场使用的各类机具及生活用电计算用电量，并编制临时用电方案。

2. 本工程施工考虑生活设施设于场外，施工临时用电主要为生产用电及办公设施用电，不考虑生活区用电。

3. 根据现场情况，由业主及总承包方进行现场协调，从土建现场配电房内接出安装总配电箱，然后根据现场用电的需要进行临时配电箱的布置。供电系统采用 TN-S 方式，配电箱内设置"三级保护"，按"一机一闸一保险"的原则。户外配电箱选用立式架空配电箱，配电箱体离地 600mm，所有线路均采用三相五线制，电缆采用架空或埋地敷设，埋地电缆过通道时加设钢管保护管。

4. 施工用电接地与配电房接地系统接驳，严格执行《建筑工程施工现场供电安全规范》GB50194—2014；《施工现场临时用电安全技术规程》JGJ 46—2012 的有关规定。由具有电工上岗证的专职人员管理，所有用电设备的接驳由值班电工负责，非值班电工现场不得接驳。临时用电系统须每天做好运行检查，检查记录上报专职安全员。

八、夏季施工等特殊情况的准备工作

本工程施工周需经历夏季施工，考虑到季节施工所带来困难的特殊情况，项目部应对季节施工做出特殊安排。夏季高温施工时应注意合理安排施工作息时间，避免高温时段施工，同时做好有关人员的防暑降温工作，确保施工安全。

9.3 分部分项施工方法及技术措施

第一节 整体施工工序安排

施工总体工艺顺序如下：

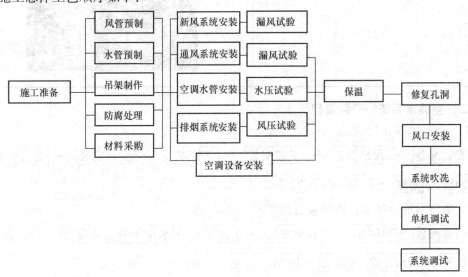

第二节 空调水系统安装

一、水管道加工及安装、调试的机械设备及工具如下表

机械设备名称	型号规格	额定功率（kW）	图 片
电焊机	BX3-300-2A	22	

机械设备名称	型号规格	额定功率（kW）	图　片
电动套丝机	ZT-50/Z3T	1.0	
电动试压泵	KT-150	0.6	
钻床	ST-16E	1.5	
水钻机	YJ-L12	3	

二、空调水系统的安装流程

1. 空调系统供回水系统的安装流程

安装准备 → 预制加工 → 卡架安装 → 立管安装 → 干管安装 → 支管安装 → 试压冲洗 → 防腐 → 保温 → 调试

2. 空调系统冷凝水管的安装流程

安装准备 → 预制加工 → 卡架安装 → 立管安装 → 水平干管支管安装 → 设备连接 → 灌水试验 → 通水冲洗 → 防腐 → 防结露保温

三、管道安装前准备

1. 管道安装前应进行现场勘察、放线，并依据设计图纸和规范规定放样，绘制安装详图，确定管线坐标和标高、坡向、坡度、管径、变径、预留甩口、阀门、卡架、拐弯、节点、伸缩补偿器及干管起点、终点的位置，并于现场进行校对、调整。

2. 按调整后的放样详图断管、套丝、搣弯、除锈、防腐，进行管件加工和预组装、调直。

3. 按设计和规范的质量要求和间距规定，做好管道支、吊架的预制和安装。

四、空调水管主要安装方法

1. 空调水系统管道选材及连接方式

空调供回水管选用无缝钢管焊接，冷凝水管选用镀锌钢管丝扣连接。

2. 无缝钢管管道焊接

（1）对焊工的要求：略。

（2）对焊接场所的要求：略。

（3）对焊条的要求：略。

（4）焊接的一般要求：略。

（5）管道焊接检验规定：略。

（6）管道焊接安装的技术要求：略。

3. 镀锌钢管螺纹连接

（1）螺纹连接的要求：略。

（2）镀锌钢管螺纹连接的施工方法：在管道安装前，首先绘制安装草图，标出每段长度及管径。

4. 阀门安装

（1）管道上的蝶阀、止回阀、截止阀和电动阀、比例积分阀等阀门，安装程序为：阀门检验或试验→安装定位放线→管道下料→法兰焊接和扣丝→阀门安装及固定。

（2）水系统管道阀门安装：略。

5. 管道支吊架制作安装

（1）水管道支、吊架安装技术要求：略。

（2）水管道支、吊、托架的间距：依据《建筑给排水及采暖工程施工质量验收规范》GB 50242—2002第3.3.10条的规定。

（3）水管道支、吊、托架的安装。

6. 管道敷设

（1）架空在垂直面内布置。

（2）室内沿墙水平平行布置。

（3）管道间距的确定。

（4）管道相遇避让原则。

（5）管道布置注意事项：略。

7. 管道穿墙及穿楼板安装

（1）施工前应仔细阅读施工图纸，找准施工现场过墙孔及穿楼板孔的位置，并与土建单位预留的孔洞进行比较（如果有的话）。对于位置不合适及孔洞大小不合适的预留孔在施工现场做好标记，通报业主单位代表或现场监理，同意施工后进行扩、钻孔处理。

（2）需人工凿孔的位置要事先画好孔洞的大小，用手锤和钎子施工，禁止用大锤砸墙。努力使开凿后的孔洞大小合适、整齐实用。

（3）需钻孔的位置要事先取得业主代表或监理的同意，确认无误后方可施工，以免钻坏钢筋或线、管。

（4）管道穿墙、穿楼板时，应设置比管道大2号的钢制套管，采用铁皮或钢制管道制成。

（5）套管应与墙面、楼板底面相平，顶部高出地面50mm，管道与套管的空隙应用隔热材料填塞，并不得作管道的支撑点。

8. 水管道的冲洗及吹扫：略。

9. 水管道的试压、冲洗：略。

10. 水管道的防腐

（1）涂漆施工：略。

（2）涂漆施工注意事项：略。

11. 水管的保温

（1）水管保温材料的选用：根据设计要求，冷冻水管的保温材料采用橡塑保温材料，具有防火性、易曲性、闭孔性和富弹性。

（2）管道保温准备工作：略。

（3）管道保温的工序如下：略。

（4）管道保温应注意如下事项：略。

12. 验收

（1）管道系统，应根据工程的特点，进行中间验收和竣工验收。中间验收应由施工单位会同建设单位进行；竣工验收应由主管单位组织施工、设计、建设和有关单位联合进行，并应做好记录，签署文件、立卷归档。

（2）暗管安装应进行隐蔽验收。应着重检查管槽平整度、管道支撑、套管安装、防伸缩措施，并应进行水压试验和通水能力检验。

（3）明装安装验收时，应检查支、吊架间距和形式是否满足设计要求。

（4）竣工验收时，应具备下列文件：略。

（5）竣工质量应符合设计要求和相关规范、规程的有关规定。竣工验收时，应重点检查和检验下列项目：略。

第三节　空调通风及防排烟系统安装

一、风管道加工及安装、调试的机械设备及工具

机械或设备名称	型号规格	额定功率（kW）	图片
全自动风管加工生产线	AML-I	8.0	
折边机	WS-12	2.75	
折弯机	GT-500D	2.55	

机械或设备名称	型号规格	额定功率（kW）	图片
切割机	EZE-100C	3.0	
联合咬口机	XFJ-12	1.15	
手动电钻	J1-2300X	0.75	
电锤	ST-16E	0.55	
电动拉铆枪	JBG-100	0.30	

二、通风空调及防排烟系统安装顺序

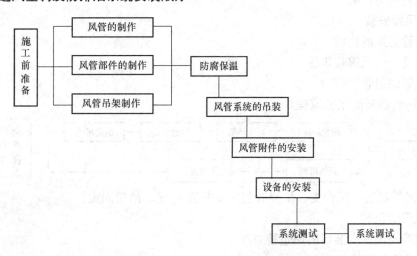

三、镀锌钢板风管的制作

1. 金属风管制作的工艺流程

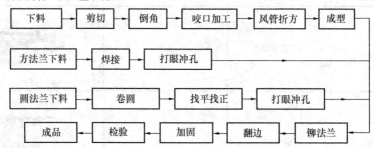

2. 通风管道的制作、加工

（1）风管制作的一般要求：略。

（2）风管的加工步骤：略。

（3）风管的加固措施：略。

四、玻纤复合风管的制作

1. 操作流程

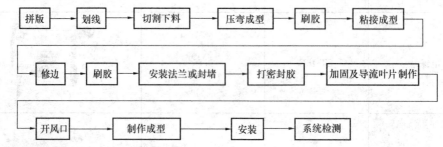

2. 拼版、划线、放样与下料：略。

3. 管件成型：略。

4. 钢制连接短管装配：略。

5. 风管连接角钢法兰装配：略。

6. 风管加固：略。

五、风管安装

1. 风管的进场检验

2. 风管与法兰铆接步骤

3. 风管的吊装

（1）风管吊装的工艺流程：

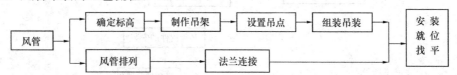

（2）风管吊装：风管支、吊架的制作及安装；支、吊架固定。

4. 风管的组装

5. 风管及配件安装后的质量检查

（1）风管及配件的检查：略。

（2）配件安装精度的检查：略。

（3）灯光检漏和漏风率的测定：略。

6. 通风空调及防排烟风管附件的安装

（1）通风空调风管附件制作安装的质量要求：略。

（2）风口的安装：略。

（3）风口的安装质量检查：略。

（4）风阀件的安装注意事项：略。

第四节　主要设备安装、运输及吊装施工方法

本工程主要设备有：冷水机组、水泵、热风机组、风机、电热风幕、卧式空气处理机组、立式空气处理机组等。

一、设备安装施工顺序及工艺流程

1. 设备安装原则为：施工时按先大型后小型，先里后外，先特殊后一般的施工顺序施工，并优先考虑位置特殊、安装工作量大的设备。

根据本工程设备布置量多、面广的特点，为了保证工程质量及缩短工期要求，施工时根据土建施工进度进行施工。

2. 施工程序

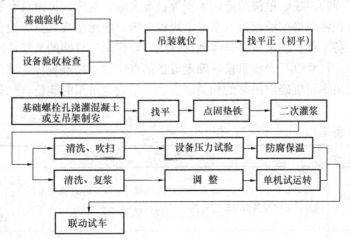

二、设备安装的一般要求

1. 施工准备：略。

2. 设备运输及装卸：略。

3. 设备开箱检查：略。

4. 基础验收：略。

三、吊装人员组织

吊装作业人员	人员数量	工作职能
吊装工程师	2	按照批准的施工方案将吊装作业任务分解，并落实责任人。安排进行人、机、料及作业面清理准备工作，落实安全技术交底工作，并作为现场吊装的监督人
安全员	5	现场安全情况检查及确认，对安全隐患进行及时更改和纠正，对上岗人员的证件进行检查

吊装作业人员	人员数量	工作职能
起重工	5	负责检查设备起吊固定情况，并具体指挥设备试吊工作，确认各项施工安全可靠后，指挥吊车司机进行吊装工作
机械操作工	5	负责卷扬机、倒链、起道机等起重设备的操作
技工	10	主要负责设备的安装、固定，设备运输路线的清理工作及道木、滚杠钢轨的铺设等工作
力工	10	协助其他人员进行工具搬运、地锚安装等工作

四、主要设备安装方案

1. 制冷机组吊装方案

本工程所需制冷设备为空调系统的核心设备，所需要的二次搬运尤其是垂直运输工作也就尤为重要，可以说此项工作的好坏直接决定工程质量的好坏。对于本工程吊装任务最为繁重，其中最为重要的是制冷机房的制冷机组的吊装工作，本公司结合以往的工程经验并结合本工程的特点制订了以下方案：

本工程冷冻机房设有 2 台离心式冷水机组，属于大型设备，因此制冷机组的吊装是机组安装的重点，其吊装运输需编制详细的吊装方案，吊装方案将由专业起重运输工程师编写，并报总工程师、建设单位及监理工程师批准实施，实施人员由具有起重操作证的人员负责，施工过程将严格按照起重安全施工规程实施，确保吊装人员、设备的安全。

（1）技术准备工作：确定设备具体到货日期，查询附近日期的天气情况，与设备厂家确定设备的外形、尺寸以及设备重量，确定设备吊点位置；勘察现场，项目经理组织有经验的起重工以及吊车司机确定吊装的相关事宜：一是确定吊车的吨位，二是确定吊车所站位置。

（2）吊装准备工作

序号	检查项目	检查内容	检查人
1	设备开箱检验	设备型号、规格尺寸是否与设计图纸相符，设备外观有无损伤、锈蚀，对照设备清单核实附件，文件资料是否完整齐全	业主、监理顾问工程师、机电工程师、供货单位人员
2	施工起重机具	汽车起吊机等设备及钢丝绳、卸扣等索具外观完好无破损，保护装置性能良好	吊装工程师安全员
3	设备基础	地脚螺栓的设置应符合工程设计要求；设备基础（混凝土）强度应达到要求；设备基础表面抄平、压光，设备基础外形尺寸及平整度偏差不应超过设计文件要求	监理工程师结构工程师机电工程师
4	临时锚点、四角架	锚点、四角架固定牢固，安全措施可靠	吊装工程师安全员
5	场内运输道路	没有阻碍运输车辆顺利通行的环节，保证车辆安全顺利进出	安全员
6	楼层设备运输通道	楼板承载力满足设备运输要求，楼板加固措施安全可靠	安全员

序号	检查项目	检查内容	检查人
7	吊装作业场地	应坚实平整，无杂物，无障碍物，无闲杂人员	安全员
8	施工电源	电源供给稳定，供电线路可靠	安全员
9	天气预报情况	检查当日天气情况即风力、雨或雪的级别	安全员

（3）设备材料运输总体方案

1）设备运输流程

2）冷水机组在吊装运输前应具备条件：机组运输预留通道通畅，无障碍物；运输路线地面承载强度达到运输要求。

3）冷水机组运到现场后，使用起重机把设备从地面吊装到预先准备好的拖排或滚筒上，利用卷扬机或手动葫芦将设备拖至地下室坡道，再使用道木、滚杠、卷扬机、手动葫芦等，人工滚运冷水机组至设备基础处。200×200×3000 的道木应沿设备基础顺向码放，一直码放到设备基础，在道木上面码放 φ108×10 的滚杠（如图）。

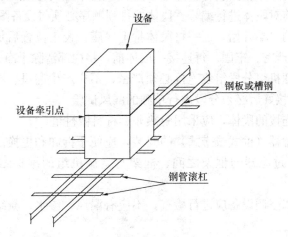

4）设备滚至基础后，用千斤顶取出拖排或滚筒，并用千斤顶找准，找平，找正。

（4）设备起吊应注意事项：略。

（5）冷水机组安装应遵循的原则：略。

（6）机组试运转

机组安装完毕后应按下列顺序配合供货商进行充灌制冷剂、试运转、系统的调试。

1）机组试运转前的准备工作：略。

2）向系统充灌制冷剂：略。

3）负荷试运转：略。

4）停止运转：按设备技术文件规定的顺序停止压缩机的运转；压缩机停机后，关闭水泵或风机以及系统中相应的阀门，并放空积水；试运转结束后，拆洗系统中的过滤器并更换或再生干燥过滤器的干燥剂。

2. 水泵安装方案

(1) 安装前准备工作：略。

(2) 水泵安装：略。

(3) 水泵单机试运转：略。

(4) 水泵安装成品保护：略。

3. 立式空气处理机组的安装方案

(1) 立式空气处理机组安装的工艺流程

基础验收→空调器开箱检查→分段式组对就位现场运输→找平找正→二次灌浆→水平精平调整→整体式安装就位试运转→检验验收。

(2) 立式空气处理机组的现场运输：略。

(3) 金属空调箱分段组对安装

1) 安装时首先检查金属空调箱各段体与设计图纸是否相符，各段体内所安装的设备、部件是否完备无损，配件是否安全。

2) 准备好安装所用的螺栓、衬垫等材料和必需的工具。

3) 安装现场必须平整，将加工好的空调箱槽钢底座就位（或浇筑混凝土墩），并找正、找平。

4) 当现场有几台空调箱安装时，注意不要将段位拉错，分清左式、右式（视线进风口方向观察）。安装前对段体进行编号。段体的排列顺序必须与设备图相符。

5) 从空调设备的一端开始，逐一将段体抬上底座，校正位置后加上衬垫，将相邻的两个段体用螺栓连接严密、牢固。每连接一段体前，将内部清除干净。

6) 立式空气处理机组分段组装连接必须严密，不应产生漏风、渗水、凝结水外溢或排不出去等现象，连接好后必须分段进行单独的漏风试验。

7) 与加热段相连接的段体，应采用耐热非燃材料做衬垫。

8) 粗效空气过滤器（框式或带式）的安装，应便于拆卸和更换滤料。空气过滤器的安装应平整、牢固。过滤器与框架之间、框架与空调机组的维护结构之间缝隙应封堵严密。

9) 安装完的金属空调设备应进行检查，不应有漏风、渗水、凝结水外溢或排不出等现象。

10) 冷、热源管道水管及电气线路、控制元器件等由管道工和电工进行安装，安装质量应符合设计、规范和产品文件的要求。

11) 一次、二次回风调节阀及新风调节阀应调节灵活。密闭监视门应符合门与门框平正、牢固、无渗漏、开关灵活的要求，凝结水的引流管（槽）畅通。空调机组的进、出风口与风管间用软接头连接。

12) 安装完的金属空调设备应进行设备单机试运转、盘管强度试验，并测出空调设备的风量、风压、噪声、电机转数。

4. 卧式空气处理机组的安装

(1) 安装前应详细审阅图纸，明确工艺流程和各设备的接口位置和尺寸，先在纸面上放大，再到实地检验调整，使各管道部件加工尺寸合适、连接顺利、外观整齐。

（2）安装前做好设备进场开箱检查，办理检验手续，研读使用安装说明书，充分了解其结构尺寸和性能，加速施工进度，提高安装质量。

（3）配管安装应严格按设计和规范要求进行，安装后应进行渗漏检查后，再进行保温。

（4）空调器吊装安装，吊杆用φ10～16圆钢制作，吊装牢固后，调整吊杆螺丝使风柜的安装水平度、垂直度符合规范要求。安装时尽量提高其标高，以免影响天花板高度。

（5）空调机组安装就位后，应在系统连通前做好外部防护措施，应不受损坏。防止杂物落入机组内。未正式移交使用单位的情况下，空调机房应上锁保护，防止损坏丢失零部件。

5. 通风机的安装

（1）通风机的开箱检查：略。

（2）安装技术要求：略。

（3）风机的试运转：略。

（4）成品保护：略。

6. 风机盘管的安装

（1）开箱检查及试验

盘管安装前应逐台检查电机壳体及表面交换器，不得有损伤、锈蚀、缺件等，之后应对盘管做单机通电及水压试验，通电试验时，机械部分不得摩擦，电气部分不得漏电，整机不得抖动不稳，水压试验时，试验压力为系统工作压力的 1.5 倍，定压观察 2～3 分钟，不漏、稳压为合格。

（2）安装程序：放线→吊架制安→风机盘管安装→连接配管→检验

（3）安装方法：略。

（4）成品保护：略。

五、主要设备隔振、消声措施

本工程水系统主要在冷水机组、水泵、空调器及管道与设备接口处需要进行隔振及消声处理。

1. 设备安装隔振

由于制冷机组在运行过程中会产生比较大的振动，因此在安装换热设备之前应先检查混凝土基础符不符合设备尺寸及参数要求，如长宽尺寸、周长以及荷载能力、基础抗振能力等。其次在设备安装前应确认设备的重量，根据厂家的设备安装图来进行设备的安装。安装在混凝土基础上的水泵、换热机组应根据设备体积大小、重量来选定减振器的大小及减振器的型号。根据所确定的位置将设备安装在减振器上，并做好调平衡，使设备中心在每个减振器上受力均匀。如为落地式机组或箱体，可以如图所示将设备安装在混凝土基础的隔振台座上。

部分设备采用橡胶减振垫或弹簧垫进行减振，如吊顶空调机组、箱形落地式设备等。

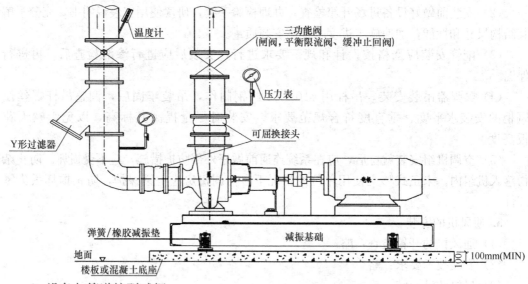

温度计

三功能阀
(闸阀，平衡限流阀、缓冲止回阀)

压力表

可屈换接头

Y形过滤器

弹簧/橡胶减振垫

减振基础

地面

楼板或混凝土底座

100mm(MIN)

电机

2. 设备与管道接驳减振

管道与设备连接时，管道不得强行与设备进行对口连接，必须加设软接头，其中软接头分两种，一种为橡胶软接头，一种为金属软接头，根据设计要求进行选用，安装软接头避免管道中的流体在启停运行中在产生瞬间强大压力时对管道及设备起到缓冲作用，起到保护设备和管道的作用。如在汽水交换器、水泵进出水管接口处加设软接头。

第五节　空调工程系统调试和试运行

本工程安装完毕后要进行系统调试，具体调试安排届时将根据系统的实际情况制订详细的调试方案。

一、系统调试的基本程序及有关内容（如流程图所示）

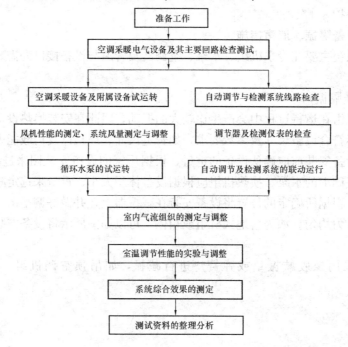

准备工作

↓

空调采暖电气设备及其主要回路检查测试

↓

空调采暖设备及附属设备试运转　　　自动调节与检测系统线路检查

风机性能的测定、系统风量测定与调整　　　调节器及检测仪表的检查

循环水泵的试运转　　　自动调节及检测系统的联动运行

↓

室内气流组织的测定与调整

↓

室温调节性能的实验与调整

↓

系统综合效果的测定

↓

测试资料的整理分析

二、调试人员组织机构

本工程通风与空调系统的调试主要由施工单位负责,监理单位现场监督,设计和建设单位参与配合,因此调试人员应由以施工单位为主,设计和建设单位有关人员为辅的三方人员组成,组建一个以施工单位项目经理为调试负责人,施工技术人员为骨干,包括管道工、电工、仪表工以及文字记录人员在内的指挥得力、分工明确的调试班子。人员安排:每层空调通风设调试技术人员 6 人,配合空调调试、电气调试技术人员 6 人,水系统配合调试技术人员 6 人,测试人员由 4~6 人组成(包括记录人员),设备的调试必须在设备厂家技术人员指导下进行。

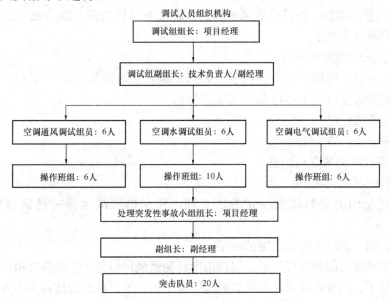

三、调试准备工作

1. 准备资料,并要求熟悉资料:略。

2. 现场检查工作:略。

四、设备单机试运转

1. 水泵的试运转:略。

2. 冷却塔的试运转:略。

3. 冷水机组的试运转:略。

4. 通风机的试运转:略。

五、空调水系统的调试

本工程空调系统调试计划按系统分区、分立管、分层进行,依次调平衡后锁定流量平衡阀。

1. 空调水系统的调试必须在管道试压、冲洗、保温完成后进行。

2. 空调水系统试运行开机程序为:冷却水泵→冷却塔→冷冻水泵→冷水机组。

3. 空调水系统试运行关机程序为:冷水机组→冷冻水泵→冷却水泵→冷却塔。

4. 空调水系统试运行,应尽量使通过各台冷水机组、冷冻水泵的水量接近相同,注意观察压力表、温度计,调节阀门使通过各台冷水机组、冷冻泵的水量、温差保持在合理范围。

5. 冷却水系统试运行，应尽量使通过各台冷水机组、冷却水泵、冷却塔的水量接近相同，注意观察压力表、温度计，调节阀门使通过各台冷水机组、冷冻泵、冷却塔的水量、温差保持在合理范围。

6. 风柜（新风柜）、风机盘管的水系统试运行，按不同的设计工况进行试运行，测定与调整室内的温度和湿度，使之符合设计规定参数，注意观察压力表、温度计，调节阀门使通过各风柜、风机盘管的水量、温差保持在合理范围。

六、空调通风系统的调试

1. 系统风量的调整：在进行通风机的试运转及对其性能进行综合测定之后，即可进行系统风量的测定和调整。

2. 室内正压的测定和调整

空调房间一般需要保持正压。由于无特殊要求，室内正压宜 5Pa 左右，当过渡季节大量使用新风时，室内正压不得大于 5Pa。

（1）测定方法：略。

（2）调整方法：略。

3. 空调器性能的测定与调整

（1）风量的测定

空调器风量的测定与风机测定方法相同，并在单机试运转时已调整好，可不必再测。

（2）送、回、新风干湿球温度的测定

送风干湿球温度的测定可用干、湿球温度计测送风风口的干湿球温度值作为空调器送风参数，回风干、湿球温度可在回风口测定，至于新风干、湿球温度即为室外参数。

4. 空调自动调节系统控制线路检查：略。

5. 调节器及检测仪表单体性能校验：略。

6. 自动调节系统及检测仪表联动校验：略。

7. 空调系统综合效果测定：略。

8. 资料整理编制竣工调试报告：略。

七、空调、正压送风、防排烟系统配合消防联动调试

模拟火灾发生时，温感、烟感动作后，检验各类风机、防火阀、排烟阀、排烟口的联动情况及信号反馈情况。

当防火阀易熔片熔断后，消防控制中心接收信号后，发出风机停止信号，风机停止运行并反馈信号，当烟感报警后，消防控制中心接收信号后，对排烟风机、正压送风机、排烟口、排烟阀发出启动信号，排烟风机、正压送风机启动，排烟口、排烟阀打开，并反馈信号。当排烟口、排烟阀熔断后，排烟风机、正压送风机停止。

9.4 施工进度计划及确保工期技术组织措施

第一节 施工进度计划

在施工中本着优化施工程序，加强各工种协作，强化网络计划的原则，加强施工计划管理。为保证工期目标的实现，根据各分部分项的工程特点设置主要进度控制点，加以控制。

本进度控制点具体的开工日期以业主的通知为准，则主要进度控制点相应调整。

一、编制原则

本工程施工总进度计划是按关键线路法编制的，根据各分项工程的施工方法及所需施工时间分别安排其进度，并分析其关键线路，从而达到控制总工期的目的，在保证关键工序施工的同时，合理安排施工顺序，精心组织施工，力求达到平行作业、流水作业、立体交叉作业相结合，尽量缩短工期，保证按计划工期完成施工任务。

二、编制中考虑采用先进的施工工艺和施工管理，以减少施工人数、加快施工进度

三、施工进度总控计划表（按照总包进度计划编制，详见附表）

四、施工进度管理措施

1. 工程开工后，采用工程计划管理软件，根据图纸、业主下达的进度计划指令及总承包进度计划，编制实施性施工组织方案。总工期、关键工期、阶段工期满足工期要求。

2. 根据总体网络计划编制施工进度计划。施工过程中，将总体网络计划按各个阶段所展开的工序逐一分解到作业层，采用各种控制手段保证项目及各项活动按计划开始，在施工过程中记录各个工程活动的开始和结束时间及完成程度。

3. 在各个阶段结束（月末、季末、一个工程阶段结束）后按各活动的完成程度对比计划，确定整个项目的完成程度，并结合工期、生产成果、劳动生产率、材料的实际进货、消耗和存储量等指标，评定项目进度状况，分析其中的原因，保证关键线路上的工作顺利实施。

4. 对下期工作做出安排，对一些已开始但尚未结束的工序的剩余时间作估算，提出调整进度的措施，及时调整网络，建立新的网络工序线路，指导施工。

5. 对于进度拖延，采取以下解决措施

（1）对可能引起进度拖延的原因采取措施，消除或降低它的影响，保证它不继续造成拖延或造成更大的拖延。

（2）对已经产生的拖延，主要通过调整后期计划，修改网络，采取措施赶工。

（3）如果已产生的拖延是位于关键线路上，要在人力、物力、机械设备等方面加大投入，在施工方案上开辟新的作业面，确保关键线路的工期赶上计划要求。

（4）将调整计划报监理和业主审批。

计划开、竣工日期及施工进度计划图表

××建设项目中央空调工程 第一标段

工期295 日历日

序号	工作内容	7天	14天	30天	50天	70天	90天	110天	130天	150天	170天	190天	210天	230天	250天	280天	295天
1	一、施工准备																
2	设备、材料采购																
3	临设搭建																
4	图纸会审																
5	二、空调系统施工																
6	1. 空调风管道的制作及安装																
7	空调设备安装																
8	风管支吊架安装																
9	风管道制作加工																
10	风管道安装																
11	管道吹扫																
12	漏光检测																
13	风口安装																
14	2. 空调水管安装																
15	水管支吊架安装																
16	冷冻水管安装																

226

××建设项目中央空调工程 第一标段

工期295 日历日

序号	工作内容	7天	14天	30天	50天	70天	90天	110天	130天	150天	170天	190天	210天	230天	250天	280天	295天
17	冷却水管安装																
18	冷凝水管安装																
19	管道打压、防腐及保温																
20	3. 空调机房安装																
21	制冷机房设备安装																
22	水管安装																
23	管道试压、保温																
24	三、防排烟系统施工																
25	设备安装																
26	风管道制作及安装																
27	管道收扫																
28	压力试验																
29	风口安装																
30	四、配合装修工程																
31	五、系统调试																
32	六、竣工验收																

第二节 确保施工进度的保证措施

一、项目管理部组织分工情况

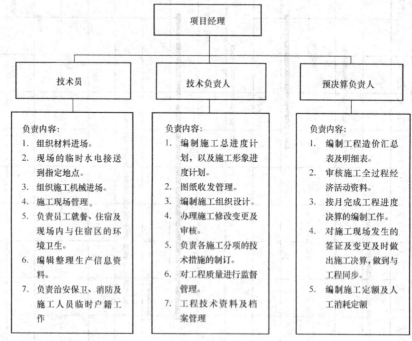

二、各阶段进度的保证措施

1. 保证按时开工措施

周密、细致的施工准备工作是确保工程准时开工，以及开工后形成连续施工能力的前提。如果中标，我方将立即组织参加本标段施工的项目班子进场，利用本企业丰富的机电施工经验和所积累的技术资料，编制详细的专业施工方案、作业指导书、质量计划、验收评定表，制定周密的设备材料供应计划，与业主方协议具体的施工时间表，并编制出施工进度二级计划。专业施工方案、质量计划及施工二级进度计划将在进场7日内交建设单位和监理单位核准。

2. 技术保证措施

（1）做好图纸深化设计及报审工作，提高图纸报审质量，尽最大可能减少现场设计修改，保证施工顺利进行。

（2）项目施工前必须进行技术交底，使所有参与施工的人员都了解做什么，怎么做，做到什么要求，达到什么目的，做到施工一项，优质完成一项，杜绝事故及返工现象，确保各施工节点能如期准点完成，以质量保进度。

（3）加强管理，以有序的作业程序保证施工进度。每个项目在施工前都编制作业指导书，以明确各项目的施工程序、质量、安全要求及措施。

3. 施工组织保证措施

（1）对关键工序、集中耗工数多的项目组织相关施工人员两班倒，以轮流连续施工方式抢出规定工期。

（2）把好设备及系统验收、调试关。

（3）设备、材料的按计划交付，将为本标段施工总进度的完成创造有利的外部条件。我们将主动积极地配合建设单位做好这方面工作。万一由于设备供应发生延期或其他原因造成工程工期延误时，我方将积极采取措施把工期抢回来。必要时，我方可以调动全企业施工人员、管理人员和施工机械来实现工程工期。

4. 以质量保证进度措施

质量和进度既相互矛盾又相互依存，离开质量的进度是肥皂泡的进度，离开了进度的质量是无效用的质量，因此在本工程中，我方将强化质量管理和质量保证措施，以优质的质量来保证施工进度的准点。在跟踪施工进度的同时，加强现场质量检验人员的管理，针对不同专业的质量难点，会同各方技术人员进行研究攻关、制订对策措施，预防在先，以避免因质量问题而发生返工现象，导致延误工期。

5. 后勤保障措施

我方将加强后勤管理，制订各方面的后勤保障措施。对本工程我方将采用全天候工作制，合理安排施工人员的休息，做好后勤供应工作确保作业面不间断施工。另外我方在材料供应和非标加工件制造方面都有完善的物供体系，能保证及时将现场所需的材料和加工件供应到场。对应急材料和加工件，我方将以急件形式进行采购和加工，最大限度地满足现场施工需要，保证安装进度的准点完成。

6. 奖惩措施

我方将按阶段采用奖罚分明的考核制度，保证施工进度的准点完成。

（1）制定施工进度考核办法，运用经济杠杆的调节作用，经济分配与进度完成情况挂钩，奖惩分明。

（2）我方在执行合同有关承包商延误工期而承担罚金的条款的同时，将向全体员工进行严格履行合同的宣传教育，使每个员工清楚地认识到履约的责任和义务，从而认真地执行保证工期的各项措施。

三、总进度计划、分解进度计划的控制

根据各阶段控制目标按专业工种进行目标分解，按照总体进度目标，分解进度目标，建立进度控制检查制度，落实进度控制，检查调整方式方法。定期举行进度协调会议，对进度的各方面的因素进行分析和预测。

建立以项目经理、项目专业工程师、施工班组为基础的多级计划执行体系，使施工计划的每一个节点，每一个线路，每一个系统，层层有人管，事事有人问。通过计划落实、检查，使工程进度符合实际要求而不失控。进度计划控制循环如下图所示。

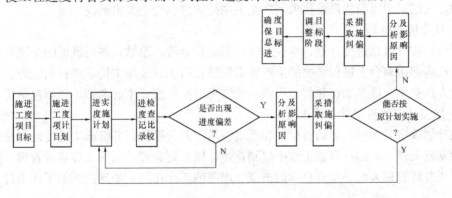

1. 检查各层次的计划，形成严密的计划保证体系。该工程规模大，只有将控制点细化到分项工程中去，才能保证控制点落实的实效性。施工中将有多种施工计划：总进度计划、季进度计划、月进度计划、周进度计划等。这些计划均是围绕一个总的任务而编制的，在坚持总工期不变的前提下，检查各项计划编排是否合理、衔接是否紧密、计划实施是否具备条件，同时适当考虑计划的超前性。经过严密而充分细致的讨论和分析，然后以计划任务书、施工任务书的形式逐级下达实施。

2. 计划交底、实施。落实本工程进度计划的实施是全体工作人员共同的目标，通过项目调度会和各级生产会进行目标交底，使管理层和作业层协调一致，将计划变成全体员工的自觉行动，充分发挥各级管理人员主观能动性和全体施工人员的积极性、创造性。层层有计划、人人有目标、事事有人管。

四、季进度计划、月进度计划、周进度计划的控制

1. 采取的施工计划

根据土建施工进度、材料和设备供应等情况，我们将机电安装工程总进度计划分解为年、季、月、周、日分步作业计划，实行年、季计划、月保证、周实施、日落实的计划管理体系。

2. 三周滚动计划

本工程施工过程中存在着许多动态的因素，需不断地进行调整解决。我们将实行检查上周、实施本周、计划下周的三周滚动计划管理办法。本办法将计划的实施、检查、调度集于一体，使管理工作具体化、细量化，以业主、监理、总承包单位召开的工程协调会的工程进度布置为目标，项目内部协调会检查实施情况为依据，通过严密的分析讨论，制订下周的工作计划。同时进行严格的组织管理，以确保总计划的顺利实现。

3. 日检查工作制

专业负责人是施工技术、进度、质量的主要责任人，每日必须进行现场检查，并将检查的结果以书面的形式报给项目工程技术部，项目工程技术部收集、汇总、分析后报给项目经理，使其及时了解施工动态，监督和督促各专业施工员及施工班组按计划完成工作，或者进行必要的调整。

4. 周汇报工作制

配合三周滚动计划的实施，建立每周进度汇报分析制。汇报分析会由项目经理主持，项目副经理、项目技术负责人和各级主管人员参加，检查落实一周工作情况，并将检查分析的结果书面汇报给监理单位、业主、总承包单位备份并存档。若有因外部原因影响工程进度的，在汇报中提出建议及要求，在业主主持的协调会上提出解决。

5. 月分析调整制度

项目部按月对总进度计划、专业进度计划进行分析、总结，并对进度的个别节点进行调整，在内部协调会上进行必要的生产要素调整。由项目经理主持、项目副经理、项目技术负责人及有关人员参加，并将分析调整的结果书面汇报业主、监理、总承包单位备份。

6. 加强计划的科学性和严肃性

在计划确定后加强计划的科学性和严肃性是非常关键的，各级施工进度计划是完成该工程的基础工作，必须在日常工作中提到首位，以计划管理带动施工各要素管理。这就要求施工中各级管理人员必须有科学的态度、严谨的工作作风，做到当天的工作不过夜，本周的工作不过周，一环扣一环地完成每一节点计划，使工程向着纵深的方向发展。

五、具体措施

1. 确保工程工期和质量，项目经理任工程总指挥，对整个工程施工负全责、指挥调度公司各部门，以本工程为中心进行工作，确保工程按期完成。

2. 按计划工期安排好材料进场，并按配备的人员全部到岗到位。

3. 实行项目法施工，项目经理是第一责任者，在项目经理的统一领导下，发挥各相关人员的职能作用，使责、权、利挂勾，使整个施工过程中的各个环节有机结合起来，协同运作。

4. 选派懂技术会管理的各类专业技术人员进场，组成强有力的项目领导班子，为加快工程施工进度奠定良好基础。

5. 进行网络计划，合理安排施工顺序。定期召开由建设单位、监理单位参加的工程进度碰头会，随时跟踪工程实际进度情况，查明影响工期的关键问题，进行重点控制，快速解决影响工期的问题。

6. 组织并安排施工技能精干、思想素质好的作业队伍参加本工程的各分部分项工程的施工，并根据生产计划安排和作业面情况进行动态管理，保证各自施工任务的完成。

7. 严格编制各种生产计划，并确保计划的可行性，同时亦保证计划的严肃性，结合施工过程中的实际情况遵照日保旬、旬保月、月保季、季保总工期的原则，强制实行计划指导生产，生产必须完成计划的方针。

8. 加强各种机械设备及小型工具的管理工作，除数量配备合理、齐全、使用高效率外，严格抓好维修和保养工作，修理工跟班作业，确保各种机具每天均能正常使用。

9. 组织好材料的采购供应工作，落实好货源，解决好资金，保证材料的及时进场，为了不影响工程进度，一部分材料要有充足的库存，绝不允许停工待料现象发生。

10. 适应市场经济规律，以经济杠杆为手段，对施工过程中的特殊过程工期制定奖罚方案（奖罚条例另文），并严格执行。

主 要 参 考 文 献

[1] 曹海莹，赵欣，骆中钊编著．施工组织．北京：化学工业出版社，2008.

[2] 李子新，汪全信，李建中，孙亮编著．施工组织设计编制指南与实例．北京：中国建筑工业出版社，2006.

[3] 刘建伟，赵海元编著．新编建筑施工组织设计实例大全．长春：吉林音像出版社，2000.

[4] 赵毓英，饶巍，王庆宁，齐秋篁编．建筑工程项目施工组织与管理．北京：中国环境科学出版社，2007.

[5] 范建洲主编．建筑施工组织．北京：中国水利水电出版社，2008.

[6] 袁勇主编．安装工程施工组织与管理．北京：中国电力出版社，2010.

[7] 全国一级建造师执业资格考试用书编写委员会．建设工程项目管理．北京：中国建筑工业出版社，2014.

[8] 全国二级建造师执业资格考试用书编写委员会．建设工程施工管理．北京：中国建筑工业出版社，2013.

[9] 全国二级建造师执业资格考试用书编写委员会．建设工程法规及相关知识．北京：中国建筑工业出版社，2013.

[10] 全国二级建造师执业资格考试用书编写委员会．机电工程管理与实务．北京：中国建筑工业出版社，2013.

[11] 高喜玲主编．安装工程施工组织与管理．徐州：中国矿业大学出版社，2010.

[12] 张东放主编．建筑设备安装工程施工组织与管理．北京：机械工业出版社，2009.

[13] 郝永池主编．建筑施工组织．北京：机械工业出版社，2008.

[14] 李忠富主编．建筑施工组织与管理．北京：机械工业出版社，2007.

[15] 邓淑文主编．建筑工程项目管理(应用新规范)．北京：机械工业出版社，2009.

[16] 张玉红，刘明亮主编．工程招投标与合同管理．北京：北京师范大学出版社，2011.

[17] 中国工程咨询协会编写．工程项目管理导则．天津：天津大学出版社，2010.

[18] 林密主编．工程项目招投标与合同管理．北京：中国建筑工业出版社，2007.

[19] 裴涛主编．建筑电气施工组织管理．北京：中国建筑工业出版社，2015.

[20] 李志生主编．建筑工程招投标实务与案例分析．北京：机械工业出版社，2014.5.

[21] 赵来彬主编．建设工程招投标与合同管理．武汉：华中科技大学出版社，2010.9.